# Physik, Militär und Frieden

Christian Forstner · Götz Neuneck
(Hrsg.)

# Physik, Militär und Frieden

## Physiker zwischen Rüstungsforschung und Friedensbewegung

 Springer Spektrum

*Herausgeber*
Christian Forstner
Frankfurt am Main, Deutschland

Götz Neuneck
Hamburg, Deutschland

Gedruckt mit Unterstützung der Deutschen Physikalischen Gesellschaft e.V.

ISBN 978-3-658-20104-3      ISBN 978-3-658-20105-0    (eBook)
https://doi.org/10.1007/978-3-658-20105-0

Dic Deutsche Nationalbibliothek verzeichnet diese Publikation in der Deutschen National-
bibliografie; detaillierte bibliografische Daten sind im Internet über http://dnb.d-nb.de abrufbar.

Springer Spektrum
© Springer Fachmedien Wiesbaden GmbH 2018

Gedruckt auf säurefreiem und chlorfrei gebleichtem Papier

Springer Spektrum ist Teil von Springer Nature
Die eingetragene Gesellschaft ist Springer Fachmedien Wiesbaden GmbH
Die Anschrift der Gesellschaft ist: Abraham-Lincoln-Str. 46, 65189 Wiesbaden, Germany

# Inhaltsverzeichnis

## Einleitende Beiträge

## Militär

## Frieden

# Einleitende Beiträge

# 1 Vorbemerkungen

*Christian Forstner und Götz Neuneck*

Max Born schrieb in einem Brief an Albert Einstein am 4. März 1948, drei Jahre nach dem Abwurf der ersten Atombomben auf die japanischen Städte Hiroshima und Nagasaki:

> Wir sind da in eine üble Sache hineingestolpert, rechte Narren sind wir, und um die schöne Physik tut's mir leid. Dazu hab'n wir nachgedacht, bloß um den Menschen zu helfen, sich von dieser schönen Erde schnell wegzubefördern![1]

Wie kaum ein anderes Zitat verdeutlichen diese Sätze, die mögliche Ambivalenz und Sorge physikalischer Tätigkeiten in problematischen Zeiten. Waren die Physiker im 2. Weltkrieg einfach so in militärische Forschung „hereingestolpert"? Was kann man angesichts solch einer Jahrhundertentdeckung mitten im Krieg tun? Wie reagieren und interagieren Physiker, wenn physikalische Erkenntnisse in Kriegszeiten eine solche sicherheitspolitische Relevanz bekommen? Welche Ressourcen stehen ihnen zu Verfügung und aufgrund welcher Motive und Interessen greifen sie darauf zurück?

Öffentlich sind die Atomwaffen zumeist das am deutlichsten wahrgenommene Ergebnis militärischer Grundlagenforschung, an dem zudem bedeutende Physiker involviert waren; Atomwaffen besitzen bis heute das größte katastrophale Vernichtungspotential und es existieren noch sehr viele davon, ca. 15.000 nukleare Sprengköpfe. Die Zusammenarbeit von Physikern und anderen Wissenschaftlern mit dem Militär in Bezug auf die Atomwaffen insbesondere in den westlichen Staaten sind inzwischen umfassend untersucht. Beispiele sind das US-amerikanische Manhattan Projekt sowie der deutsche Uranverein.[2] Im Kalten Krieg setzte sich diese Zusammenarbeit zwischen Militär und einigen Wissenschaftlern fort,

---

1   Max Born, Hrsg., *Albert Einstein – Max Born, Briefwechsel, 1916-1955* (München, 1991), 214.
2   Beispiele sind: Richard Rhodes, *The Making of the Atomic Bomb* (New York, 1986); Mark Walker, *Nazi Science : Myth, Truth, and the German Atomic Bomb* (New York, 1995); Mark Walker, „Eine Waffenschmiede? Kernwaffen- und Reaktorforschung am Kaiser-Wilhelm-Institut für Physik", in *Gemeinschaftsforschung, Bevollmächtigte und der Wissenstransfer. Die Rolle der Kaiser-Wilhelm-Gesellschaft im System kriegsrelevanter Forschung des Nationalsozialismus*, hg. von Helmut Maier (Göttingen, 2007), 352-394; Mark Walker, *Die Uranmaschine. Mythos und Wirklichkeit der deutschen Atombombe* (Berlin, 1990); Jim Bagottt, *The First War of Physics. The Secret History of the Atom Bomb 1939-1949* (New York, 2010).

aber viele Physiker engagierten sich national wie international auch für Rüstungskontrolle, Abrüstung und Frieden.[3]

„Physik, Militär, Frieden" sind die drei Stichworte dieses Sammelbandes, der aus
mehreren gemeinsamen Sitzungen des Fachverbandes Geschichte der Physik und
der Arbeitsgemeinschaft Physik und Abrüstung der Deutschen Physikalischen Gesellschaft während der Frühjahrstagung 2015 in Berlin hervorgegangen ist. „Geschichte wiederholt sich nicht, aber sie reimt sich" (Mark Twain) und zweifellos
kann man aus ihr lernen. Dies gilt insbesondere für die Interaktion von Wissenschaft mit anderen gesellschaftlichen Teilbereichen: Physik und Militär einerseits
und Physik und zivilgesellschaftlichem Engagement andererseits.

Dieses Thema rückte gegen Ende der 1980er Jahre erstmals in den Blickpunkt der
wissenschaftshistorischen Forschung.[4] Dies ging einher mit den ersten historischen Arbeiten zur Aufarbeitung der Geschichte der Naturwissenschaften im Nationalsozialismus[5] und zum Kalten Krieg.[6] In der Folgezeit konzentrierte sich die
historische Forschung insbesondere auf die Brennpunkte des Kollaborationsver-
hältnisses Wissenschaft und Militär. Mit unserer Tagung und dem vorliegenden
Sammelband wollten wir deshalb den Blick auf weniger beachtete Themenberei-
che der Wechselwirkungen von Wissenschaft, Krieg und Frieden und folgende
Fragen lenken:

- Wie gestaltete sich diese Zusammenarbeit jenseits der bekannten Brenn-
  punkte in früheren Epochen? Ausgehend von der frühen Neuzeit bis hin zum
  I. Weltkrieg ist der Beitrag von Physikern zu militärischer Forschung nur we-
  nig untersucht.[7]
- Welche Zusammenhänge gelten insbesondere für Deutschland und Europa?
  Der militärisch-wissenschaftliche Komplex wurde Ende der 1980er Jahre

---

3   Das herausragendste Beispiel bildet Joseph Rotblat. Siehe: Reiner Braun, Robert Hinde, David
    Krieger, Harold Kroto und Sally Milne, Hrsg., *Joseph Rotblat – A Visionary of Peace* (Weinheim,
    2007).
4   Everett Mendelsohn, Merritt Roe Smith und Peter Weingart, Hrsg., *Science, Technology, and the
    Military* (Dordrecht, 1988).
5   Alan D Beyerchen, *Wissenschaftler unter Hitler. Physiker im Dritten Reich* (Köln, 1980); Herbert
    Mehrtens und Steffen Richter, *Naturwissenschaft, Technik und NS-Ideologie: Beiträge zur Wis-
    senschaftsgeschichte des Dritten Reichs* (Frankfurt am Main, 1980).
6   Siehe z.B.: Christian Forstner und Dieter Hoffmann, Hrsg., *Physik im Kalten Krieg. Beiträge zur
    Physikgeschichte während des Ost-West-Konfliktes* (Wiesbaden, 2013).
7   Roy MacLeod, „The Scientists Go to War: Revisiting Precept and Practice", *Journal of War and
    Culture Studies* 1 (2009): 37-51.

erstmals von Paul Forman und Daniel Kevles für die USA als Forschungsge-
genstand aufgegriffen.[8] Für Deutschland und Europa klaffen in der Forschung noch erhebliche Lücken.

* In welchen weiteren Forschungsfeldern arbeiteten Physiker mit und welche
  Themenfelder waren und sind kriegsentscheidend? Wie beeinflusste das
  Kollaborationsverhältnis die Arbeitsbedingungen und den Arbeitsstil von
  Physikern? Abgesehen von Peter Galisons Untersuchung zu Richard Feyn-
  mans Arbeiten in Los Alamos existieren hier praktisch keine Untersuchun-
  gen.[9]

* Auf der anderen Seite stehen die ethisch begründeten Debatten und daraus
  resultierend das zivilgesellschaftliche Engagement von Physikern, sei es individuell oder organisiert. Auch hier konzentrierte sich der Fokus der Forschung nur auf die wichtigsten Brennpunkte, wie beispielsweise die öffentliche Arbeit amerikanischer oder deutscher Physiker.

Mit diesen Fragen wollten wir die Tagungsteilnehmer anregen, mehr Licht in das
Verhältnis von Physik und Militär und Zivilgesellschaft bringen. Zunächst ein
paar einführende Anmerkungen zum Verhältnis der verschiedenen Teilbereiche
und der Hauptinhalte des Sammelbandes:

## 1.1 Physik und Militär

Der Wiener Wissenschaftshistoriker Mitchel Ash analysierte in seinem Aufsatz
Wissenschaft und Politik als wechselseitiges Ressourcenpotential für einander.[10]
Dieser Ansatz zeichnet sich insbesondere durch seine analytische Flexibilität und
Erweiterbarkeit aus. Auch mit „Wissenschaft und Militär" sehen wir zwei gesell-
schaftliche Akteursgruppen, die einander Ressourcen zur Verfügung stellen und
Ressourcen voneinander akquirieren. Betrachten wir den einleitenden Aufsatz von

---

8   Daniel Kevles, „Cold War and Hot Physics. Science, Security, and the American State, 1945-56",
    *Historical Studies in the Physical and Biological Sciences* 20 (1987): 239-64; Paul Forman, „Be-
    hind Quantum Electronics. National Security as Basis for Physical Research in the United States,
    1940-1960", *Historical Studies in the Physical and Biological Sciences* 18 (1987): 149-229.
9   Peter Galison, „Feynman's War. Modelling Weapons, Modelling Nature", *Studies in the History
    and Philosophy of Modern Physics* 29 (1998): 391-434.
10  Mitchell Ash, „Wissenschaft und Politik als Ressourcen für einander", in *Wissenschaften und Wis-
    senschaftspolitik. Bestandsaufnahme zu Formationen, Brüchen und Kontinuitäten im Deutschland
    des 20. Jahrhunderts*, hg. von Rüdiger vom Bruch und Brigitte Kaderas (Stuttgart, 2002), 32-51;
    Sybilla Nikolow und Arne Schirrmacher, Hrsg., *Wissenschaft und Öffentlichkeit als Ressourcen
    füreinander. Studien zur Wissenschaftsgeschichte im 20. Jahrhundert* (Frankfurt am Main, 2007).

*Stefan Wolff* in diesem Band, der die deutschen Physiker während des ersten Weltkrieges analysiert, so wird schnell deutlich, dass der vielseitige Ansatz von Mitchell Ash auch auf das Verhältnis von Physik, Militär und Frieden übertragbar ist. Wolff untersucht zunächst die Geisteshaltung der deutschen Physiker, das Zusammenbrechen des wissenschaftlichen Internationalismus im „Krieg der Geister", sowie die direkte Kriegsbeteiligung der Physiker als Soldaten und im Rahmen von Kriegsforschung.

Betrachten wir militärrelevante Forschung von Physikern, so sehen wir die Zusammenarbeit zweier unterschiedlicher gesellschaftlicher Akteursgruppen. Diese gingen in einigen Fällen miteinander ein Kollaborationsverhältnis[11] ein, welches in den verschiedenen historischen Epochen und Konstellationen unterschiedliche Formen annahm, insbesondere bezüglich des unterschiedlichen Ausmaß des militärischen Engagements der akademischen Wissenschaftler. Betrachtet man dieses Kollaborationsverhältnis als Kopplung zweier unterschiedlicher gesellschaftlicher Teilsysteme – akademische Wissenschaft einerseits und Militär andererseits – so nimmt die Erklärungskraft durch die neue Betrachtungsweise zu. Punktuelle Bezüge zwischen Wissenschaftlern, Naturforschern und Militär lassen sich für alle historischen Epochen in unterschiedlichem Ausmaß festhalten: In Form individueller Unterstützung, wie die von Archimedes zum Bau von Katapulten oder der spätmittelalterlichen und frühneuzeitlichen Ballistik.[12] Diese Kooperationen beschränkten sich meist auf ein individuelles Engagement einzelner Wissenschaftler. Erst die Herausbildung und Ausdifferenzierung des modernen Wissenschaftssystems im 19. Jahrhundert machte eine systematische Kopplung der beiden gesellschaftlichen Teilsysteme möglich. So ist es weiter nicht verwunderlich, dass sich nahezu alle Beiträge in diesem Band auf das 20. Jahrhundert konzentrieren.

Im Mittelpunkt der Untersuchung von *Bernd Helmbold* stehen Röntgenblitze und ihr Einsatz jenseits des akademischen Labors. Die vielseitige Anwendbarkeit der

---

11  Herbert Mehrtens, „Kollaborationsverhältnisse: Natur- und Technikwissenschaften im NS-Staat und ihre Historie", in *Medizin, Naturwissenschaft, Technik und Nationalsozialismus: Kontinuitäten und Diskontinuitäten*, hg. von Christoph Meinel und Peter Voswinckel (Diepholz, Stuttgart, Berlin, 1994), 13-32.

12  Ernest Volkman, *Science Goes to War. The Search for the Ultimate Weapon, From Greek Fire to Star Wars* (New York, 2002).

Technologie zog schnell auch das Interesse des Militärs als bildgebendes Verfahren zur Untersuchung von Hohlladungsexplosionen auf sich. Heute ist es das standardmäßig eingesetzte Verfahren in der konventionellen Röntgentechnik.

Die Frage, ob die Physiker im deutschen Uranverein tatsächlich eine Bombe bauen wollten oder nicht, erhitzt bis heute die Gemüter. *Christian Forstner* wendet sich dem deutschen Uranverein aus einer anderen Perspektive zu. Er untersucht die Arbeiten der Wiener Gruppe im Uranverein und stellt fest, dass hier keine spezifischen Unterschiede zur Alltagsforschungskultur vor Beginn und nach dem Ende des Uranprojekts bestehen. Die neue Perspektive lässt klar von der Frage nach dem direkten Bau einer Atombombe abrücken.

Nach dem Ende des II. Weltkrieges stellte die deutsche Wissenschaft einen reichlichen Fundus dar, aus dem US-amerikanische und sowjetische Truppen schöpfen konnten. *Manfred Heinemann* beschreibt detailliert in seinem Beitrag die Inanspruchnahme und „Aneignung" der umfangreichen, deutschen wissenschaftlichen Arbeiten mit militärrelevanter Zielsetzung während des Krieges durch die amerikanischen Truppen und die US-Regierung.

Kommunikation stellt das entscheidende Bindeglied zwischen den verschiedenen gesellschaftlichen Teilbereichen dar. *Martin Fechner* diskutiert in einer kommunikationstheoretischen Analyse zur Erfindung des Lasers durch Theodore Maiman 1960 und dessen unterschiedliche multifaktorielle Kontextualisierung u.a. als Waffe dar. Hier zeigt sich eine potentielle oder bewusst missverständlich angelegte Kommunikation zwischen Wissenschaft, Militär und Öffentlichkeit u.a. zum Zweck der Aufmerksamkeitssteigerung und Selbstvermarktung.

## 1.2 Physik und Frieden

Friedensengagement von Physikern lässt sich analytisch nicht so einfach fassen wie die Verbindung von Wissenschaft und Militär. Hier gibt es keine oder nur geringe Ressourcen zu akquirieren, allenfalls Anerkennung der Zivilgesellschaft und der Nachwelt; doch auch diese ist keinesfalls gewährleistet. Das zeigen klar die beiden ersten Beiträge in diesem Abschnitt. Beide sind biographisch angelegt und machen bereits damit deutlich, dass die unterschiedlichen Motivationen von Physikern zum Friedensengagement am einfachsten individuell zu fassen sind.

*Dieter Hoffmann* beschreibt Albert Einsteins zivilgesellschaftliches Engagement als „relativ pazifistisch". Einsteins Pazifismus aus dem Ersten Weltkrieg ist weithin bekannt, fand jedoch seine Grenzen im Aufkommen der nationalsozialistischen Diktatur. Der österreichische Zeitgenosse und Freund Albert Einsteins, Hans Thirring, wird von *Wolfgang L. Reiter* behandelt. Thirrings Erfahrungen im Ersten Weltkrieg ließen ihn zu einem überzeugten Pazifisten werden, dessen nationales und internationales Engagement sich über alle Epochen der österreichischen Geschichte erstreckte.

*Ulrike Wunderle* stellt in ihrem Beitrag zwei Expertenkulturen, teils von identischen Personen getragen, einander gegenüber. Den Einstieg macht die Genfer Konferenz zur friedlichen Nutzung der Atomenergie im August 1955 im Kontext der „Atom for Peace Initiative". Hier waren weltweit Wissenschaftler als Experten ihrer nationalen Regierungen vertreten. Über die Tätigkeit als Regierungsexperten hinaus zeigt Wunderle, wie sich Teile dieser Wissenschaftlergruppe im Rahmen der Pugwash-Konferenzen engagierten und im Rahmen einer international ausgerichteten Track-II-Diplomatie die Kommunikation insbesondere zwischen Ost und West auch und insbesondere während der Spannungsphasen des Kalten Krieges durch grenzübergreifende Dialogprozesse immer wieder neu belebten.

*Stefano Salvia* beschäftigt sich aus der Perspektive politisch linken friedenspolitischen Engagements ebenfalls mit den Pugwash-Konferenzen und macht einen weiteren intrinsisch-politischen Motivationsfaktor für das Friedensengagement von Wissenschaftlern deutlich.

Den Abschluss dieses Abschnittes bildet *Eckhard Wallis* Beitrag über die Verbindung von wissenschaftlichem und politischem Engagement des französischen Nobelpreisträgers Alfred Kastler, beispielweise in seiner klaren Positionierung gegen den Putschversuch französischer Offiziere in Algerien.

Der Band wird abgeschlossen mit einem Beitrag von *Klaus Gottstein* der als Teilnehmer und deutscher Koordinator der Amaldi-Konferenzen einen Einblick in die von europäischen Wissenschaftlern vorangetriebene Track II-Diplomatie gegen Ende des Kalten Krieges gibt. Gottsteins Aufsatz geht deutlich über die Erinnerungen eines Zeitzeugen hinaus und beleuchtet die Hintergründe, Organisation und Zielsetzungen dieser Konferenzen.

# Danksagung

Dank gilt insbesondere der Deutschen Physikalischen Gesellschaft e.V., die mit Ihren Frühjahrstagungen das fruchtbare Zusammentreffen des Fachverbandes Geschichte der Physik und der Arbeitsgemeinschaft Physik und Abrüstung und dank ihrer finanziellen Unterstützung auch diesen Band ermöglichte. Ausdrücklich ist auch den Mitarbeiterinnen und Mitarbeitern der DPG-Geschäftsstelle mit ihrem Geschäftsführer Bernhard Nunner zu danken, die unser Engagement jederzeit mit Rat und Tat unterstützten. Für die Unterstützung bei der Erstellung eines Buches aus Einzelbeiträgen und das mühevolle Edieren danken wir Markus Ehberger von der TU Berlin.

Frankfurt am Main und Hamburg

# 2 Der Erste Weltkrieg und seine Auswirkungen auf die deutschen Physiker

*Stefan L. Wolff*

## 2.1 Einleitung

Der Erste Weltkrieg stellte für alle Bürger der kriegführenden Parteien in mannigfacher Hinsicht ein dramatisches Ereignis mit weitreichenden Folgen dar. Die deutschen Physiker sahen sich darüber hinaus mit zusätzlichen Konflikten und Problemen konfrontiert, die ihnen in dieser Form noch nicht begegnet waren. Auf einen Vergleich mit der Situation ihrer Kollegen in den anderen vom Krieg betroffenen Ländern muss hier aus Platzgründen verzichtet werden. Der Krieg führte durch die Mobilmachung zu gravierenden personellen Einschnitten, aber er veränderte außerdem das geistige Klima. Dazu gehörte jene Propaganda der Gelehrten Europas, die ihre Reputation für die Rechtfertigung der jeweils eigenen Militärführung einsetzten. Das ist als „Krieg der Geister" bezeichnet worden.[1] Die Physiker mussten hier jedoch in ein besonderes Spannungsfeld geraten, weil eine Beteiligung nicht ohne Auswirkungen auf ihr international außerordentlich gut vernetztes Fach bleiben konnte. Neben diesem Schauplatz der geistigen Auseinandersetzungen geht es im Folgenden außerdem um die direkte Beteiligung von Physikern am Krieg. Dabei handelt es sich nicht allein um den Einsatz im Kampfgeschehen, wo sie eher selten von ihrer besonderen Kompetenz Gebrauch machen konnten. Das war fast nur in der lange Zeit recht unkoordiniert erscheinenden Kriegsforschung möglich. Abschließend wird noch auf Nachwirkungen eingegangen, u.a. wie in der Zeit des Nationalsozialismus die Erinnerung an die Bedeutung der Physik für die Kriegsführung zur Reklamation von Ressourcen genutzt wurde.

---

1  Hermann Kellermann, *Der Krieg der Geister* (Dresden, 1915).

## 2.2 „Krieg der Geister"

Die Naturwissenschaftler verstanden sich lange als Teil einer internationalen Unternehmung, was im 17. und 18. Jahrhundert mit dem länderübergreifenden Begriff „Republique de Lettres" umschrieben wurde. Das geschah nicht ohne Berechtigung, denn selbst im kriegerischen Europa um 1800 behielt die Aussage, „but the sciences are never at war" ihre Gültigkeit, da die Kommunikation zwischen den Gelehrten unter keinerlei Beeinträchtigung litt.[2] Die vergleichsweise geringe Zahl der Wissenschaftler machte es auch aus praktischen Gründen erforderlich, den Austausch von Ideen nicht auf die engere Heimat zu beschränken. Mit voller Überzeugung konnte der Physiker Philipp Jolly (1809-1884) auf der Naturforscherversammlung von 1877 erklären: „Die Wissenschaft ist keine deutsche, keine französische, italienische oder englische, sie kann nur gefördert werden durch das Zusammenwirken aller geistigen Kräfte der Nationen."[3] Die Enzyklopädie der mathematischen Wissenschaften, ein umfangreiches, vielbändiges Werk, das auch die Physik umfasste, war ein internationales Projekt. In der Einleitung von 1904 hieß es: „der bleibende Besitzstand einer jeden Wissenschaft ist ein internationales Gut, gewonnen aus der gesammelten Arbeit der Gelehrten aller Zeiten und aller Länder."[4] Der belgische Industrielle Ernest Solvay (1838-1922) hatte eine Stiftung begründet, die neben den einer Elite der internationalen Physik vorbehaltenen Konferenzen in Brüssel seit 1913 auch Beihilfen für die physikalische Forschung finanzierte „ohne Unterschied der Nationalität ... auf Vorschlag eines internationalen wissenschaftlichen Komitees".[5] Im Jahr 1914 waren mehr als zehn Prozent der Mitglieder der Deutschen Physikalischen Gesellschaft (DPG) Ausländer (ohne Österreich-Ungarn).

Daher stellt sich die Frage, ob eine solche organisatorische Verzahnung, ob die zahlreichen persönlichen Bekanntschaften, manchmal sogar Freundschaften, die Physiker gegen den Chauvinismus des August 1914 immunisieren konnten oder ob es ihnen wenigstens gelang, den fachlichen Bereich von dem politischen abzuschotten. Damit wäre ein Stück Autonomie der Wissenschaften bewahrt worden. Ein Zitat von Albert Einstein (1879-1955) aus dem Juli 1915 ist verschiedentlich in dieser Richtung gedeutet worden: „In Berlin ist es sonderbar. Die Naturwissenschaftler und Mathematiker sind als Wissenschaftler streng international gesinnt

2  Nach Christoph Meinel, „Nationalismus und Internationalismus in der Chemie des 19. Jahrhunderts", in *Perspektiven der Pharmaziegeschichte*, hg. von Peter Dilg (Graz, 1983), 225-242, hier: 226.
3  *Amtlicher Bericht der 50.Versammlung Deutscher Naturforscher und Ärzte in München vom 17. Bis 22.September 1877*, (München, 1877), xv.
4  Einleitung von Walther von Dyck, datiert mit dem 30.7.1904, *Encyclopädie der Mathematischen Wissenschaften*, Band 1.1, (Leipzig, 1898-1904), xiv.
5  Zur Förderung durch Solvay siehe beispielsweise: W. Wien an Knudsen, 30.6.1914, DMA NW.

und wachen sorglich, dass kein unfreundlicher Schritt gegen Kollegen, die im feindlichen Ausland leben, erfolge. Die Historiker und Philologen aber sind größtenteils chauvinistische Hitzköpfe."[6] Bei der Deutung dieser Aussage muss man beachten, dass sie sich wohl im Wesentlichen auf den kleinen elitären Kreis beschränkte, mit dem Einstein in der Preußischen Akademie in Berlin verkehrte. Tatsächlich aber war der Internationalismus inzwischen auch in den Naturwissenschaften weitgehend zusammen gebrochen, was der Göttinger Lehrstuhlinhaber Woldemar Voigt (1850-1919) mit großem Bedauern einräumen musste: „So sind edelste Kulturwerte zerstört, und wir, die Männer der Wissenschaft, zahlen mit ihrem Verlust neben denjenigen Opfern, die wir mit den andern Kreisen gemeinsam bringen."[7] Aber es stellte keineswegs nur ein passives Erdulden einer veränderten Situation dar, es war auch mehr als eine bloße Adaption an die herrschende Stimmung, sondern es handelte sich – wie wir noch genauer sehen werden – um eine aktive Teilnahme vieler Physiker an dem „Krieg der Geister" mit fachspezifischen Besonderheiten.

Die weit um sich greifende Emotionalisierung zeigte sich am Stiftungstag der Berliner Universität, dem 3. August, an dem der amtierende Rektor Max Planck (1858-1947) die traditionelle Ansprache hielt. Der Berliner Privatdozent Robert Wichard Pohl (1884-1976) berichtete von einem Erlebnis, das er sein Lebtag nicht vergessen würde. So habe er noch nie einen Mann reden hören, es wäre überwältigend gewesen, als Planck, kaum noch der Tränen Herr, ausstieß „Gott schütze unser heißgeliebtes Vaterland!"[8]

Das Szenario des Kriegsausbruchs hatte direkte Auswirkungen auf die Stimmungslage der deutschen Bevölkerung. Deutschland befand sich seit dem 1. August mit Russland und aufgrund der Bündnissituation seit dem 3. August zwangsläufig auch mit dem Erzfeind Frankreich an zwei Fronten im Kriegszustand. Nach dem Einmarsch deutscher Truppen in das neutrale Belgien in der Nacht zum 4. August 1914 kam es noch am gleichen Tag zu der Kriegserklärung Englands an Deutschland. Während die Auseinandersetzungen mit Frankreich wie mit Russland unausweichlich erschienen, gab es in der deutschen Bevölkerung eine fast grenzenlose Empörung über das englische Vorgehen. Dieses Gefühl persönlicher Betroffenheit gab Pohl mit einer rassistisch gefärbten Sprache durchaus typisch wieder: „Nun haben wir England auch als Gegner, der bloße Neid hat die Verblendeten dahin gebracht, das Germanentum den Slawen zu verraten! Der Neid, nur

---

6   Einstein an Lorentz, 2.8.1915, in Otto Nathan und Heinz Norden, *Albert Einstein über den Frieden* (Bern, 1975), 28-30.
7   Ansprache gelegentlich der Zusammenkunft der Lehrer der Georgia-Augusta am 31. Oktober 1914, DMA NW.
8   Pohl an seine Mutter, 7.8.1914, Privatbesitz, Robert Otto Pohl, Göttingen.

der Neid auf Deutschlands unerhörten Aufschwung lässt dies unfassbare begreifen. Da wir alle Nachbarn auf wirtschaftlichem und technischem Gebiete überholen, da Deutschland die anerkannt erste Kulturnation der Welt ist, will man uns politisch ersticken. Die Wut über diesen feigen englischen Verrat kennt hier keine Grenzen."[9]

Wenn Philipp Lenard (1862-1947) Ende August „als ein Zeichen (seines) Abscheus vor der in diesen Tagen so deutlich gewordenen Denkweise" öffentlich bekannt machte, die ihm von der Royal Society verliehene goldene Rumford-Medaille wegzugeben und den Erlös den Hinterbliebenen badischer Gefallener zu spenden, besaß dies eine andere Qualität als der bloße Protest gegen die englische Politik.[10] Es handelte sich um eine erste Aufkündigung des gemeinsamen internationalen Wertesystems der Wissenschaften, das gerade in der Verleihung von Preisen Ausdruck findet und innerfachliche Maßstäbe setzt. Lenard blieb mit dieser Haltung keinesfalls ein Außenseiter, sondern fand zumindest partiell Zustimmung, so bei dem erwähnten Pohl: „Mit großer Freude habe ich … Lenards Mitteilung gelesen. … Ich habe die Notiz sofort ausgeschnitten, mit Pappe aufgezogen und mit einem dicken roten Rand vorn am Eingang unseres Instituts angeheftet – da hier jeder weiß, dass Rubens dieselbe Medaille besitzt."[11] Aber Heinrich Rubens (1865-1922) konnte dem Druck, der auf diese Weise auf ihn ausgeübt werden sollte, standhalten. Lenard gehörte dann folgerichtig auch zu den insgesamt 31 Unterzeichnern einer Erklärung deutscher Hochschullehrer vom 7. September, die die Niederlegung ihrer englischen Auszeichnungen mit dem Eingreifen Englands in den Krieg begründeten: „Aus schnödem Neid auf Deutschlands wirtschaftliche Erfolge hat das uns bluts- und stammverwandte England seit Jahren die Völker gegen uns aufgewiegelt …, um unsere Weltmacht zu vernichten, unsere Kultur zu erschüttern." Man sei sich zwar bewusst, dass „hochbedeutende englische Gelehrte … gegen diesen frevelhaft begonnenen Krieg gesinnt" seien, „gleichwohl" verzichteten sie „in deutschem Nationalgefühl" … auf „englische Ehrungen und die damit verbundenen Rechte." Es gab aber auch vereinzelten öffentlichen Widerspruch, so von dem Astronomen Wilhelm Foerster (1832-1921).[12]

Am 4. Oktober erschien in allen großen Tageszeitungen der „Aufruf an die Kulturwelt", manchmal auch bezogen auf die Zahl der Unterschriften „Aufruf der 93" genannt. Die Unterzeichner gehörten zu der kulturellen und wissenschaftlichen Elite Deutschlands, darunter die Physiker Wilhelm Conrad Röntgen (1845-1923), Lenard, Wilhelm Wien (1864-1928) – als Nobelpreisträger gewiss zuerst gefragt

---

9   Pohl an seine Mutter, 5.8.1914, ebd.
10  Ausschnitt Heidelberger Tageblatt vom August 1914, Universitätsbibliothek Heidelberg.
11  Pohl an seine Mutter, 13.8.1914. Privatbesitz, Robert Otto Pohl, Göttingen.
12  Kellermann, *Der Krieg der Geister*, 30-31.

– sowie Planck und Walther Nernst (1864-1941). Wir wissen nicht, welche Kriterien für die Auswahl der Namen maßgeblich waren. So kann aus dem Fehlen mancher Unterschrift nicht auf Ablehnung geschlossen werden. In der damaligen Atmosphäre wagten es nur ganz wenige wie Einstein, sich dieser Stimmung mit einem Gegenaufruf öffentlich zu entziehen. In mehreren Absätzen gegliedert, die jeweils apodiktisch mit „es ist nicht wahr" begannen, widersprachen die Unterzeichner den im Ausland erhobenen Vorwürfen gegen die deutsche Kriegsführung und deren Übergriffe. Sie wollten dabei dem Ausland, vorwiegend England, die Möglichkeit nehmen, zwischen deutscher Kultur und deutschem Militarismus zu differenzieren. Dazu erklärten sie: „Ohne den deutschen Militarismus wäre die deutsche Kultur längst vom Erdboden getilgt."[13] In dieser Hinsicht hatte der Aufruf durchaus Erfolg. Die deutschen Gelehrten galten im Ausland fortan als korrumpiert, da sie hier quasi vorbehaltlos als Anwälte des deutschen Militarismus auftraten. Man hatte sich „in feierlichster Weise und sehr positiv über Dinge ausgesprochen, die man nicht wissen konnte", wie Hendrik Antoon Lorentz (1853-1928) aus den neutralen Niederlanden im folgenden Jahr konstatierte.[14]

Nach der Elite der 93 kam am 16. Oktober die „Erklärung der Hochschullehrer des Deutschen Reiches" heraus, die mit mehr als 4000 Unterschriften fast den gesamten Lehrkörper der 53 Universitäten und Hochschulen umfasste. Sie wandte sich ebenfalls gegen jenen angeblichen Gegensatz „zwischen dem Geiste der deutschen Wissenschaft und dem was sie [die Feinde] den preußischen Militarismus nennen."[15] In England gab es daraufhin in der London Times vom 21. Oktober die Veröffentlichung „Reply to German Professors" mit 117 Unterschriften.[16] Kurz vor Weihnachten 1914 erhielten eine Reihe deutscher Professoren ins Deutsche übersetzte Exemplare dieser Erklärung zugeschickt, darunter Lenard und W. Wien. An sechs der ihm persönlich bekannten Unterzeichner schrieb W. Wien daraufhin [William Henry Bragg (1862-1942), Horace Lamb (1849-1934), Oliver Lodge (1851-1940), William Ramsay (1852-1916), John William Strutt, Baron Rayleigh (1842-1919) und Joseph John Thomson (1856-1940)] Briefe, in denen er seine Enttäuschung über den Mangel an Verständnis für die deutsche Situation artikulierte.[17] In dieser Situation fand bei W. Wien ein Brief von Johannes Stark

---

13  Ebd., 64-68.
14  Lorentz an Wien, 3.5.1915, DMA Nr.2482.
15  Bernhard vom Brocke, „Wissenschaft und Militarismus", in *Wilamowitz nach 50 Jahren*, hg. von William Musgrave Calder et al. (Darmstadt, 1985), 649-720, hier: 650-654.
16  *London Times*, 21.10.1914, 10.
17  Entwurf von W. Wien vom 5.1.1915, DMA NW.

(1874-1957) besondere Zustimmung, in dem Klage über die „Engländerei in deutschen physikalischen Kreisen" geführt wurde, woraufhin er auch selbst wiederum einen Entwurf für einen Aufruf verfasste.[18]

Stark hatte von seinem Verleger Georg Hirzel (1867-1924) inzwischen verlangt, auf der Titelseite des von ihm herausgegebenen „Jahrbuchs der Radioaktivität und Elektronik" die Namen der feindlichen Ausländer zu streichen. Ein solches Vorgehen stand nicht unbedingt im Einklang mit den geschäftlichen Interessen des Verlegers, der sich deshalb zunächst sträubte, aber angesichts der Alternative, sich zwischen Stark und Ramsay entscheiden zu müssen, schließlich einwilligte. Insoweit verschwanden 1915 mit Marie Curie (1867-1934), Ernest Rutherford (1871-1937) und Frederick Soddy (1877-1956) alle „feindlichen Ausländer" von der Titelseite.[19]

W. Wien griff nun die Anregung von Stark auf, zur „Wahrung des nationalen Interesses unserer Wissenschaft eine Erklärung gegen die Engländerei an die deutschen Physiker zu richten." In der deutschen Literatur wären die Engländer häufig unter Zurücksetzung der Deutschen zitiert worden, während es den Engländern umgekehrt fast nie einfalle, einen Deutschen zu erwähnen. Noch am 22. Dezember sandte W. Wien einen ersten Entwurf an 21 prominente Kollegen: den Präsidenten der Physikalisch Technischen Reichsanstalt (PTR), 16 Lehrstuhlinhaber von 14 der 20 anderen Universitäten, an nur einen von 11 Technischen Hochschulen, wo die Physik vertreten war sowie an drei an den Universitäten Wien und Innsbruck. W. Wien forderte die deutschen und österreichischen Physiker darin auf, englische Arbeiten fortan nicht häufiger zu zitieren als deutschsprachige. Das stellte nicht weniger als einen bewussten Bruch wissenschaftlicher Regeln dar, auch wenn W. Wien betonte, es ginge nicht darum, die Engländer nicht mehr zu zitieren, sondern nur darum, sie nicht häufiger zu zitieren als Deutsche. Über die Durchführung oder gar Kontrolle solcher Vorschriften machte W. Wien keine Aussage. So konnte es sich bei seiner Initiative allein um eine Selbstverpflichtung handeln, deren Übertretung dann von der Mehrheit moralisch geahndet werden würde. Die Reaktionen fielen sehr unterschiedlich aus, aber prinzipielle Ablehnungen einer solchen Vermengung von Wissenschaft und Politik kamen allein vom Präsidenten der PTR Emil Warburg (1846-1931) und dem Tübinger Ordinarius Friedrich Paschen (1865-1947). Planck wollte zwar nicht unterschreiben, betonte aber, inhaltlich mit dem Anliegen von W. Wien übereinzustimmen. Er hielt solche Appelle in Friedenszeiten für angebrachter, wobei für ihn Priorität besaß, dem Ausland zu demonstrieren, dass die Gelehrten auf Seiten des Militärs stünden. Lenard bekundete zwar Sympathie, aber da ihm W. Wiens „Aufforderung" zu schwach erschien, sah

---

18  Stark an Wien, 19.12.1914, in *Stargardt Auktionskatalog Nr. 609* (Marburg, 1976), 145.
19  Hirzel an Stark, 3.10.1914 und 29.1.1915, SBPK NL Stark, Sondermappe I 15 Nr. 12 und 14.

er von einer Unterzeichnung ab. Arnold Sommerfeld (1868-1951) wollte sie als geheime Instruktion ansehen und nicht ins Ausland durchsickern lassen. Schließlich gab es 16 Unterschriften. Die „Aufforderung" wurde dann in einer Auflage von mehr als 700 Stück gedruckt und Ende Februar 1915 an alle deutschen und österreichischen Mitglieder der DPG sowie an die Physikdozenten aller Hochschulen beider Länder verschickt. Im Sinne Sommerfelds wollte man aber von Pressveröffentlichungen Abstand nehmen.[20]

Die deutschen Physiker zeigten im „Krieg der Geister", dass ihre international ausgerichtete Profession, eine Tätigkeit, die den universell gültigen Naturgesetzen gewidmet ist, kaum eine besondere Immunisierung gegen Nationalismus und Chauvinismus bot. Es herrschte dagegen ein weitgehender Grundkonsens, uneingeschränkte Solidarität mit der Politik des als angegriffen und bedroht empfundenen Vaterlandes zu demonstrieren. Dabei existierte kein autonomer innerwissenschaftlicher Bereich wie sich an der Rückgabe von Preisen oder der Diskussion über Zitate zeigte. Wie in allen anderen Berufen gab es natürlich auch unter den Physikern ein Spektrum individueller Positionierungen. Der Göttinger Privatdozent Rausch von Traubenberg (1880-1944) bekannte sich dazu, Pazifist zu sein, und lehnte die deutschen Expansionsbestrebungen weitgehend ab. Dafür erhielt er sowohl von seiner Fakultät wie vom Rektor eine offizielle Rüge. Schließlich wurde er deshalb 1918 sogar noch zum Kriegsdienst eingezogen.[21] Andere dagegen, und das war zweifellos die überwiegende Mehrheit, unterstützten die von v. Traubenberg abgelehnte expansionistische Politik ganz aktiv, so beispielsweise Sommerfeld mit seiner Sympathie für die „Flamisierung" der Universität Gent im Generalgouvernement Belgien. Er habe bei seinem Besuch in Gent das Hochgefühl empfunden, „auf altgermanischem Boden eine Stelle zu wissen, an der sonst nur die französische Sprache erklungen und die nun der deutschen Wissenschaft wieder gewonnen war."[22] Vergeblich versuchte er, holländische Kollegen von dieser Kulturmission zu überzeugen und dort zu lehren.

---

20  Stefan. L. Wolff, „Physicists in the „Krieg der Geister": Wilhelm Wien´s ‚Proclamation'", *Historical Studies in the Physical Sciences* 33 (2) (2003): 337-368.
21  Detlef Busse, *Engagement oder Rückzug? Göttinger Naturwissenschaften im Ersten Weltkrieg.* (Göttingen, 2008), 243-258.
22  Arnold Sommerfeld, „Ein Besuch an der Genter Universität", *Der Sammler, Unterhaltungs- und Literaturbeilage der München-Augsburger Abendzeitung* 87 (1918), 26.2.1918, 1-2.

## 2.3    Krieg auf dem Schlachtfeld

Unabhängig von diesem „Krieg der Geister" gab es seitens fast aller wehrfähigen Physiker das Bedürfnis, sich auch am realen Krieg zu beteiligen. Der gerade 30jährige, oben erwähnte Privatdozent Pohl versuchte zunächst, dem Kriegsministerium und dem Reichsmarineamt seine physikalischen Kenntnisse zur Verfügung zu stellen. Nachdem dies jedoch erfolglos blieb, wollte er als Kriegsfreiwilliger zum Eisenbahnbataillon, wurde aber mangels militärischer Ausbildung dort ebenfalls abgewiesen.[23] Selbst die älteren Professoren bemühten sich, teilweise vergeblich, um eine Kriegsverwendung. Voigt bot dem örtlichen Garnisonskommando seine Dienste an und wurde schließlich mit der militärischen Aufsicht über die französischen und englischen Verwundeten beauftragt.[24] Der 46jährige Sommerfeld fühlte als Reserveoffizier bei Kriegsbeginn ebenso die Verpflichtung, sich dem Generalkommando zur Verfügung zu stellen. Man fand jedoch keine Einsatzmöglichkeit für ihn.[25] Die besondere fachliche Kompetenz der Physiker wurde kaum genützt. Angesichts der verbreiteten Fehleinschätzung eines kurzen Krieges schien das auch kaum nötig zu sein. Für die dementsprechenden Empfindungen mag die Äußerung von Wilhelm Lenz (1888-1957) in einem Brief aus Nordfrankreich im Mai 1915 an seinen Lehrer Sommerfeld typisch sein: „Was mich nur immer so niederdrückt ist, dass man kostbare Zeit oft so nutzlos vergeuden muss mit militärischem Herumstehen. ... Stattdessen könnte man wohl in sehr nützlicher Weise seine wiss. Fähigkeiten in den Dienst der großen Sache stellen."[26]

Die Physikalische Zeitschrift mit ihrem Redakteur Max Born (1882-1970) berichtete in einer sehr plakativen Weise von den Kriegsaktivitäten der Physiker. Die Informationen erhielt Born durch eine Umfrage bei allen physikalischen Instituten in Deutschland und Österreich im November 1914. Die Herausgeber wollten nicht allein Nachrufe und Bilder derer veröffentlichen, „die im Kampfe für's Vaterland den Heldentod gestorben sind", sondern auch die „im Felde stehenden" Kollegen in ihrer jeweiligen Funktion einschließlich militärischer Auszeichnungen möglichst vollständig auflisten. Darin steckte eine Art von Schaufensterfunktion, denn eine der Intentionen sollte laut Born darin bestehen, dem Ausland zu zeigen, dass „wie die ganze deutsche Wissenschaft, auch die Physik sich mit dem Vaterlande

---

23   Pohl an seine Mutter, 8.8.1914, Privatbesitz, Robert Otto Pohl, Göttingen.
24   Voigt an Zeeman, 5.9. und 24.9.1914, Zeeman Papers Rijksarchief Haarlem.
25   Sommerfeld an Schwarzschild, 31.10.1914, in *Arnold Sommerfeld Wissenschaftlicher Briefwechsel. Band 1: 1892-1918*, hg. von Michael Eckert und Karl Märker (Berlin, 2000), 485-486.
26   Lenz an Sommerfeld, 17.5.1915, DMA NL 089.

in Not und Gefahr eins weiss."[27] Seit dem 1. Dezember 1914 erschienen große schwarzumränderte, mit Bild versehene Todesanzeigen unter der Überschrift „Dem Andenken der im Kriege gefallenen deutschen Physiker". Die im April 1915 veröffentlichte Liste „Über die Kriegsbeteiligung der Deutschen Physiker" enthielt zunächst 124 Namen aus dem deutschen und österreichischen Lehrkörper. Bis zum Oktober 1916 erschienen mehrfach Nachträge, mit der die Zahl der gemeldeten Physiker insgesamt 160 erreichte.[28] Gut zehn Prozent von ihnen kamen bei den Funkern zum Einsatz. Hier konnte die Kompetenz des Physikers von Nutzen sein, da die Nachrichtentechnik zu den Anwendungsgebieten des Faches gehört. Außerdem gab es zwei kleinere Gruppen, die in der Meteorologie und der Röntgendiagnostik arbeiteten. In diesem Rahmen kamen auch einige von ihnen als „meteorologische Frontbeobachter" im Gaskrieg zum Einsatz. Die sich noch im Entwicklungsstadium befindliche Röntgentechnik ließ manche Physiker zu sogenannten „Feldröntgenmechanikern" werden.[29] Die meisten Lazarette verfügten jedoch noch gar nicht über solche Einrichtungen. Das Angebot von Pohl, zusammen mit einem Ingenieur und seinem Berliner Kollegen Erich Regener (1881-1955) im September 1914 jenseits des Instanzenweges für zwei Reservelazarette eine Röntgenapparatur aufzubauen und in Betrieb zu setzen, wurde von dem zuständigen Chefarzt mit großer Freude, aber auch nicht ohne Erstaunen gerne angenommen.[30] Lise Meitner (1878-1968) leitete nach entsprechenden Vorbereitungskursen seit August 1915 ein Röntgenlaboratorium in einem Lemberger Spital.[31] Der Berliner Physiker Ernst Gehrcke (1878-1960) tat dies im Lazarett von Czersk (Pommern).[32] Aber die Einteilung zu solchen Tätigkeiten war meist kein Resultat organisierten Handelns, um physikalisches Fachwissen gezielt einzusetzen, sondern viel häufiger die Folge individueller Initiativen.

27 Rundschreiben von Max Born als stellv. Chefredakteur der *Physikalischen Zeitschrift*, 23.11.1914, DMA NW.
28 *Physikalische Zeitschrift 16* (1915), 142-145 [124 Meldungen], 215-6 [14, darunter eine Korrektur], 268 [eine Korrektur], 312 [3], 330 [2], 367 [3], 387 [1], 428 [1], 488 [1]. 17 (1916), 16 [2], 28 [6], 40 [1], 138 [1], 392 [1], 440 [eine Korrektur], 518 [1].
29 Michael Eckert, *Die Atomphysiker* (Braunschweig, 1993), 62.
30 Pohl an seine Mutter, 8.9.1914, Privatbesitz, Robert Otto Pohl, Göttingen.
31 Ruth Lewin Sime, *Lise Meitner. A Life in Physics*. (Berkeley, 1996), 59-61.
32 Trude Maurer, „... *und wir gehören auch dazu": Universität und „ Volksgemeinschaft" im Ersten Weltkrieg* (Göttingen, 2015), 909.

## 2.4    Kriegsforschung

Es stellt sich die Frage, in welchem Rahmen Physiker in Deutschland aktiv Forschung für den Krieg betreiben konnten. An den Universitäten und selbst an den Technischen Hochschulen gab es bis auf ganz wenige Ausnahmen keinerlei Initiativen in dieser Richtung.[33] Dokumentiert ist lediglich die Einrichtung einer Lehrwerkstätte für die Kriegsindustrie am physikalischen Institut der Universität Marburg.[34] Von dem Göttinger Professor für Physik Hermann Theodor Simon (1870-1918) in Göttingen weiß man, dass er im Auftrag der Marine einen Geräuschempfänger entwickeln sollte.[35] Im Unterschied zu der Chemie, wo das neue Kaiser-Wilhelm-Institut unter Fritz Haber (1868-1934) sehr rasch vollkommen auf Kriegsforschung umgestellt wurde, existierte in der Physik keine derartige zentrale außeruniversitäre Institution. Die Physikalisch-Technische Reichsanstalt besaß einen anderen Charakter, an dem sich auch nichts Grundlegendes änderte. Sie führte zwar kriegsbezogene Arbeiten durch, bei denen es sich aber nur um Materialtests von vergleichsweise geringer Bedeutung handelte. Dazu war die Hälfte des Personals eingezogen worden.[36] Physiker wurden ansonsten nicht nur in der Industrie, sondern auch in einigen militärischen Einrichtungen beschäftigt. Das 1889 als Zentralversuchsstelle für Explosivstoffe gegründete Militärversuchsamt, wie es seit 1897 hieß, spielte trotz seiner physikalisch-ballistischen Abteilung in der Kriegsforschung jedoch keine prominente Rolle, auch wenn die Zahl der beschäftigten Wissenschaftler von 16 auf 52 anstieg.[37] Die 1903 gegründete Militärtechnische Akademie in Charlottenburg diente der militärtechnischen Ausbildung

---

33    Stefan L. Wolff, „Zur Situation der deutschen Universitätsphysik während des Ersten Weltkrieges", in *Kollegen – Kommilitonen – Kämpfer. Europäische Universitäten im Ersten Weltkrieg*, hg. von Trude Maurer (Göttingen, 2006), 267-281. Für die Technischen Hochschulen auch Bettina Gundler, *Technische Bildung, Hochschule, Staat und Wirtschaft. Entwicklungslinien des technischen Hochschulwesens 1914 bis 1930. Das Beispiel der TH Braunschweig* (Hildesheim, 1991), 123.

34    Laut Nachtrag zu den Kriegsbeteiligungen von Physikern in: *Physikalische Zeitschrift* 17 (1916), 440. Im Universitätsarchiv der Universität Marburg ließen sich dazu keine Unterlagen finden.

35    Oliver Krauß, *Rüstung und Rüstungserprobung in der deutschen Marinegeschichte unter besonderer Berücksichtigung der Torpedoversuchsanstalt, (TVA)* (Kiel, 2006), 124

36    David Cahan, *An Institute for an Empire. The Physikalisch-Technische Reichsanstalt 1871-1918* (Cambridge, 1984), 225-226.

37    Helmut Maier, *Forschung als Waffe, Rüstungsforschung in der Kaiser-Wilhelm-Gesellschaft und das Kaiser-Wilhelm-Institut für Metallforschung 1900-1945/48*, Band 1 (Göttingen, 2007), 97-101.

der Offiziersanwärter, stellte ihren Betrieb aber mit Ausbruch des Krieges ein.[38]
Eine thematisch und personell von Physikern bestimmte Kriegsforschung fand an anderen Stellen statt und zwar häufig dort, wo die betreffenden Wissenschaftler zuvor noch nicht organisatorisch eingebunden gewesen waren bzw. innerhalb sich neu bildender Strukturen. Das geschah dann oft in Form von staatlichen Forschungsaufträgen. Neben dem individuellen Zugang, bei dem Physiker selbst ein Problem aufgriffen, das sie außerhalb des Rahmens einer Institution zu lösen versuchten, waren es die Prüfungskommissionen des Militärs, die solche Aufträge vergaben. Zu diesen Einrichtungen gehörten die Artillerie-Prüfungskommission (APK), die im Rahmen der Reorganisation des preußischen Heeres durch Scharnhorst 1809 begründet worden war und in deren Verantwortlichkeit es lag, die Artilleriewaffen auf dem aktuellen Stand der Technik zu halten[39], die Verkehrstechnische Prüfungskommission (VPK) sowie die der Marine unterstellte, 1886 gegründete Inspektion des Torpedowesens. Dabei kam es mitunter auch zu Kooperationen mit Technikern aus der Industrie.

Ein weiterer, davon unterscheidbarer Zugang stellte die Schaffung ganz neuer Kooperationsformen bzw. Strukturen für die Kriegsforschung dar. Als beispielhaft kann etwa die Modellversuchsanstalt von Ludwig Prandtl (1875-1953) in Göttingen angeführt werden, deren Konzeption zwar schon länger zurückreichte, die aber erst durch den Krieg den entscheidenden Impuls bekam und nach dem Friedensschluss den Status eines Instituts der Kaiser-Wilhelm-Gesellschaft erhielt.[40] Eine andere Art der Zusammenarbeit, die nur während der Zeit des Krieges Bestand haben sollte und auf die unten näher eingegangen wird, ging maßgeblich auf W. Wien zurück. Er etablierte eine Kooperation seines Würzburger Universitätsinstitutes mit einer am gleichen Ort neu errichteten Röhrenfabrik. Bei der 1916 gegründeten, privat finanzierten Kaiser-Wilhelm-Stiftung für kriegstechnische Wissenschaften (KWKW) handelte es sich nicht um eine eigenständige Forschungsinstitution, sondern um eine Dachorganisation. Sie sollte koordinieren und steuern, um „durch Zusammenarbeiten der besten wissenschaftlichen Kräfte des

38 Burghard Ciesla, „Ein ‚Meister deutscher Waffentechnik'", in *Wissenschaften und Wissenschaftspolitik. Bestandsaufnahme zu Formationen, Brüchen und Kontinuitäten im Deutschland des 20. Jahrhunderts*, hg. von Rüdiger vom Bruch und Brigitte Kaderas (Stuttgart, 2002), 263-281, hier: 276.
39 Hugo Denecke, *Geschichte der Königlich Preußischen Artillerie-Prüfungskommission: Aus Anlaß der Feier ihres ihres 100jährigen Bestehens* (Berlin, 1909).
40 Detlef Busse, *Engagement oder Rückzug? Göttinger Naturwissenschaften im Ersten Weltkrieg* (Göttingen, 2008), 155-203.

Landes mit den militärischen Kräften die Entwicklung der naturwissenschaftlichen und technischen Hilfsmittel der Kriegsführung zu fördern."[41] Das geschah über sechs jeweils von prominenten Wissenschaftlern geleitete Ausschüsse, die wiederum Projekte vermittelten. Nernst leitete den Ausschuss für Physik (Ballistik, Telefonie, Telegraphie, Ziel- und Entfernungsbestimmung, Messwesen).[42]

Im Folgenden sollen einige Beispiele für die oben geschilderten Szenarien die Bandbreite der Optionen für die Kriegsforschung von Physikern aufzeigen. Die Experimente zur Erdfunktelegraphie an der Universität Göttingen im Sommer 1915 stehen für den individuellen Zugang, bei dem die Wissenschaftler nicht nur an der Lösung eines Problems arbeiteten, sondern zuvor auch schon selbst die Fragestellung geliefert hatten. In diesem Fall ging sie auf Fronterlebnisse von Richard Courant (1888-1972) zurück. Er hatte gesehen, wie schwierig die Kommunikation zwischen Schützengraben und Kommandeur unter Artilleriefeuer werden konnte. Das lag zumeist an der Zerstörung von Telefonleitungen und den Mängeln bei der Verständigung mittels Lichtzeichen. Vor diesem Hintergrund begann sich Courant mit der Erdtelegraphie zu beschäftigen. Gemeinsam mit Carl Runge (1856-1927), Peter Debye (1884-1966) und dessen Assistenten Paul Scherrer (1890-1969) gelang es, Signale über eine Entfernung von 1500 m vom physikalischen Institut bis an den Fluss Leine zu übermitteln. Diese Experimente mündeten nach einigen weiteren Wochen in der Konstruktion eines Erdtelegraphenapparates, der Signale über eine Distanz von zwei Kilometern senden konnte. Obwohl diese Methode in Konkurrenz zur Hochfrequenztechnik stand, kam sie dann u. a. vor Verdun zum Einsatz, wo Courant selbst den Einbau der Geräte leitete. Im Februar 1917 erhielt er den Auftrag, Schulungszentren an der Front einzurichten, um Soldaten im Gebrauch der Erdtelegraphie zu unterweisen.[43]

Die APK spielte zu Beginn des Krieges nur noch eine geringe Rolle. Angesichts der Überlegenheit der französischen Artillerie wurde sie aber bald reaktiviert. Die hohen personellen Verluste ermöglichten es einem Außenseiter wie dem Breslauer Privatdozenten Rudolf Ladenburg (1882-1952), in eine wichtige Position zu gelangen. Er hatte als Rittmeister Erfahrungen an der Front gesammelt, aber mit dem

---

41  Abschnitt I der Satzung der KWKW, in Manfred Rasch, „Wissenschaft und Militär: Die Kaiser Wilhelm Stiftung für kriegstechnische Wissenschaft", in *Militärgeschichtliche Mitteilungen* 49 (1991): 73-120, hier: 94.
42  Ebd., 82.
43  Constance Reid, *Richard Courant 1888-1972. Der Mathematiker als Zeitgenosse* (Berlin, 1979), 65-66, 74, 76.

Übergang vom Bewegungs- zum Stellungskrieg suchte er nach einer Möglichkeit, sich mit wissenschaftlich-technischen Fragen zu beschäftigen. Ihn interessierte die Ortung feindlicher Geschütze. Ladenburg konnte die Militärbehörden davon überzeugen, dass es Sinn machte, sich eingehender mit dieser Problematik zu beschäftigen. Innerhalb der APK entstand unter der gemeinsamen Leitung von ihm und eines weiteren Offiziers eine Dienststelle für alle Methoden wissenschaftlichen Messens. Mit Born, Erwin Madelung (1881-1972) und Alfred Landé (188-1976), die sich aus Göttingen kannten, sowie einigen weiteren Kollegen entstand im Lauf des Jahres 1915 eine Gruppe von Physikern in der APK.[44] Sommerfelds Schüler Paul Ewald (188-1985) meinte angesichts einer solchen Kumulation, dass dort „eine kleine Armee von Physikern zu arbeiten scheint."[45] Mit der Einbeziehung von mehreren Parametern wie der Änderung der Windgeschwindigkeit mit der Höhe, wurde eine Verfahren entwickelt, das an den Schallmessstationen der Front zur Ortung schließlich praktisch eingesetzt wurde.

W. Wien führte aus eigener Initiative einige kriegstechnische Untersuchungen durch, über deren Resultate er dem Preußischen Kriegsministerium berichtete. Er erhielt zwar ein Dankschreiben, aber seine Anregungen wurden offenbar nicht aufgegriffen. Eine Anfrage der Marine zu Ionenröhren, die für die Telefonie von Bedeutung waren, nahm W. Wien 1916 zum Anlass, daraus ein konkretes Forschungs- und Entwicklungsprogramm zu konzipieren. Bestärkt wurde er in dieser Absicht von seinem Cousin Max Wien (1866-1938), Lehrstuhlinhaber in Jena, der dank familiärer Verbindungen schon seit September 1914 bei der VPK über Fernlenkwaffen arbeitete und dann die Leitung der Technischen Abteilung der Funkertruppen (Tafunk) übernahm, die für die drahtlose Telegraphie des Heeres zuständig war. So gehörte M. Wien zu den wenigen Physikern, die beim Militär schon frühzeitig eine Aufgabe erhalten hatten, die ihrer speziellen Kompetenz entsprach. Er sah nun die Chance, die von der Firma Telefunken rein technisch behandelte Frage der Verstärkerröhren systematisch und wissenschaftlich zu behandeln. Im Lauf des Jahres 1916 entwickelte sich daraus am physikalischen Institut der Universität Würzburg ein umfangreicher Betrieb mit zeitweise nicht weniger als 20 Glasbläsern und der Einbeziehung weiterer Physiker anderer Universitäten.[46]

---

44  Max Born, *Mein Leben: die Erinnerungen des Nobelpreisträgers* (München, 1975), 241.Ulrich E. Schröder, „Erwin Madelung", in *Physiker und Astronomen in Frankfurt*, hg. von Klaus Bethge und Horst Klein (Neuwied, 1989), 73-83, hier: 77-78
45  Ewald an Sommerfeld, 5.9.1915, DMA, NL 89 059.
46  Frau Wien an ihre Mutter, 4.10.1916. W. Wien an seine Frau, 5.7.1918; beide Tagebuch der Familie Wien (Privatbesitz), 86, 126.

Dazu gehörte der Theoretiker Max von Laue (1879-1960) von der Universität Frankfurt, der trotz der dort noch weiter zu haltenden Vorlesungen zeitweise seinen Wohnsitz nach Würzburg verlegte, um die Experimentatoren vor Ort beraten zu können. Die Arbeitsbelastung war hoch, denn Laue berichtete: „Im Übrigen bin ich hier mit täglichen Pflichten so reichlich versorgt, wie ich es im Frieden niemals haben möchte."[47] Bei der Behandlung der Röhren trafen von der Elektronentheorie bis zu den zur Evakuierung eingesetzten Pumpen zahlreiche physikalische und technische Probleme aufeinander.[48] Für den Kriegseinsatz galt es, die für die Verstärkung der Signale benötigten Röhren einfach und billig in großen Stückzahlen zu produzieren.[49] Das Kriegsministerium ließ zu diesem Zweck in Würzburg außerdem eine Fabrik für deren Herstellung errichten, die von dem Frankfurter Professor Max Seddig (1877-1963) geleitet wurde, der kurz zuvor selbst einen neuen Röhrentyp entwickelt hatte.[50] Die produzierte Stückzahl lag im Herbst 1917 bei monatlich 1000 Röhren für die Marine und 500 für die Tafunk.[51]

In diesem Kontext folgte W. Wien im März 1917 einer Einladung der Marine nach Kiel.[52] Dort arbeiteten eine Reihe von Physikern im Laboratorium der Inspektion des Torpedowesens, u.a. Stark und Heinrich Barkhausen (1881-1956), der sich dafür 1915 als außerordentlicher Professor für Elektrotechnik der Technischen Hochschule Dresden hatte beurlauben lassen. Barkhausen beschäftigte sich zunächst mit der Nachrichtenübermittlung durch Unterwasserschall, aber die Ergebnisse erlaubten keine praktische Umsetzung.[53] Spätestens seit dem Mai 1917 interessierte er sich für die in Würzburg durchgeführten Experimente.[54] Nachdem ihn die Torpedoinspektion im August 1917 mit der Untersuchung von Verstärkerröhren beauftragt hatte, kam es in den folgenden Monaten zu einer engen Kooperation mit dem Würzburger Institut.[55] Auf diese Weise entwickelte sich zwischen Frühjahr 1916 und Herbst 1917 unter maßgeblicher Mitwirkung und zum Teil auch

---

47	Laue an Sommerfeld, 14.4.1917, DMA, HS 1977-28/A, 197.
48	Zu der Problematik der Pumpen s. M. Wien an W. Wien, 10.1.1917 und Walther Gerlach an M. Wien, 7.1.1917, beide DMA, NW.
49	Wilhelm Wien, *Aus dem Leben und Wirken eines Physikers* (Leipzig, 1930), 36-37.
50	Günter Haase, „Max Seddig", in *Physiker und Astronomen in Frankfurt*, hg. von Klaus Bethge
*	und Horst Klein (Neuwied, 1989), 121-127, hier 122-123.
51	M. Wien an Seddig, 23.10.1917, DMA NW.
52	W. Wien an seine Frau, 20.3. und 21.3.1917, in *Tagebuch der Familie Wien* (Privatbesitz), 96-98.
53	Herbert Börner, „Georg Heinrich Barkhausen (1881 bis 1956)", *Funkgeschichte* 25 (2002): 231-243, hier: 236.
54	Inspektion des Torpedowesens an W. Wien, 3.5.1917, DMA NW.
55	Barkhausen an W. Wien, 31.8.1917, Inspektion des Torpedowesens an W. Wien, 27.8.1917; W. Wien an Inspektion des Torpedowesens, 5.10.1917; Inspektion des Torpedowesens an W. Wien,

überhaupt erst aufgrund der Initiative einer ganzen Reihe von Physikern eine enge Zusammenarbeit zwischen der Tafunk in Berlin, der Torpedoinspektion in Kiel und dem speziell auf die Röhrenforschung ausgerichteten physikalischen Institut in Würzburg. Sie verband die gemeinsame Aufgabe, Verstärkerröhren für die drahtlose Nachrichtenübermittlung zu konstruieren.

## 2.5  Nachwirkungen

Im Krieg der Geister war es für einen Teil der deutschen Physiker ein besonderes Anliegen gewesen, sich gegen den vermeintlich übermäßigen englischen Einfluss zu wehren. Das erfuhr 1925 eine Wiederbelebung als in der „Zeitschrift für Physik" erstmals ein Artikel in englischer Sprache erschien, was von einigen Wissenschaftlern geradezu als Tabubruch betrachtet wurde, selbst wenn es sich nach Aussage des Redakteurs nur um ein Versehen handelte. M. Wien beklagte aber den Mangel an nationaler Würde und auch der Freiburger Ordinarius Himstedt betonte angesichts von Äußerungen deutscher Physiker, dem Vorgang nicht zu viel Bedeutung beizumessen: „... weit höher als die Physik steht vielen, hoffentlich den meisten Kollegen, die Wahrung deutscher Würde."[56]

Der von den Alliierten nach dem Krieg verhängte Boykott gegen die deutsche Wissenschaft mag eine solche Haltung noch bestärkt haben. Gerade die deutschen Physiker hielten – anders als Mathematiker und Chemiker – am Gegenboykott fest, weil sie sich von den internationalen Organisationen nicht angemessen repräsentiert und respektiert fühlten: „... da sich die ursprünglich deutschfeindliche Vereinigung [Union Internationale de Physique Pure et Appliquée] an der Deklassierung des deutschen Volkes beteiligt habe, verbiete es den deutschen Physikern ihre nationale Ehre, beizutreten."[57]

Der Untergang des Deutschen Kaiserreichs und die Bedingungen des Versailler Vertrages hatten die Physiker nicht unberührt gelassen. Hier wird eine geradezu persönlich empfundene Kränkung sichtbar, die gewiss auch für einen Teil des konservativen Bürgertums charakteristisch war. Daraus resultierte eine Affinität zum

---

11.10.1917 und 19.10.1917; W. Wien an Inspektion des Torpedowesens am 9.11.1917, alle: DMA NW.

56  Himstedt an Nernst, 15.7.1925, DMA NW.

57  Bezug darauf in Wallot an Stark, 27.11.1933, DTM NL Mey, Präsident Prof. Dr. Joh. Stark, I 4 239 0229.

Nationalsozialismus, die über den Kreis der eigentlichen Anhängerschaft hinausreichte. In der Begrüßungsrede auf dem Physikertag 1936 wusste der Vorsitzende der DPG Jonathan Zenneck (1871-1959) diese Gemütslage in Worte zu setzen.: „Wir stehen heute alle unter dem gewaltigen Eindruck der Befreiung Deutschlands von den Fesseln eines erzwungenen Vertrages und der Erneuerung unserer Wehrmacht." Im Kampf um staatliche Ressourcen stellte er hier außerdem die Leistungsfähigkeit der Physik für die Landesverteidigung heraus und griff auf Beispiele aus dem Ersten Weltkrieg zurück. Nach dem Hinweis auf die Entdeckung von Röntgen erwähnte er Prismenfeldstecher, Scherenfernrohre und Entfernungsmesser. „Die Elektroakustik hat dem Heer das Schallmeßverfahren gegeben, das unzählige unserer Batterien und unserer Artilleristen vor dem Untergang bewahrt hat. Und was die Funkentelegraphie, die technische Anwendung der elektromagnetischen Wellen, schon in der damaligen primitiven Form für die Nachrichtenübermittlung im Heer bedeutete, das wissen alle, auch, wenn sie nicht als Funker im Felde gestanden haben."[58] Zennecks Ausführungen mündeten in der Aussage: „Heute [1936] ist die Bedeutung der Physik für unsere Wehrmacht noch viel, viel größer", womit sie „ein wichtiger Teil der Landesverteidigung geworden" ist. Allein wegen der notwendigen Geheimhaltung habe man sich versagt, „Wehrphysik" zu einem Hauptthema der Tagung zu machen: „Das wichtige hätten wir nicht sagen können und Unwichtiges nicht sagen wollen."[59]

## 2.6  Zusammenfassung

Nur wenige deutsche Physiker verweigerten sich dem „Krieg der Geister", auch wenn es kontroverse Auffassungen zu einzelnen Details wie zu der Rückgabe englischer Auszeichnungen gab. Fast völlig unumstritten war die Verpflichtung, den Krieg auf den Schlachtfeldern zu unterstützen, entweder direkt als Soldat, manchmal mit Sonderaufgaben oder in der sich teilweise gerade etablierenden physikalischen Kriegsforschung. Bei letzterem bedurfte es sogar häufig erst der Eigeninitiative, um die spezielle Kompetenz der Physik in dementsprechende Projekte einzubringen. Allerdings konnten sich die Physiker in der öffentlichen Wahrnehmung hier weniger profilieren als die Chemiker. Das lag zum einen an einer fehlenden, zentralen Institution wie einem Kaiser-Wilhelm-Institut, zum anderen aber

---

58  Manuskript der ungedruckten Begrüßungsansprache von Zenneck, dazu auch Zenneck an Grotrian, 17.4.1937, DMA NL Zenneck 12/28.
59  Ebd.

auch an der vergleichsweise unscharfen Abgrenzung zur Technik, weshalb spezielle Waffenentwicklungen nicht mit der Physik in Verbindung gebracht wurden. In der NS-Zeit sollten deshalb Hinweise auf den Nutzen der Physik für die Wehrkraft anhand von Rückblicken auf den Krieg gewiss auch dabei helfen, sich finanzielle Unterstützung von staatlicher Seite zu sichern.

## Verwendete Abkürzungen:

DMA Deutsches Museum Archiv

SBPK Staatsbibliothek Berlin Preußischer Kulturbesitz

DTM Deutsches Technikmuseum Berlin

NL Nachlass

NLW Nachlass Wilhelm Wien

# Militär

# 3 Der Röntgenblitz – Universalwerkzeug für Industrie, Militär und Medizin

*Bernd Helmbold*

Die fotografischen Untersuchungen schneller Vorgänge oder Bewegungen mit Hilfe ultrakurzer Lichtimpulse sind per se geeignet, um Analysen im Bereich von Ballistik oder Detonation zu ermöglichen. Weitere Anwendungsbereiche in der militärischen Forschung sind insbesondere durch die Durchdringungsfähigkeit der Röntgenstrahlen schon früh erkannt und genutzt worden. Hierbei leistet der Röntgenblitz die Erfassung und darauffolgende Abbildung kurzzeitiger oder ultrakurzzeitiger Vorgänge, auch und gerade im Inneren verschiedenster Objekte. Eine Röntgenblitzröhre besteht prinzipiell aus einem Entladungsrohr mit einem auf Hochspannung geladenem Kondensator, in dem von der Kathode ein hoher Elektronenstrom ausgelöst und zum Anodentarget hin beschleunigt wird. Dies führt je nach Bauart zu Beschleunigungsspannungen von bis zu 100MV und Dosen von bis zu 50R (entspricht 0,013 C/kg), gemessen in 1m Abstand, bei veränderten Eigenschaften der Belichtungszeit von weniger als $10^{-6}$ Sekunden und gleichzeitiger Intensitätssteigerung um den Faktor $10^5$ bis $10^6$.[1]

Wichtige Arbeiten, insbesondere im Sinne militärischer Möglichkeiten, wurden in der Mitte der 1930iger Jahren unabhängig voneinander von Physikern in Forschungslaboratorien der General Electrics in den USA und der Siemens-Schuckert Werke in Deutschland durchgeführt. Siemens war stark in der Entwicklung verschiedener Röntgentechnologien engagiert, deren Anwendungen nicht immer humanistischen Zielen dienten oder noch gar nicht abzuschätzen war. Der Beitrag möchte eine Arbeit des Physikers und Gasentladungsspezialisten Max Steenbeck (1904 bis 1981), veröffentlicht 1938 während seiner Tätigkeit für Siemens-Schuckert, zum Anlass nehmen, die Potentiale dieser Analysetechnologie sichtbar zu machen und Anwendungsmöglichkeiten im militärischen Bereich nachspüren.

Das Gebiet der Röntgenblitze weist Parallelen zu optischen Verfahren, z.B. den Schlierenmethoden, auf. In beiden findet die fotografische Untersuchung schneller

---

1 Stand um 1940.

Bewegungen mit Hilfe ultrakurzer Lichtimpulse statt. Der relativ konstante Brechungsindex der Röntgenstrahlung nahe 1 verhindert die Nutzung der Ablenkbarkeit des sichtbaren Lichtes, die bei der Schlierenfotografie schon kleine Änderungen von Dichte und Brechungsindex des untersuchten Stoffes sichtbar werden lässt. Demgegenüber durchleuchtet der Röntgenblitz Körper, die für das menschliche Auge undurchsichtig sind. Dabei können im Inneren stattfindende schnelle Bewegungs- oder Veränderungsvorgänge quantitativ einfach erfasst und qualitativ gedeutet werden. Zusätzlich verursacht ein starkes Eigenleuchten der untersuchten Phänomene bei der Röntgenabbildung, wie beispielsweise durch das Strahlungsleuchten während einer Explosion, keine Störwirkung. Bei optischen Verfahren hingegen bereitet eine Deutung des Zustandes aus der Lichtverteilung Mühe, etwaiges extremes oder fokussiertes Eigenleuchten erschwert dies weiter oder macht es unmöglich. Insofern ergänzen sich beide Technologien.

Als weitere alternative Technologien bei der Erfassung ultrakurzer Vorgänge standen beispielsweise Photozellen für Lichtschranken zum Messen von Geschwindigkeiten zur Verfügung. Mithilfe elektrischer Kontakte, z.B. beim Durchschuss von Folien und der Ultraschalltechnik u.a. über piezoelektrische Wandler, konnte man die N-Wellen damit gut vermessen. Eine Übersicht zum Stand der Technik gibt das Buch Kurzzeitphysik von Karl Vollrath und Gustav Thomer von 1967.[2]

## 3.1 Vorgeschichte

Röntgenstrahlung ist eine energiereiche elektromagnetische Strahlung, wie die UV-Strahlung, sichtbares Licht, Radiowellen und weitere. Diese Strahlungsformen unterscheiden sich hauptsächlich in der Frequenz, also der Energie, die oberhalb des ultravioletten Lichtes liegt. Die Entdeckung der Röntgenstrahlen geht auf Wilhelm Konrad Röntgens (1845-1923) Arbeiten um 1895 mit Kathodenstrahlröhren zurück.[3] X-Strahlen, wie Röntgen die von ihm entdeckte Strahlung nannte, entstehen nicht nur in Röntgenröhren, sondern auch als „Nebenerscheinungen" in anderen Röhren, Monitoren oder in Beschleunigern, während der Beschleunigung geladener Teilchen oder durch hochenergetische Übergänge in den Elektronenhül-

---

2    K. Vollrath und G. Thomer, *Kurzzeitphysik. High-Speed Physics, Physique des Phénomènes ultra-rapides* (Wien u.a., 1967).

3    Wilhelm C. Röntgen, „Ueber eine neue Art von Strahlen.", *Annalen der Physik* 300(1) (1898): 1-11.

len. Dabei wird häufig weitere Energie in Form von Wärme oder z.B. Lichtstrahlung freigesetzt. Die Durchdringungsfähigkeit der Röntgenstrahlung wird für vielfältige stoffliche Untersuchungen, z.b. medizinische Durchleuchtung des menschlichen Körpers oder zur Strukturaufklärung in der Materialphysik genutzt, wobei die betrachteten Gegenstände nicht zerstört werden müssen. Da die Röntgenstrahlung allerdings ionisierend ist, können durch sie Veränderungen im lebenden Organismus ausgelöst werden, was Strahlenschutzmaßnahmen erfordert. Röntgenstrahlen können durch den Lumineszenzeffekt, den Photographischen Effekt, die Ionisation innerhalb einer Zählvorrichtung oder das Hervorrufen eines Stromes in Halbleitern nachgewiesen werden.

In den ersten Dekaden des 20. Jahrhunderts gewannen die X-Rays, wie die Röntgenstahlen im englischsprachigen Raum genannte wurden, an Bedeutung und Aufzeichnungen derselben auf Fotoplatten wurden verbreitet vorgenommen. Von der Medizin und Biologie über die chemische, biologische und physikalische Strukturanalyse bis in die Archäologie und Astronomie und darüber hinaus finden sich Anwendungsfelder. Im Gegensatz zum klassischen Röntgen, bei welchem relativ lang andauernde Prozesse in fixen Expositionen nötig sind um die Strahlenwirkung abzubilden, zielt die Technologie der Röntgenblitze auf kurzzeitige, geradezu sequenzielle Abbildungen von Vorgängen, Bewegungen oder verborgenen Erscheinungen. Die dafür nötigen explosionsartigen Röntgenlichtblitze waren anfänglich nicht mit der Röhrentechnologie des Röntgens zu erzielen, da Glühkathoden keine ausreichende Elektronenemission für stromstarke Entladungen bereitstellten und große Ströme erforderlich sind, um genügend Röntgenphotonen in kurzer Zeit zu erzeugen. Der Blitzbetrieb hängt hauptsächlich von der Entionisierungszeit der Röhre und der Leistungsfähigkeit der Spannungsquelle ab. Auch heute bestehen Einschränkungen bezüglich der Leistung und vor allem der Lebensdauer von Blitzröhren. Im Wesentlichen deshalb, weil die Anode stark thermisch belastet wird, diese Wärme jedoch nicht schnell genug abgeleitet werden kann und ihr Material verdampft. Prinzipiell sind die Spektren von Röntgenblitzen und Strahlungen aus kontinuierlich betriebenen Röntgenröhren kongruent. Sie bestehen aus einem charakteristischen und einem Bremsspektrum. Letzteres ist durch die von der Beschleunigungsspannung bedingte Maximalenergie bestimmt, jedoch ändert sich die Anodenspannung während der Entladung des Kondensators, was zu einer Verschiebung des Spektrums in den Bereich der weichen Anteile führt.

Es war 1936 oder 1937 – genauer weiß ich die Zeit nicht – hatte Göring, wohl der nach Hitler mächtigste Mann im damaligen Deutschland, als Chef der Luftwaffe kategorisch gefordert, mindestens die großen Hochspannungsfreileitungen müssten baldmöglichst verschwinden, weil sie die gesamte Fliegerei gefährdeten und die Auswahl strategisch nötiger Flugplätze unzulässig einschränkten. Siemens, AEG und Brown Boveri Cie. erhielten vom Reich mit höchster Dringlichkeit den Auftrag, Freileitungen durch unterirdische Kabel zu ersetzen, sodass Steenbeck ,die ersten Muster der erforderlichen steuerbaren Hochspannungs-Hochleistungsgleichrichter zu entwerfen, mit zu bauen und mit zu erproben hatte.[4]

So beginnt Max Steenbeck in seiner Autobiografie die Überleitung zu einer neuen Entdeckung, die nach seiner Darstellung gewissermaßen als Abfallprodukt der Untersuchungen an benannten Hochspannungsgleichrichtern für ein gleichstrombasiertes unterirdisches Stromnetz entsteht. Steenbeck, bei Siemens Spezialist für Gasentladungen, war in diesen Fragen auf der Höhe seiner Zeit.[5] Siemens favorisierte nach Steenbecks Angaben Eigenentwicklungen und exklusive Verwertungsrechte gegenüber der Bezahlung von Entwicklungskosten durch das Deutsche Reich. Dies entsprach durchaus der internen Strategie des Hauses Siemens in Bezug auf Erfindungen, denn die nachhaltige Stärkung der eigenen Unternehmerschaft stand über den kurzfristigen Interessen einer kostenneutralen Entwicklungsarbeit.

Während der Erprobung für Hochspannungs-Hochleistungs-Gleichrichter im Siemens-Röhren-Werk stellte Max Steenbeck das Auftreten einer Röntgenstrahlung an seinen Quecksilberdampfgleichrichtern fest. Da er, versiert in der Konstruktion und Untersuchung von Thyratrons[6], die Gefahr des Auftretens von Röntgenstrahlung in jedweder Kathodenstrahlröhrenkonstruktion kannte, wurde das Phänomen untersucht und es wurde ein Blitz registriert. In seiner zweiten Veröffentlichung zu diesem Thema beschrieb Steenbeck recht genau das Design, die Wirkweise und die möglichen Anwendungsfelder eines aus diesen Beobachtungen entstandenen „Verfahrens zur Erzeugung intensiver Röntgenblitze"[7], während er in der ersten Arbeit[8] ausschließlich die Erscheinung bekanntgab. Unabhängig von Steenbeck

---

4  Max Steenbeck, *Impulse und Wirkungen: Schritte auf meinem Lebensweg* (Berlin, 1978), 88-89.
5  Bernd Helmbold, *Wissenschaftspolitik und Forschungstechnologien in der Biografie des Physikers Max Steenbeck (1904 bis 1981)* (Dissertation, Jena, Friedrich-Schiller-Universität, 2016).
6  Thyratron, ein über Gitter steuerbarer Gasentladungsgleichrichter.
7  Max Steenbeck, „Über ein Verfahren zur Erzeugung intensiver Röntgenblitze", *Wissenschaftliche Veröffentlichungen aus dem Siemens-Konzern* 17(4) (1938): 1-18.
8  Max Steenbeck, „Röntgenblitzlichtaufnahmen von fliegenden Geschossen", *Die Naturwissenschaften* 26(29) (1938): 476-477.

hatten Kenneth H. Kingdon (1894 bis 1982) und H. E. Tanis[9] in den General Electric Laboratories ein ähnliches Entladungsrohr konstruiert, allerdings mit anderer Anwendungsabsicht und daraus folgend unterschiedlichem Design. Die Veröffentlichungen fanden im selben Zeitraum statt, bezogen sich jedoch auf unterschiedliche Untersuchungsinteressen und standen nicht miteinander in Konkurrenz.

## 3.2 Die Steenbeck-Veröffentlichung von 1938

Die betrachtete Arbeit Steenbecks beschreibt Röntgenblitzrohre, die intensive Röntgenstrahlung innerhalb einer Zeitdauer von weniger als $10^{-6}$ Sekunden aussenden. Diese Blitze traten, wie beschrieben, beim Zünden, d.h. beim Einschalten seiner quecksilberdampfbasierten Hochspannungs-Hochleistungs-Gleichrichter im Siemens-Röhren-Werk auf.

Das Ergebnis unverzüglicher Untersuchungen dieser Erscheinungen war überraschend: Während des Anlegens hoher Spannungen als Grundlage für die „Zündung" der Röhrengleichrichter trat eine äußerst intensive Röntgenstrahlung auf, welche nur äußerst mühevoll durch einen „schnell bewegten Röntgenfilm" als Blitz identifiziert wurde.[10]

### 3.2.1 Versuchsanordnung

Die notwendige Anordnung besteht prinzipiell aus einem Entladungsrohr mit einem auf Hochspannung geladenen Kondensator. Von der Kathode wird bei Überschlag in der Funkenstrecke F ein hoher Elektronenstrom ausgelöst und zur Anode hin beschleunigt, was dort nach bekanntem Prinzip zur Emission von Röntgenstrahlung führt. Das Ganze findet in einer Quecksilberdampfatmosphäre statt und führt je nach Bauart

- zu Beschleunigungsspannungen von bis zu 100MV
- zu einem Emissionsspitzenstrom von bis zu 500 A
- zu Röntgendosen von bis zu 50R (entspricht 0,013 C/kg), gemessen in 1m Abstand, bei einer Blitzdauer von ungefähr 1µs.

9  K. Kingdon und H. Tanis, „Experiments with a Condenser Discharge X-Ray Tube", *Physical Review* 53(2) (1938): 128-134.
10  Steenbeck, *Impulse und Wirkungen*, 90.

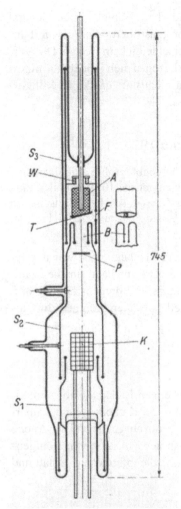

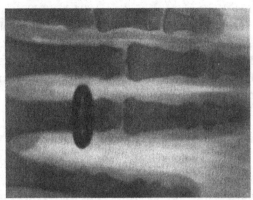

**Abbildung 1:**

Links: erstes Versuchsrohr.

Rechts oben: Handaufnahme
mit dem ersten Versuchsrohr.

Es konnten zwei grundlegende Typen von Röntgenblitzröhren ausgemacht werden, die Steenbeck von 1936 bis 1938 entwickelte und in seinen Veröffentlichungen einsetzte.

## 3.2.2 Der erste Typ

Die Kathode K kann kurzzeitig Spitzenströme von 500 Ampere aussenden, die
sich im Gasraum durch Stoßionisation etwa verdoppeln konnten; die Blende B

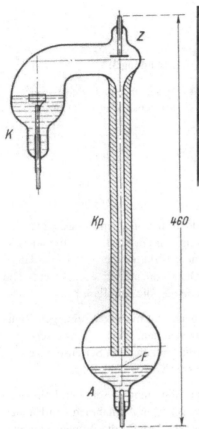

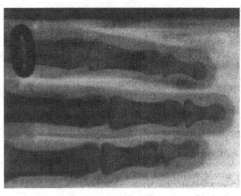

**Abbildung 2:**

Links: Zweites Versuchsrohr.

Rechts oben: Handaufnahme mit dem zweiten Versuchsrohr.

bündelt in Strichform den dann auf die Anode treffenden Elektronenstrom, und die Platte P schützt die Kathode wiederum vor Ionenbombardierung. Anode A ist ein abgeschrägter zylindrischer Eisenblock mit aufgebördelter Tantalscheibe, S sind Schutzrohre, welche den Strahlenverlauf lenken. Letztlich treten durch Fenster F die Röntgenstrahlen aus der Röhre. Dabei muss der Quecksilbertropfen an der Kathode auf 10 bis 15 Grad Celsius gekühlt sein und eine Vorerregung von ca. 5 A angelegt sein.

Die Bilder wurden mit Spannungen von 50 bis 60 kV aufgenommen (Maximalspannung 80kV).

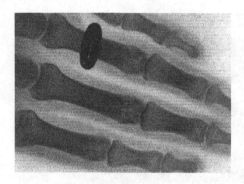

**Abbildung 3:**

Handaufnahme mit dem zweiten Versuchsrohr (10 Blitze).

## 3.2.3 Der zweite Typ

In die zweite Röhre (Abbildug 2, links) wurde nach Vorliegen der gezeigten Ergebnisse und nach einer theoretisch-mathematischen Diskussion des Entladungsvorganges sowie des Wärmeverhaltens der Anode (Problem der Anodenverdampfung) eine Quecksilberkathode und eine Quecksilberanode eingebracht. Die Fokussierung des Elektronenstromes übernimmt hier die Kapillare Kp.

Die Intensität der Röntgenblitze war ausreichend, um mit einem einzigen Röntgenschlag die Durchleuchtung einer Hand vorzunehmen. Weitere Verbesserungen der Qualität der Aufnahme ließen sich durch die Nutzung von Serienschlägen erzielen, was bei 10 Blitzen zu einer Belichtungszeit von ca. 1 µs führt.

Zur Aufnahme der Hand (Abbildung 2 rechts, Abbildung 3) sei noch Folgendes bemerkt: Schon bei Wilhelm Conrad Röntgen gehörten Aufnahmen von Händen zu den bekanntesten und markantesten Nachweisbildern für die Röntgenstrahlung (vgl. auch Abbildung 4). Die Motivkongruenz bei Steenbeck kann aufgrund der Eignung und Verfügbarkeit, vor allem aber als Qualitätshinweis bewertet werden. Für weniger wahrscheinlich halte ich einen etwaigen Anspruch auf Bedeutungsgleichsetzung mit Röntgens Entdeckung.

Bei der Betrachtung beider Röhrentypen sind durch Weiterentwicklung auf empirischer und vor allem auch theoretischer Basis folgende Unterschiede zu konstatieren.

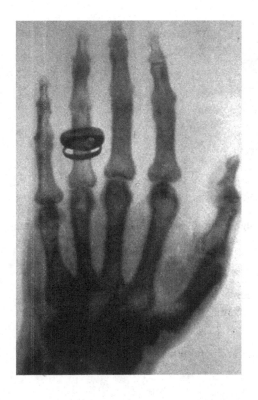

**Abbildung 4:**

Röntgenaufnahme: Albert von
Koellikers Hand, aufgenommen
von Conrad Röntgen am 23. Januar
1896. Aus:
https://de.wikipedia.org/wiki/
Datei:X-ray_by_Wilhelm_
R%C3%B6ntgen_of_Albert
_von_K%C3%B6lliker's_hand_-
_18960123-02.jpg, eingesehen am
14.04.2016.

Bei Röhre 2 gibt es

- keine Kathodenheizung
- keine „Verdampfungskrater" an der Anode durch flüssigen Anodenwerk-
  stoff
- einen wesentlich verkleinerten Brennfleck, und es ist
- eine Vorerregung nicht mehr notwendig.

Insgesamt wurde die Konstruktion vereinfacht, die Lebensdauer erhöht und die
Aufnahmequalität erheblich gesteigert.

## 3.2.4 Anwendung bei Steenbeck

Steenbeck testete und protokollierte seine Entdeckung in der folgenden Weise.

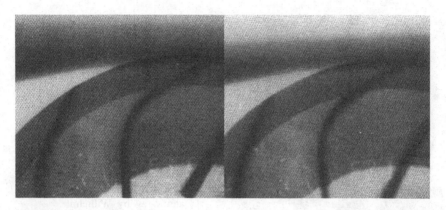

**Abbildung 5:** Aufnahmen eines Staubsaugerrotors. Links: in Ruhestellung. Rechts: mit 6500 U/min.

Aufnahmeobjekt 1 (Abbildung 5):

Die erste Aufnahme erfolgte in Ruhestellung des Staubsaugerrotors (Protos-Staubsauger Siemens); bei der zweiten Aufnahme wurde der gleiche Staubsauger bei 6500 U/min belichtet.

Beide Bilder sind mit Röhre 2 und einem mitlaufenden Kontakt zur Synchronisation erzielt worden.

Aufnahmeobjekt 2 (Abbildung 6):

Die Kleinkaliebergewehrkugel wurde zwischen den Elektroden der Funkenstrecke F hindurchgeschossen. F war so eingestellt, dass sie sich erst durch den Eintritt des Geschosses überschlug, wodurch erst die Aufnahme der mit 328 m/s fliegenden Kugel möglich war. (Selbstauslösung).

Durchschießen von „irgendwelchen Zielen" (Abbildung 7):

Hierfür musste die Schaltung geändert werden: Die Kugel durchtrennt kurz vor Eintritt in das Strahlenfeld einen dünnen Kupferdraht. Es handelte sich um Bleigeschosse und die Deformation war bei den unterschiedlichen Holzarten deutlich sichtbar – linke Spalte Erle; rechte Spalte Weißbuche.

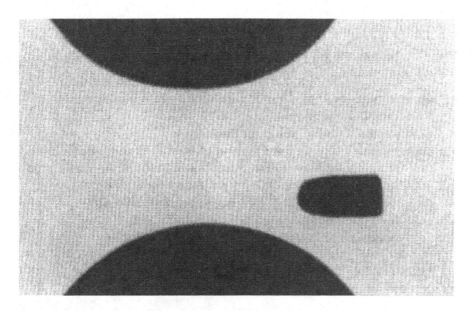

**Abbildung 6:** Aufnahme einer Kleinkalibierkugel zwischen zwei Elektroden.

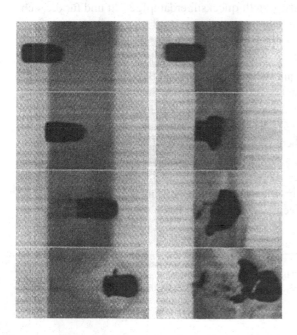

**Abbildung 7:**

Durchschießen von irgend-welchen Zielen.

## 3.2.5 Leistungen der Steenbeck-Veröffentlichung von 1938

Max Steenbeck konnte durch seine Untersuchungen zum Röntgenblitzverfahren folgende entscheidenden Beiträge leisten:

- die Erzeugung von Röntgenblitzen ultrakurzer Dauer mit mindestens 2 verschiedenen Entladungsrohren
- die Erprobung diverser Schaltungsanordnungen
- mathematische und theoretische Erklärungsversuche für den Entladungsvorgang (Dauer, Strom, Stromänderungsgeschwindigkeit) und die Vorgänge an der Anode (Eindringtiefe einer Wärmewelle mit Kühlungsvorschlag)
- das Erzielen einer sehr guten Fokussierung für scharfe Bilder
- den Nachweis der Anwendbarkeit der Technologie durch
  - o Aufnahmen nach Durchleuchten verschiedener Objekte ohne langandauernde Fixierung
  - o Aufnahmen von schnell fliegenden Objekten
  - o Aufnahmen von schnell rotierenden Objekten

## 3.3    Weiterentwicklung

Die ersten Röhren waren wie dargestellt quecksilberdampfgefüllt und für die sich abzeichnenden Zwecke nur beschränkt geeignet. Bei Siemens erkannte man schnell das Potential der Technologie und so kam es zu zwei wesentlichen Entwicklungen: Zum einen wurde die interne Weiterentwicklung Forschungslaboratorium II und durch die Abteilung Industrie/Kriegs- und Schifffahrt (AJ/KS) 5 unter Justus Mühlenpfordt (1911 bis 2000) und Werner Schaaffs (1910 bis 1978) vorangetrieben[11], zum anderen besuchte Steenbeck im Juli 1938 den Ballistiker Hubert Schardin (1902 bis 1965), der zu diesem Zeitpunkt Direktor des Ballistischen Instituts der Technischen Akademie in Berlin-Gatow war.[12] Steenbeck schlug nach Schardins Zeugnis eine Zusammenarbeit vor, bei Steenbeck selbst findet sich dazu keine Aussage. Dieser Besuch leitete das Interesse des Militärs ein – Schardin erinnerte sich in seinen benannten Ausführungen an den Glücksumstand des Besuches von Steenbeck vor Beginn des Krieges – und führte bald

---

11 Beispielsweise die Patente DPA 748 185 und DPA 851 529.
12 Hubert Schardin, „Über die Entwicklung der Hohlladung", *Wehrtechnische Monatshefte* 51(4) (1954): 97-120.

darauf zur Erklärung der Geheimhaltung der Technologie in Deutschland. Schardin selbst wurde zu einem der Entwicklungsträger der Technologie, vor allem im militärischen Sektor. Dies ist durch mehr als Zweihundert Veröffentlichungen und Patente belegt.

Anfänglich wurden vor allem quecksilberbasierte Röhren benötigt, um genügend Gasdruck aufzubauen, damit hohe Ströme realisiert werden konnten. Die Stromstärken von bis zu 10kA waren für ein Thyratron möglich, jedoch nicht für Vakuumröhren. Die nicht sehr hohe Effektivität der Ionenausbeute, nur ein kleiner Teil kommt mit genügend Energie an der Anode an, um Strahlung zu emittieren, versuchte man durch die Plasmazustände bei der Bogenentladung zu steigern. Hier kam man mit der Verdampfung vom Quecksilber des Anodenmaterials durchaus in den Mega-Ampere-Bereich, wenn genügend Vorlauf zur Ionisierung gegeben war. Schaaffs arbeitete am Akustikexperimentierstand von Siemens mit Röhren bis 400 kV. Dabei entstanden die ersten Versuche zur Röntgenbeugung beim Blitz, also grundlegende Arbeiten zum Röntgenlaser. Wichtig bei all diesen Fragen war die Form der Anode. Die von Arnold Sommerfeld berechnete Richtungsverteilung der Röntgenintensität führte zu kegelförmigen Anoden. Hierbei ging es um die Nutzung des günstigen Abstrahlwinkels und eine möglichst konzentrierte Emission der Röntgenstrahlung sowie einen kleinen Fokus der Elektronenstrahlung für scharfe Röntgenprojektionen.

Das gängige Verfahren zur Erzeugung von Röntgenblitzen ab den 1950er Jahren bestand in der Erzeugung eines elektrischen Durchschlages im Hochvakuum. Hierfür wurden aufgrund der erforderlichen Strahlungsintensität Röntgenblitzröhren mit einem Vakuum mindestens von $5*10^{-5}$Torr benötigt, was jedoch unter den materiellen Voraussetzungen der Zeit keine allzu große technische Herausforderung mehr darstellte. Ein möglichst scharfer Fokus wird durch die Geometrie der Röhre erreicht und es wurden Blitze von 50 bis $500*10^{-9}$ Sekunden Länge erreicht. Hauptansatz der Entwicklung waren Versuch und Irrtum, so schrieb Schaaffs noch 1955: „Eine allseits befriedigende Theorie des Entladungsmechanismus einer Röntgenblitzröhre existiert z.Z. nicht."[13] Mit der Entwicklung der Röhrentechnologie und insbesondere deren Anwendung wurden diverse spezielle Messinstrumente und Vorrichtungen entwickelt und eingesetzt, meist Kombinationen aus bekannten Verfahren der Zeitmessung, Bewegungsanalyse und Strahlungsmessung.

---

13  Werner Schaaffs, „Erzeugung und Anwendung von Röntgenblitzen", *Ergebnisse der Exakten Naturwissenschaften* 28 (1955): 9.

Dies diente vorrangig dazu, die Technologie zu adjustieren oder Abläufe synchronisieren und Ergebnisse zu protokollieren. Hier spielten Größen wie Ladung, Stromstärke aber auch Zeitdauer und Intensität der Blitze eine gewichtige Rolle. Während anfänglich der Bedarf nach einer adäquaten Begründung offenkundig und treibend war, wurde später die Weiterentwicklung für eine eigene kombinatorische Metrik leitend. Verhältnisgrößen wie die der Röntgenintensität in Bezug zur Bestrahlungszeit, die der Pulsdauer, -dosis und Dosisleistung wurden eingeführt, genauso wie Aussagen zur Brennfleckgröße (Fokussierung der Röhre) und Größen des Stromimpulses oder der Induktion.

Neue Einsatzbereiche forderten ein neues Design und Änderungen in der Konstruktion. Man wollte neue Einsatzbereiche erschließen und adaptierte dafür die Röntgenblitztechnologie, indem man Kernelemente herauslöste und in neue Settings einbrachte. In Sonderbereichen wurde so die Röntgenblitz-Kinematografie interessant, beispielsweise zur Untersuchung des Ablaufs chemischer Reaktionen[14] und an Hochstromkontakten[15]. Dabei wird mit einer Serie von Röntgenblitzen eine einzelne Phase aus einem Vorgang gegriffen, um ihn durch die durch Summation entstehende größere Strahlungsintensität besser abzubilden, oder einzelne Phasen eines einmaligen Vorganges mit größerer Genauigkeit zu erfassen. Anfang der 1950er Jahre wurden hiermit schon Blitzfrequenzen von bis zu 200 Bildern/s erreicht.[16] Das Verfahren war jedoch von der Entionisierungszeit der Röhre[17], der Ergiebigkeit der Spannungsquelle und der Transportgeschwindigkeit des Filmes abhängig. Anfänglich wurde der gewünschte Röntgenblitz durch normale Röntgenröhren, die in Reihe geschalten sind und durch eine entsprechende Zündapparatur gesteuert wurden, realisiert. Es hatte sich aber bis in die 1960er Jahre der Einsatz sogenannter Mehrfachblitzröhren etabliert, welche über Doppelröhren mit gemeinsamem Vakuum, aber getrennten Entladungsräumen verfügen. Besondere Ergebnisse erzielten Gustav Thomer und Francis Jamet vom Deutsch-Französischen Forschungsinstitut für Verteidigung und Sicherheit in Saint-Louis

---

14  Charls M. Slack und Louis F. Ehrke, „Field Emission X-Ray Tube", *Journal of Applied Physics* 12(2) (1941): 165. Chrles M. Slack und Louis F. Ehrke, „One-Millionth Second Radiography and its Development", *ASTM Bulletin* 27(150) (1948): 1-10.
15  Werner Schaaffs und K. H. Herrmann, „Aufbau und Eigenschaften von Hochvakuum-Röntgenblitzröhren", *Zeitschrift für angewandte Physik*, 4 (1954): 23-35.
16  Ebd.
17  Zentral ist dabei, dass das verdampfte Anodenmaterial weggepumpt werden muss.

bezüglich der Analyse von Bewegungs- oder Flugbahnen in linearen Anordnungen durch ein Sechsfach-Röntgenblitzrohr.[18] Durch die Anordnung mehrerer Anoden störte die Plasmaentwicklung nicht und die zur Verfügung stehende freie Weglänge vervielfachte sich. Thomer und Jamet verfassten Anfang der 1970er Jahre eine sehr hilfreiche Übersicht zum Stand des Fachgebietes.[19]

Seit 1980 arbeitete Eiichi Sato (Universität Morioka/Japan) basierend auf den Schaaffs'schen Entwicklungen an der Weiterentwicklung der Röntgenblitze.[20] Seine wesentliche Erfindung ist die Röntgenanode in Form einer (linearen) Schneide, so dass durch Reabsorbtion der höherenergetischen Bremsstrahlung dieser Anteil in monochromatische Kα–Strahlung gewandelt wird. Wesentliche Anwendung fand seine Röhren in der japanischen Medizintechnik, da man z.B. Jod als harmloses Kontrastmittel verwenden kann. Neben sehr intensiven Einzelblitzen wurden Blitzfolgen im kHz-Bereich realisiert und Verdopplung der Kα-Frequenz.[21]

Ein weiteres aus der Grundtechnologie entstandenes Verfahren ist die Elektronenblitzröhre. Diese kann relativ einfach durch Vertauschen von Anode mit Kathode sowie ein verändertes Formdesign der Elektroden erreicht werden. Dann entstehen Elektronenstromimpulse in hoher Stromstärke für eine ultrakurze Zeit. Im Vergleich zum erzielbaren Röntgenblitz sind sie homogener und kürzer, was jedoch auch von der Konstruktion des Austrittes abhängt. Elektronenblitze haben den Vorteil, dass sie magnetisch und lenkbar sind. Sie können damit zur Erzeugung von weiteren Röntgenblitzen im Inneren von Untersuchungsobjekten eingesetzt werden, dienen Fluoreszenzuntersuchungen oder können im Interferenzbereich z.B. für feinstrukturelle Analysen genutzt werden. Ebenso eignet sich der Einsatz

---

18  Gustav Thomer und Francis Jamet, *Untersuchungen über Mehrfach-Röntgenblitzröhren: Tubes multiples de radiographie-éclair. Versuche mit einem Sechsfach-Röntgenblitzrohr für weiche Strahlung* (Saint Louis, 1966).
19  Francis Jamet und Gustav Thomer, *Flash Radiography* (Amsterdam, New York, 1976).
20  Eiicchi Sato, H. Isobe et al., „Flash X-Ray Techniques for Biomedical Radiography", *Japan Radiological Physics* 7(1) (1987): 7-20. Rudolf Germer, Eiichi Sato et al., „Simulation of high Currents in X-Ray Flash Tubes", *SPIE Proceedings* (2009), 71260Q-71260Q-8.
21  Eiichi Sato, Rudolf Germer et al., „Plasma Flash X-Ray Generator (PFXG-02)", *SPIE Proceedings* (2003), 604-609. Eiichi Sato, Rudolf Germer et al., „Second harmonic x-ray irradiation from weakly ionized linear ferrum plasma", *SPIE Proceedings* (2009), 71261J-71261J-6.

von Elektronenstrahlung, wenn z.B. bei Dichtedifferenzuntersuchungen eine gewünschte Röntgenstrahlung nicht weich genug ist, um die Differenzen abzubilden.[22]

Die ersten auf dem Markt erhältlichen Röntgenblitzröhren wurden in Europa von Siemens und in den USA von der Westinghouse Electric Corporation (NY) und der Field Emission Co. hergestellt. Damit wurde der Markt für einen vielgestaltigen Einsatz eröffnet. Sie wurden mit 50 bis 400 kV betrieben, moderne Röntgenblitzröhren decken einen Bereich von 75 kV bis 2 MV je nach Einsatzbereich ab.

Neuester Entwicklungsbereich ist die atomare Röntgenlasertechnologie, deren Röntgenblitze durch den Energiebeschuss aus einem „Freie Elektronen-Laser" in die verwendeten Neonatome entstehen. Dort hervorgerufene pulsierende Röntgenstrahlung überlagert sich nach dem Laserprinzip zum Röntgen-Laserblitz. Das große Problem bestand in der dem Laser zugrundeliegenden „Verstärkung" von (Röntgen)Strahlen. Ein atomarer Röntgenlaser erzeugt Laserlicht mit etwa 60-mal schärfer definierter Wellenlänge als ein Freie-Elektronen-Röntgenlaser, außerdem bleibt seine Wellenlänge völlig stabil, seine Pulse sind kürzer, und er weist ein glatteres Pulsprofil auf. Damit können etwa elektronische Prozesse oder chemische Reaktionen beobachtet und die Struktur von Proteinen entschlüsselt werden, Bereiche der Nanowelt, die sich bisher der Strukturaufklärung entzogen haben.[23] Der Röntgenlaser LCLS (Linac Coherent Light Source) ist eine vom US-Energieministerium finanzierte Großforschungsanlage am Beschleunigerzentrum SLAC (Stanford Linear Accelerator Center) in Kalifornien.

Durch all diese Entwicklungen angestoßen wird zweijährig alternierend ein internationaler Kongress für Kurzzeitphotographie ausgerichtet, der seit Anfang der 1950er Jahre auch die Hochfrequenzkinematographie integriert. Seit 1968 findet diese Kongressreihe unter dem Titel: „International Congress on High-Speed Photography and Photonics" statt und wird von verschiedenen Organisationen durchgeführt, die durch die Nutzung der Technologie verbunden sind.

---

22  Wolfgang Huber, „Ergebnisse und Analyse unterschiedlicher Mechanismen der Strahlenwirkung bei einigen biologischen Systemen", *Die Naturwissenschaften* 38(2) (1951): 21-29.
23  „Der erste atomare Röntgenlaser", http://www.mpg.de/4999936/atomarer_roentgenlaser, eingesehen am 13.3.2015. Nina Rohringer, Duncan Ryan, Richard A. London et al., „Atomic inner-Shell X-Ray Laser at 1.46 Nanometres pumped by an X-Ray free-Electron Laser", *Nature* 481(7382) (2012): 488-491.

## 3.4  Anwendungsgebiete

Röntgenblitzröhren können in allen Bereichen der herkömmlichen Röntgenografie
Verwendung finden, aber es gibt spezielle Anwendungen, bei denen eine kontinuierlich betriebene Röhre an ihre Grenzen kommt. Der Vorzug des Röntgenblitzes
liegt wie beschrieben in der Eignung bei mechanisch schnell bewegten Objekten.
Hierbei sind seit Entwicklung der ersten Röhren folgende und weitere Gebiete erschlossen worden: Feststellung des zeitlichen Ablaufs von Gussvorgängen (besonders auch Spritz- und Schleuderguss), Verformung und/oder Ablösung rasch be-
wegter und dynamisch belasteter Maschinenteile (hier besonders auch unter
Rotation), Beobachtung und Analyse von Bor-, Fräs- und Sägevorgängen, Beobachtung von Cavitationserscheinungen in Flüssigkeiten, Gasen und in undurchsichtigen Objekten (z.B. Röhren), Untersuchung von Bewegungen von Kolben
und Ventilen in Explosionsmotoren, Kontaktflächen an Objekten, die mit hoher
Geschwindigkeit bewegt werden und sehr umfänglich im Forschungsgebiet der
Ballistik, wie auch schon die Arbeit von Max Steenbeck gezeigt hat.[24]

Diesen Bereichen der Forschung ist es grundsätzlich gegeben, in einem hohen
Maß der Geheimhaltung zu unterliegen, weshalb hier nur beschränkt darauf eingegangen werden kann. Allein Steenbecks einfache Arbeiten eröffneten per se
eine ganze Reihe von Einsatzgebieten auch militärischer Natur. So ist es militärtechnisch nach wie vor sehr interessant, beispielsweise fliegende oder einschla-
gende Geschosse abzubilden, aber auch der Abschuss stellt eine wichtige Phase
für das spätere Funktionieren der Mechanismen dar, die den ungeheuren Beschleu-
nigungskräften ausgesetzt sind. Neben der Raketenentwicklung, vor allem bei Ab-
schussproblemen, spielte der Röntgenblitz für die Entwicklung von Hohlladung
eine herausragende Rolle. Durch Einbindung der Technologie konnten im Inneren
ablaufende Prozesse während der Detonation sichtbar gemacht und so die Wirkung z.B. einer Panzerfaust stark gesteigert werden.

Des Weiteren wurden Röntgenblitzbilder während elektrischer Durchschläge
durch Vakuum, Gase oder Flüssigkeiten aufgenommen, um beispielsweise die Iso-
lationseffekte besser zu verstehen. Dabei standen auch mechanische, akustische
oder lichttechnische Erscheinungen und Wirkungen im Fokus. Auch das Eindrin-
gen von Stoßwellen in feste Körper ist Gegenstand von Röntgenblitzuntersuchun-

---

24  Diese Aufzählung erhebt keinen Anspruch auf Vollständigkeit, da nur Literatur zu den genannten
Entwicklungsgebiete einbezogen werden konnte.

gen. Dabei können Detonationsgeschwindigkeiten, -verläufe der Detonationsfronten und die Bewegungen des Mediums untersucht werden. Ähnliches wird auch am Schall untersucht.

Ein bedeutender Einsatzbereich für das Röntgenblitzverfahren ist der Bombenbau. Auch für die Entwicklung des Zündmechanismus von „Little Boy" und „Fat Man" wurden Röntgenblitzaufnahmen gemacht. Gregory Cunningham und Christopher Morris von den Los Alamos National Laboratory steigen in ihre Arbeiten zur Entwicklung der „Flash Radiography" wie folgt ein: „In many ways, flash radiography is to nuclear weapons what medical x-radiography is to the human body..."[25] Sie zeigen darin die Entwicklung der beschleunigerunterstützten Röntgenblitzaufnahmetechniken vom Manhattan Project über PHERMEX[26] und DARHT[27] bis hin zur Protonen-Radiografie. Nicht erst hiermit wird die Bedeutung der Technologie im militärischen Bereich der Superwaffen deutlich.

Im Manhattan Project[28] wurde Anfang 1944 der Fokus auf die Implosionen einer zu entwickelnden Bombenanordnung für Plutonium $^{239}$Pu gelegt. Im Herbst des Vorjahres gelang es John von Neumann (1903-1957) seine Stoßwellentheorie auf den Implosionsmechanismus anzuwenden und über numerische Verfahren zur Lösung der grundlegenden hyperbolischen partiellen Differentialgleichungen zu kommen. Für die Eingabe der entsprechenden Daten wurden Konvergenzgrößen benötigt, welche durch Röntgenblitzaufnahmen quantitativ ermittelt wurden. Auch die bildgeleitete Protokollierung der Gruppe um Seth Neddermeyer (1907 bis 1988) und vor allem die Erkenntnisse der Strömungsbildung während der Überlagerung und der daraus folgenden Beschleunigung von Stoßwellen, hier der Detonationen des Zündmechanismus, wurden nicht nur mit einem Betatron, sondern auch mit speziell synchronisierten Röntgenblitzen gewonnen und verifiziert. Unter ständiger Nutzung der Technologie zur zeitlichen und räumlichen Auflösung der ultrakurzen unsichtbaren Vorgänge wurden letztlich eklatante Schwierigkeiten auf dem Weg zur Bombe überwunden. Die daraus folgende Entwicklung von Sprengstofflinsen und einer elektrisch getakteten Zündung wurde zur Basis

25  Gregory Cunningham und Christopher Morris, „The Development of Flash Radiography", *Los Alamos Science*, 28 (2003): 77. eBook-Version vom 13.03.2015.
26  Steht für: Pulsed High-Energy Radiographic Machine Emitting X-rays.
27  Steht für: Dual Axis Radiographic Hydrodynamic Test.
28  Michael B. Stoff und Jonathan F. Fanton, *The Manhattan Project: A Documentary Introduction to the Atomic Age* (Philadelphia, 1991). Richard Rhodes, *The Making of the Atomic Bomb* (New York, 1986).

der Plutoniumbombe im Manhattan Project und die Röntgenblitztechnologie leistete hierfür einen erheblichen diagnostischen Beitrag.

## 3.5 Zusammenfassung

Es wurden mögliche Anwendungsfelder der Röntgenblitztechnologie benannt, von denen viele der Geheimhaltung aus militärischen oder wirtschaftlichen Gründen unterworfen sind. Ausgehend von Steenbecks Entwicklungen baut das heutige klassische Röntgenverfahren ausschließlich auf dem Röntgenblitz auf. In der Zukunft wird sich die Röntgenblitztechnik mit intensiver weicher und auch harter Strahlung insbesondere durch die Technologiekombination z.b. mit Beschleunigern weitere Felder erschließen, so wie dies durch den Röntgenlaser vor kurzem geschah. Diese brillante „Entzerrung" wird für weitere Blicke in die Nanowelt sorgen können.

Die Röntgenblitztechnologie fand, wie in diesem Beitrag gezeigt, insbesondere zahlreiche Anwendungen beim Militär, wie z.b. bei Untersuchungen zum Explosionsdesign oder zur Steigerung der Zerstörungskraft bei Hohlladungen, ohne speziell dafür entwickelt worden zu sein. Vielmehr wurde sie in vielen weiteren Bereichen, der Medizin, der Werkstoffforschung des Maschinenbaus u.a.m. eingesetzt. Damit scheint generisch im Sinne des forschungstechnologischen Ansatzes[29], denn es werden je nach Anwendungsziel differenzierte Eigenschaften durch spezifischen Röhrenbau herausgearbeitet. Einzelne Akteure verbleiben nah an der Technologie, perpetuieren durch Dis-embedding und Re-embedding deren Entwicklung und überschreiten somit disziplinäre Grenzen und auch eine spezifische Metrologie entsteht. Diese Argumente wurden in meiner Dissertation zu Max Steenbeck ausführlich diskutiert.[30]

29  Bernward Joerges und Terry Shinn, *Instrumentation between Science, State and Industry* (Dordrecht, Boston, 2001). T. Shinn und B. Joerges, „The Transverse Science and Technology Culture: Dynamics and Roles of Research-technology", *Social Science Information* 41(2) (2002): 207-251.
30  Bernd Helmbold, *Wissenschaftspolitik und Forschungstechnologien in der Biografie des Physikers Max Steenbeck (1904 bis 1981)* (Dissertation, Jena, Friedrich-Schiller-Universität, 2016).

# 4 Alltagsphysik statt Atombomben
## Ein erneuter Blick auf den deutschen Atomverein

*Christian Forstner*

Der deutsche Uranverein lädt immer wieder zu kontroversen Debatten ein, zuletzt durch die provokativen Thesen des Karlsruher Physikers Manfred Popp, der die Position vertritt, dass Historiker physikalische Inhalte ignoriert und deshalb Dokumente falsch interpretiert hätten und somit zu falschen Ergebnissen gelangt waren.[1] Seiner Meinung nach hätten die deutschen Physiker während der NS-Zeit nicht gewusst wie man eine Atombombe baut und dies auch nicht wissen wollen. Der Aspekt des Wissen-Wollens richtet sich insbesondere gegen den amerikanischen Historiker Mark Walker, dessen weithin anerkannte These zum deutschen Uranverein besagt, dass sich die Frage nach einer Atomwaffe während des Krieges nie stellte und damit auch keine Verweigerung, kein Nicht-Wollen, möglich war.[2]

Die Frage, ob die deutschen Physiker im Uranverein eine Atomwaffe bauen wollten oder nicht, wirft nur eingeschränktes Licht auf die Alltagspraxis im physikalischen Labor während der NS-Zeit. In diesem Aufsatz versuche ich anhand einer Mikrostudie zu den Forschungsarbeiten der Wiener Gruppe im deutschen Uranverein nachzuvollziehen, wie sich die Alltagspraktiken im deutschen Uranverein gestalteten. Insbesondere blieben in den bisherigen Arbeiten zum deutschen Uranverein die scheinbar unspektakulären wissenschaftlichen Inhalte jenseits der Reaktorexperimente unbeachtet. Doch es waren genau diese Tätigkeiten, die den Alltag der Physiker bestimmten. Deshalb unterziehe ich hier beispielhaft die Arbeiten der österreichischen Physiker und Chemiker einer detaillierten Analyse, die sich im Wesentlichen auf die G-Reports aus dem Archiv des Deutschen Museums München stützt. Darüber hinaus wurde der Bericht von Werner Heisenberg und Karl Wirtz über die deutschen Arbeiten im Uranverein für die amerikanische

---

1  Manfred Popp, „Misinterpreted Documents and Ignored Physical Facts: The History of ‚Hitler's Atomic Bomb' needs to be corrected", *Berichte zur Wissenschaftsgeschichte* 39 (2016): 265-82.
2  N. P. Landsman, „Getting even with Heisenberg. Essay review", *Studies in History and Philosophy of Modern Physics* 33 (2002): 297-325; Mark Walker, *German National Socialism and the Quest for Nuclear Power, 1939-1949* (Cambridge, 1989); Mark Walker, *Nazi Science: Myth, Truth, and the German Atomic Bomb* (New York, 1995).

FIAT-Mission genutzt, sowie die Interviews, die am American Institut of Physics öffentlich zugänglich sind.[3]

Der österreichische Beitrag zum deutschen Uranverein ist aus einer institutionengeschichtlichen Perspektive in einer Monographie von Silke Fengler dargestellt, die Analyse der physikalischen Forschungsarbeiten liegen aber außerhalb ihrer Fragestellung.[4] Walkers Buch, *Die Uranmaschine*,[5] das aus seiner Dissertation hervorging, ist das Standardwerk zur Geschichte des deutschen Atomprojekts während des Zweiten Weltkrieges. Walker stützte sich nicht nur auf die Geheimberichte des *Uranvereins*, sondern führte zahlreiche Interviews, tat private Archive auf und bettete die wissenschaftlichen Arbeiten der einzelnen Gruppen in den sozialen und politischen Kontext der Zeit auf exzellente Art und Weise ein. Einen Teil seiner Interviews übergab er nach Abschluss seiner Arbeiten der Niels Bohr Library des American Institute of Physics. Diese Interviews nutze auch ich unter meiner Fragestellung für diesen Aufsatz. Für kontroverse Diskussionen sorgte 2005 der Historiker Rainer Karlsch mit seinem Buch *Hitlers Bombe*,[6] in dem er versuchte nachzuweisen, dass hoch geheim mittels Hohlladungen unterkritische Fusionsbomben entwickelt und gezündet wurden. Das Buch zeigte zwar neue Facetten der Kernforschung in NS-Deutschland auf, konnte aber keinen Nachweis für die spekulativen Thesen erbringen.[7]

## 4.1  Die Anfänge des deutschen Uranvereins

Den organisatorischen Rahmen für die Arbeit der Wissenschaftler im deutschen Atomprojekt bildete der Uranverein. Die häufig angeführte Konkurrenz verschiedener Institutionen als Charakteristikum für die Wissenschaft im NS-Staat zeigt sich auch in diesem Rahmen, bereits mit der Gründung des Uranvereins. Ebenso

3   Werner Heisenberg und Karl Wirtz, „Grossversuche zur Vorbereitung der Konstruktion eines Uranbrenners", in *Kernphysik und kosmische Strahlen (= Naturforschung und Medizin in Deutschland 1939-1946; Bd. 14)*, 2 Teile, hg. von Walther Bothe und Siegfried Flügge, Bd. 2 (Weinheim, 1953), 143-165.
4   Silke Fengler, *Kerne, Kooperation und Konkurrenz. Kernforschung in Österreich im internationalen Kontext (1900-1950)* (Wien, Köln, Weimar, 2014).
5   Mark Walker, *Die Uranmaschine. Mythos und Wirklichkeit der deutschen Atombombe* (Berlin, 1990).
6   Rainer Karlsch, *Hitlers Bombe: Die geheime Geschichte der deutschen Kernwaffenversuche* (München, 2005).
7   Klaus Wiegrefe, „Das Bombengerücht", *Der Spiegel*, Nr. 11 (2005): 192-193; Mark Walker, „Eine Waffenschmiede? Kernwaffen- und Reaktorforschung am Kaiser-Wilhelm-Institut für Physik", in *Gemeinschaftsforschung, Bevollmächtigte und der Wissenstransfer. Die Rolle der Kaiser-Wilhelm-Gesellschaft im System kriegsrelevanter Forschung des Nationalsozialismus*, hg. von Helmut Maier (Göttingen, 2007), 352-394.

wird ein weiteres Charakteristikum von Wissenschaft deutlich: Es waren die Physiker, die an die Machthaber herantraten und ihnen die Möglichkeiten der Kernspaltung offenbarten. Im April 1939 referierte in Göttingen der Physiker Wilhelm Hanle über die Nutzung der Kernspaltung und die Möglichkeit einer Uranmaschine. Hanle hatte 1924 in Göttingen bei dem von den Nationalsozialisten vertriebenen James Franck promoviert und war nach Stationen in Jena und Leipzig 1937 vom Reichserziehungsministerium wieder nach Göttingen versetzt worden. Im Anschluss verfasste Georg Joos, der Nachfolger Francks, gemeinsam mit Hanle einen Brief an das Reichserziehungsministerium, in dem er auf die Möglichkeiten eines Uranbrenners sowie die eines hocheffizienten Sprengstoffes hinwies. Unter Leitung des Jenaer Physikers Abraham Esau, dem die Fachsparte Physik im Reichsforschungsrat unterstand, fand am 29. April 1939 in Berlin ein – mit heutigen Worten gesprochen – Gründungsworkshop für einen Uranverein statt.[8]

Parallel dazu nahmen der Hamburger Physikochemiker Paul Harteck und sein Assistent Wilhelm Groth mit einem Brief am 24. April 1939 Kontakt zu Erich Schumann, dem Leiter der Forschungsabteilung des Heereswaffenamtes (HWA), auf und wiesen deutlich auf die Möglichkeit eines neuen Sprengstoffes hin. Die Bedeutung der Kernspaltung für die Kriegspläne des Deutschen Reichs waren zunächst noch unklar: Sollte das Potenzial gering sein, so galt dies ebenfalls für die potenziellen Kriegsgegner. Sollte sich die Kernforschung aber als kriegsrelevant erweisen, so wäre die Gefahr eines Versäumnisses zu groß, wenn man die Kernspaltung nicht weiter untersuchen würde. Mit dem Projekt beauftragte das HWA Kurt Diebner, der 1931 sein Physikstudium in Halle mit der Promotion abgeschlossen hatte und 1934 von der Physikalisch-Technischen Reichsanstalt in die Forschungsabteilung des Heereswaffenamtes wechselte, wo er als Kernphysiker und Sprengstofffachmann tätig war. Im Oktober 1939 teilte das Heereswaffenamt der Kaiser-Wilhelm-Gesellschaft (KWG) mit, dass es beabsichtige, das Kaiser-Wilhelm-Institut (KWI) für Physik im Interesse kriegswichtiger Forschung zu beschlagnahmen. Der bisherige Direktor des KWI für Physik, Peter Debye, war nicht gewillt, seine holländische Staatsbürgerschaft aufzugeben und die deutsche anzunehmen. In einem Kompromiss mit dem Reichserziehungsministerium entschied er sich für eine Gastprofessur an der amerikanischen Cornell University und wurde am KWI bei vollen Bezügen beurlaubt. Zum Verwaltungsdirektor des Instituts wurde Kurt Diebner berufen, die KWG fügte sich. Unter seiner Führung übernahm das HWA die Organisation des Uranvereins, und das KWI für Physik wurde zu einer der zentralen Schnittstellen im deutschen Atomprojekt, an dem zahlreiche Gruppen mitarbeiteten: an der Universität Leipzig, eine Forschungsstelle des

8  Walker, *Die Uranmaschine*, 30.

HWA in Gottow bei Berlin, Heidelberg, Hamburg, München und nicht zuletzt: Wien.

## 4.2 Die Wiener Gruppe im Uranverein

In Wien existierten zwei Zentren der Radioaktivitäts- bzw. Kernforschung: Eines war am II. Physikalischen Institut der Universität Wien angesiedelt, das andere am Institut für Radiumforschung, das auf eine private Stiftung zurückging und von der Österreichischen Akademie der Wissenschaften (ÖAW) und der Universität Wien gemeinsam getragen wurde. Nach dem *Anschluss* 1938 verloren etwa ein Viertel aller Forscherinnen und Forscher auf dem genannten Gebiet die Position, meistens aufgrund der antisemitischen Maßnahmen der NS-Führung. Zwei aus diesem Grund frei gewordene Ordinarien und zwei Extraordinarien an den physikalischen Instituten der Universität Wien wurden in der Folgezeit von Anhängern oder Mitläufern des NS-Regimes besetzt. Georg Stetter, der bereits vor dem *Anschluss* ein Mitglied der illegalen NSDAP gewesen war, wurde zum Leiter des II. Physikalischen Instituts ernannt, Gustav Ortner löste Stefan Meyer als Direktor des Radiuminstituts ab. Meyer und sein Stellvertreter Karl Przibram konnten noch kurze Zeit als Gäste am Institut bleiben, bis sie es nach einer Hetzkampagne verlassen mussten. Przibram emigrierte nach Belgien, Meyer konnte in Bad Ischl die NS-Diktatur überleben.[9]

Teile der Institute wurden 1943 zum Vierjahresplaninstitut für Neutronenforschung unter der Leitung von Georg Stetter zusammengeschlossen. Für die strukturellen und institutionellen Details der Umbrüche der Wiener Physik nach dem Anschluss an NS-Deutschland verweise ich auf die Arbeiten von Silke Fengler und Wolfgang Reiter.[10]

In der folgenden Analyse widme ich mich vorrangig den in Wien im Rahmen des Uranvereins durchgeführten physikalischen Arbeiten. Exemplarisch werden nun

---

9   Wolfgang L. Reiter, „Das Jahr 1938 und seine Folgen für die Naturwissenschaften an Österreichs Universitäten", in *Vertriebene Vernunft*, hg. von Friedrich Stadler, Bd. II (Münster, 2004), 664-80; Wolfgang L. Reiter, „Stefan Meyer: Pioneer of radioactivity", *Physics in Perspective* 3 (2001): 106-27; Wolfgang L. Reiter, „Österreichische Wissenschaftsemigration am Beispiel des Instituts für Radiumforschung der Österreichischen Akademie der Wissenschaften", in *Vertriebene Vernunft*, hg. von Friedrich Stadler, Bd. II (Münster, 2004), 709-729.

10  Fengler, Kerne, *Kooperation und Konkurrenz. Kernforschung in Österreich im internationalen Kontext (1900-1950)*, 236-306.

drei zentrale Bereiche der Wiener Arbeiten im Rahmen des Uranvereins analysiert:

1. die scheinbare Identifikation von Plutonium durch Josef Schintlmeister von 1940 bis Anfang 1942

2. die Untersuchung schneller Neutronen in Uran durch Georg Stetter und Karl Lintner ab ca. 1941/42, und in anderen Elementen von Frierich Prankl,

3. die Untersuchung der Energien und Reichweiten der Urankernbruchstücke durch Willibald Jentschke mit verschiedenen Mitarbeitern

## 4.2.1 Schintlmeisters Identifikation von Plutonium

Zunächst diskutierte Schintlmeister in seinen Berichten die chemischen Eigenschaften des neuen Elements. Aufgrund der bisherigen Forschungsarbeiten konnte er Elemente mit kleinerer Ordnungszahl als Uran ausschließen, obwohl noch Lücken im Periodensystem bei Elementen mit den Ordnungszahlen 43, 61, 85 und 87 bestanden. Somit musste es sich bei dem neuen Element um ein Transuran mit einer Ordnungszahl größer als 92 handeln. Aus Analogiebetrachtungen über mögliche Elektronenkonfigurationen der äußeren Schalen und chemischen Versuchen, insbesondere Fällungsreaktionen mit Schwefelwasserstoff $H_2S$, und den flüchtigen Eigenschaften von Verbindungen, die in Salpeter- und Schwefelsäure ($HNO_3$ und $H_2SO_4$) entstehen, folgerte er, dass das neue Element die Ordnungszahl 93 oder 94 besitzen müsse. Aus den α-Zerfallseigenschaften, der Energie der α-Teilchen und einem fehlenden β-Zerfall folgerte er, dass das neue Element die Ordnungszahl 93 besitzen muss. Als Massenzahl schätzte er am wahrscheinlichsten 244, ebenso könne aber 242 möglich sein. Er betonte in seinem Bericht, dass nach der Theorie von Bohr und Wheeler bei einer Massenzahl von 244 oder 242 eine Spaltung mit thermischen Neutronen möglich ist, bei einer Massenzahl von 246 eine Spaltung erst unter Einwirkung schneller Neutronen eintritt.[11]

---

11  Josef Schintlmeister und Friedrich Hernegger, Über ein bisher unbekanntes, alphastrahlendes chemisches Element, Juni 1940, ADMM FA 002 / Vorl. Nr. 0055; dies., Weitere chemische Untersuchungen an dem Element mit Alphastrahlen von 1,8 cm Reichweite (II. Bericht), Mai 1941, ADMM, FA 002 / Vorl. Nr. 0108, Schintlmeister, Die Stellung des Elements mit Alphastrahlen von 1,8 cm Reichweite im periodischen System (III. Bericht) 20.05.1941, ADMM, FA 002 / Vorl. Nr. 0107.

In einem weiteren Bericht wandte sich Schintlmeister der Frage der Energieerzeugung durch Kernspaltung des 1,8 cm Alphastrahlers[12] zu. Hierin diskutierte er zunächst die Gewinnung von Plutonium aus Zinkblende. Unter Berücksichtigung der chemischen Verfahren bei der Verhüttung, einer groben Abschätzung der Halbwertszeit und einer Annahme eines Atomgewichts von 244 für das neue Element schätzte Schintlmeister, dass in 1 t Eisenstein (einem Produkt des Verhüt tungsprozesses) etwa 0,1 g Plutonium enthalten sein müssten. Dies erschien zunächst wenig, Schintlmeister wies jedoch darauf hin, dass 40 % der Weltproduktion von Platin als Nebenprodukt bei der Aufarbeitung von Sulfiderzen in Kanada hergestellt werden und die technische Chemie nicht unterschätzt werden darf. Aus kernphysikalischen Abschätzungen bekannter Zerfalls- und Spaltreaktionen kam Schintlmeister auch hier wieder zu dem Schluss, dass das neue Element durch thermische Neutronen spaltbar ist.

Kurz zusammengefasst kann man festhalten, dass Schintlmeister, mithilfe chemischer Laboranalysen versuchte, die Eigenschaften des neuen Elements zu identifizieren. Hinzu kamen noch Reichweitenbestimmungen der Alphastrahlen mithilfe einer Ionisationskammer. Er bewegte sich mit seinen Arbeiten damit im klassischen Rahmen der Tätigkeit eines Radiochemikers der Zeit.[13]

## 4.2.2 Schnelle Neutronen in Uran

Friedrich Prankl, während des Krieges Assistent am Institut für Radiumforschung in Wien, fasste nach Kriegsende die Untersuchungen von Wirkungsquerschnitten von schnellen Neutronen in verschiedenen Elementen zusammen. Ziel war es, sowohl genauere Angaben über die Größe der Absorption, als auch die Größe des Zuwachses an Neutronen durch (n,2n)-Prozesse zu erhalten. Der Versuchsaufbau ist in Abbildung 1 dargestellt.

Bei diesem Versuch wurden zwei unterschiedliche Neutronenquellen eingesetzt, um unterschiedliche Energiespektren der Neutronen abzudecken. Zum einen eine Rn+CaF-Neutronenquelle mit einer maximalen Energie der erzeugten Neutronen

---

12  Die Reichweite der von Plutonium 238 ausgehenden α-Strahlen beträgt in Luft 4,0 cm. Schintlmeister hat hier keine α-Strahlen von Plutonium gemessen. Vgl. Vortrag von Walter Kutschera in Pöllau 6. September 2016.

13  Schintlmeister, Die Aussichten für eine Energieerzeugung durch Kernspaltung des 1,8 cm Alphastrahlers, 26.02.1942, ADMM FA 002 / Vorl. Nr. 0159.

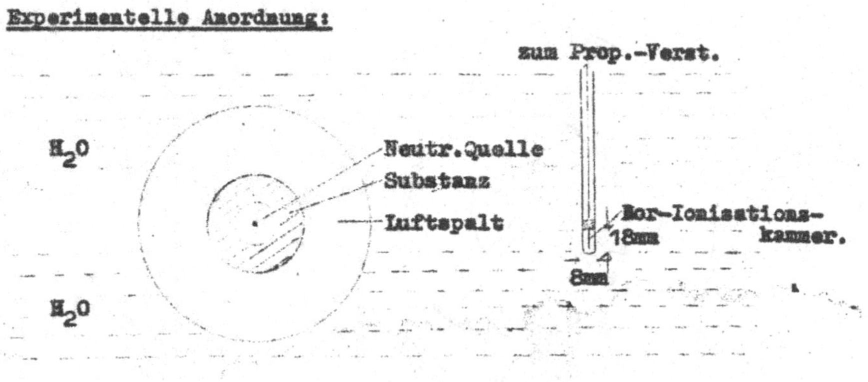

**Abbildung 1:** Versuchsanordnung zur Bestimmung von Wirkungsquerschnitten von schnellen Neutronen. Der Durchmesser der Kugel betrug weniger als 20 cm. Aus: Prankl, ADMM, FA 002 / Vorl. Nr. 0744.

von 2-3 MeV und einmal eine Rn+Be-Neutronenquelle mit einer maximalen Energie der Neutronen von etwa 14 MeV. Die Neutronenquelle, die in eine dünnwandige Glaskugel von 8 mm Durchmesser eingeschmolzen war, befand sich in der Mitte einer Hohlkugel der zu untersuchenden Substanz. Diese Substanzen wurden entweder in fester, geschmolzener oder pulverisierter Form untersucht. Diese Hohlkugeln hatten Wandstärken von 2-4 cm. Die von der Neutronenquelle ausgesandten schnellen Neutronen traten durch die Testsubstanz und wurden in einem Wassertank verlangsamt, wo sie dann mithilfe einer Bor-Ionisationskammer als thermische Neutronen nachgewiesen wurden. Um die Effekte durch rückgestreute thermische Neutronen aus dem Wasserbottich zu verhindern, wurde die Hohlkugel der Testsubstanz mit einer weiteren dünnwandigen Hohlkugel umgeben, in der Absorber mit einem großen Einfangquerschnitt für thermische Neutronen enthalten waren, wie Cadmium und Quecksilber. Im Rahmen der Versuchsserie wurden Kohlenstoff, Aluminium, Schwefel, Eisen, Kupfer, Zink, Cadmium, Antimon, Wolfram, Quecksilber, Thallium, Blei und Bismut untersucht. Es handelte sich hier um eine „ganz normale" Untersuchung kernphysikalischer Eigenschaften, wie sie auch vor und nach dem Krieg durchgeführt wurden. Aber natürlich war die genaue Kenntnis der Wirkung und Streuquerschnitte eine essenzielle Voraussetzung für den erfolgreichen Bau einer Uranmaschine.[14]

---

14 Friedrich Prankl, Absorption und Vermehrung schneller Neutronen, [1945], ADMM, FA 002 / Vorl. Nr. 0744.

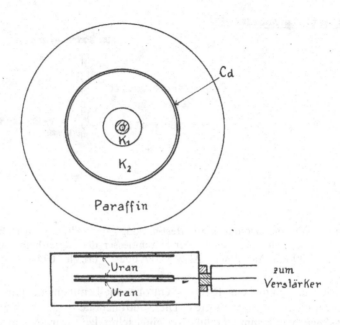

**Abbildung 2:** Versuchsanordnung von Stetter und Lintner zur Untersuchung von schnellen Neutronen in Uran, sowie Uran-Ionisationskammer zum Nachweis der Neutronen. Aus: ADMM, FA 002 / Vorl. Nr. 0240.

Im Jahr 1941 nahmen Georg Stetter und Karl Lintner die Untersuchung von schnellen Neutronen in Uran auf. Zwar wurde nicht mehr mit einer Uranmaschine, initiiert durch schnelle Neutronen, gerechnet, dennoch war der Einfluss schneller Neutronen für eine Uranmaschine mit thermischen Neutronen (d.h. mit schwerem Wasser als Moderator) nicht zu vernachlässigen, da es sich bei den Spaltneutronen zunächst um schnelle Neutronen handelt. In einer ersten Arbeit untersuchten Stetter und Lintner den Zuwachs schneller Neutronen durch den Spaltprozess und den Abfall durch unelastische Streuung. Dazu wählten sie die in Abbildung 2 dargestellte Anordnung. Diese Anordnung bestand aus einem System konzentrischer Kugeln. In deren Mitte befand sich entweder eine Rn+Be-Neutronenquelle oder eine Ra+Be-Neutronenquelle. Nach außen hin folgten drei Kugelschalen: eine innere Kugelschale $K_1$ mit einem Durchmesser von 5 cm, eine mittlere Kugelschale $K_2$ mit 14,8 cm und eine äußere Kugelschale mit 28 cm Durchmesser. Die Kugeln $K_1$ und $K_2$ wurden entweder wechselweise oder beide mit Uran gefüllt, die ersten Versuche wurden ohne Cadmium oder Paraffin durchgeführt.

Zum Nachweis der Neutronen diente eine Ionisationskammer mit vier großflächigen Uranschichten und einem Durchmesser von 13,4 cm. Sie wurden durch Elektrolyse von Uranylnitrat in Wasser „homogen durch Unterbrechen und Umrühren" aufgebracht. Ihre Dicke entsprach einem Luftäquivalent von 0,5 mm. Ein thermisches Neutron, das in die Ionisationskammer eintritt, durchläuft die Uranschicht und führt einen Spaltprozess aus. Aufgrund der Dünne der Schicht ionisieren die Spaltprodukte das Gas in der Ionisationskammer, was zu einem Ausschlag führt, der am Verstärker deutlich sichtbar wird. So konnten selbst Einzelprozesse nachgewiesen werden.[15]

Zunächst wurden die Versuche ohne Cadmium und Paraffin durchgeführt. Dabei wurden unterschiedliche Füllkombinationen durchprobiert. Zuerst wurde eine Leermessung mit der Neutronenquelle durchgeführt, anschließend einmal nur $K_1$ gefüllt mit Uran, einmal $K_2$ und einmal $K_1$ und $K_2$ mit Uran gefüllt. So treffen jedoch alle Neutronen der Anordnung auf die Ionisationskammer. In einer zweiten Serie wurde $K_2$ mit Cadmium und Paraffin umgeben. Damit wurden die Neutronen ausgefiltert, die durch Streuung Energie verloren hatten. Anschließend wurden die austretenden schnellen Neutronen auf thermisches Niveau abgebremst und so in ihrer Gesamtheit in der Ionisationskammer nachgewiesen. Aus der verschiedenen Anzahl der Ereignisse berechneten Stetter und Lintner dann den Streuquerschnitt für unelastische Streuung schneller Neutronen in Uran und die Zahl der freigesetzten Neutronen bei einem Spaltprozess mit einem schnellen Neutron. Zwar werden insgesamt 4-5 Neutronen in einem solchen Spaltprozess freigesetzt, aber der Spaltungsquerschnitt beträgt nur 1/10 des Streuquerschnittes. Dies bedeutet, dass nur eines von zehn schnellen Neutronen eine Spaltung ausführt und der Rest durch unelastische Stöße verloren geht. Damit war keine selbsterhaltende Kettenreaktion möglich.[16]

Der zweite Bericht der Serie von Stetter und Lintner trägt den Untertitel: „Genaue Bestimmung des unelastischen Streuquerschnitts der Neutronenzahl bei ‚schneller' Spaltung." Die erhöhte Genauigkeit wurde zum einen durch eine veränderte Versuchsgeometrie erreicht, die in Abbildung 3 dargestellt ist, zum anderen über ein verändertes Messverfahren. Vom alten Versuchsaufbau unterscheidet sich der neue insbesondere durch die dünnere Uranschicht, die die Strahlungsquelle in grö-

---

15  Georg Stetter und Karl Lintner, Schnelle Neutronen in Uran (I): Der Zuwachs durch den Spaltprozeß und der Abfall durch unelastische Streuung, Januar 1942, ADMM, FA 002 / Vorl. Nr. 0240.
16  Georg Stetter und Karl Lintner, Schnelle Neutronen in Uran (I): Der Zuwachs durch den Spaltprozeß und der Abfall durch unelastische Streuung, Januar 1942, ADMM, FA 002 / Vorl. Nr. 0240.

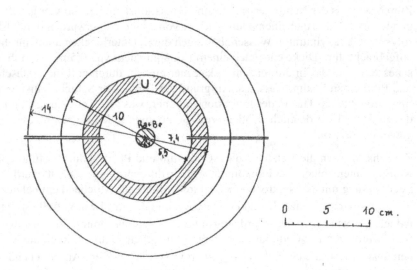

**Abbildung 3:**  Verbesserte Versuchsanordnung von Stetter und Lintner zur Untersuchung von schnellen Neutronen in Uran. Aus: ADMM, FA 002 / Vorl.
Nr. 0243.

ßerem Abstand umgibt. Mithilfe einer Uran-Ionisationskammer bestimmten Stetter und Lintner wieder die Zahl der spaltfähigen Neutronen. Die Zahl der Neutronen, die durch die Spaltungen erzeugt wurden, maßen sie diesmal mit Dysprosiumoxidindikatoren in einer Wasserwanne. Die β-Aktivität der von den
Spaltneutronen aktivierten Indikatoren bestimmten sie anschließend mit einem
Zählrohr mit Verstärker.[17]

Der Versuch ergab einerseits eine genauere Bestimmung des unelastischen Streuquerschnitts für Ra+Be-Neutronen in Uran und einen raschen Abfall der spal-
tungsfähigen Neutronen mit wachsender Urandicke, während die Gesamtzahl der
Neutronen mit wachsender Urandicke zunächst schnell, dann aber nur mehr sehr

---

17  Georg Stetter und Karl Lintner, Schnelle Neutronen in Uran (II.): Genaue Bestimmung des unelastischen Streuquerschnittes und der Neutronenzahl bei „schneller" Spaltung, ADMM, FA 002
/ Vorl. Nr. 0243.

langsam anstieg. Die Details des Verlaufs dieser Zuwachskurve konnten die Autoren zum damaligen Zeitpunkt noch nicht klären.[18]

In weiteren Streuexperimenten untersuchten Stetter und Lintner den elastischen Streuquerschnitt und den totalen Wirkungsquerschnitt und sie interpolierten aus einer Untersuchung des (n,2n)-Prozesses in Blei auf den analogen Prozess in Uran und schlossen daraus auf die Zahl der Spaltneutronen.[19] Sämtliche dieser Versuche wurden in den Labors des zweiten physikalischen Instituts der Universität Wien in der Boltzmanngasse durchgeführt. Dimensionierung, Materialeinsatz und Personaleinsatz weisen klar den Charakter akademischer Laborwissenschaft auf. Ebenso blieben diese Experimente den traditionellen Methoden verhaftet.

### 4.2.3 Kernbruchstücke des Urans

In einer Versuchsserie untersuchte Willibald Jentschke mit unterschiedlicher Beteiligung von Friedrich Prankl und Karl Lintner die Energien und Massen der Kernbruchstücke des Urans mithilfe einer Doppelionisationskammer (vgl. Abb. 4).

Zwischen den beiden Ionisationskammern ist eine Uranfolie so aufgespannt, dass bei einer Kernspaltung eines der Bruchstücke in die linke Kammer fliegt, das andere in die rechte Kammer. Dort ionisieren die Bruchstücke das Füllgas Argon und durch eine sehr hohe angelegte Spannung setzen diese Elektronen weitere Elektronen frei. Diese Lawinen treten nur nahe der Anoden auf, so dass man sich in einem Bereich bewegt, in dem der am Verstärker gemessene Stromimpuls proportional zur Energie der eingefallenen Kernbruchstücke ist. Die von der Ra+Be-Neutronenquelle ausgehende γ-Strahlung wurde durch einen Bleimantel abgeschirmt. Neutronenquelle und die gesamte Anordnung waren von einem Paraffinmantel umgeben, so dass vor allem thermische Neutronen auf die Uranfolie trafen. Ein Koinzidenzzähler registrierte nur gleichzeitige Ereignisse.[20]

---

18  Georg Stetter und Karl Lintner, Schnelle Neutronen in Uran (II.): Genaue Bestimmung des unelastischen Streuquerschnittes und der Neutronenzahl bei „schneller" Spaltung, ADMM, FA 002 / Vorl. Nr. 0243.
19  Georg Stetter und Karl Lintner, Schnelle Neutronen in Uran (III.): Streuversuche, Sep- tember 1942, ADMM, FA 002 / Vorl. Nr. 0243; sowie Georg Stetter und Karl Kaindl, Schnelle Neutronen in Uran (VI): Der (n,2n)-Prozess in Blei und die Deutung der Ver- mehrung schneller Neutronen in Uran, ADDM, FA 002 / Vorl. Nr. 0743.
20  Willibald Jentschke und Friedrich Prankl, Energien und Massen der Urankernbruchstücke, August 1940, ADMM, FA 002 / Vorl. Nr. 0044.

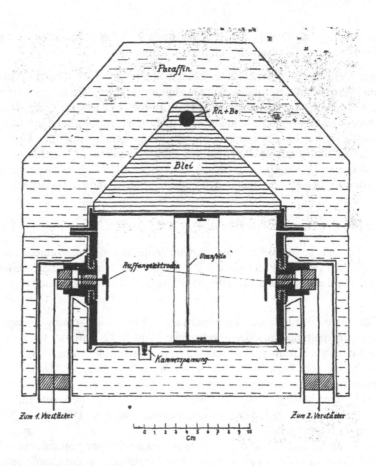

**Abbildung 4:** Doppelionisationskammer zur Bestimmung der Energien und der Masse der Kernbruchstücke. Aus: ADMM, FA 002 / Vorl. Nr. 0044, S. 5.

Mit der Ionisationskammer hatten die Wiener Physiker bereits Erfahrungen gesammelt. Das Problem bei diesem Experiment bestand insbesondere in der Herstellung einer Uranschicht, die so dünn sein musste, dass eine Abbremsung der Kernbruchstücke in der Schicht zu vernachlässigen war. Der einfachste Weg zur Herstellung einer solchen Schicht war ähnlich der Herstellung der Dysprosiumoxidindikatoren. Metallisches pulverförmiges Uran wurde mit Alkohol aufgeschwemmt, eingedampft und mit Zaponlack fixiert. Aus diesem Gemisch wurden dünne Folien hergestellt und durch Kathodenbestäubung leitend gemacht. Die

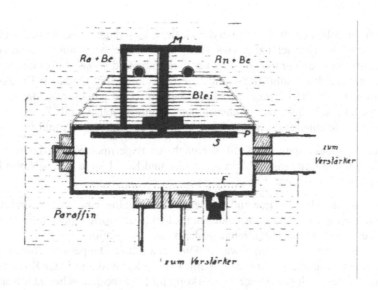

**Abbildung 5:** Doppelionisationskammer zur Bestimmung der Reichweite der Kernbruchstücke. Aus: ADMM, FA 002 / Vorl. Nr. 0096, S. 4.

Körner des Uranpulvers waren jedoch zu grob und führten deshalb zu einer Streuung der austretenden Kernbruchstücke, was eine genaue Messung ihrer Energie unmöglich machte.

Der zweite Weg bestand in einem elektrolytischen Verfahren. Auf eine Acetyl-Zellulose-Unterlage wurde eine Goldschicht mit einem Luftäquivalent von 0,2 mm aufgedampft. Anschließend wurde elektrolytisch Uran aus einer wässrigen Uranylnitratlösung auf die Goldschicht aufgetragen. Die Acetyl-Zellulose-Unterlage wurde in mehreren Acetonbädern aufgelöst und die Uran-Goldfolie an einer Aluminiumfolie mit einer runden Öffnung mit 3 cm Durchmesser befestigt. So entstanden dünne und homogene Uran-Goldfolien, die allerdings den Nachteil hatten, dass ein Teil der Kernbruchstücke erst die Goldfolie passieren musste und dadurch inelastische Streuung erleiden konnte. Deshalb wurde nach einem weiteren Verfahren gesucht.[21]

Zunächst wurde auf eine Platinscheibe eine vergleichsweise dicke Schicht Uran elektrolytisch aufgebracht. Diese wurde dann kathodisch auf eine Acetyl-Zellulose- Unterlage gedampft. Die fertige Uranschicht wurde dann wieder an einer

---

21  Willibald Jentschke und Friedrich Prankl, Energien und Massen der Urankernbruchstücke, August 1940, ADMM, FA 002 / Vorl. Nr. 0044.

Aluminiumfolie befestigt, die Acetyl-Zellulose-Unterlage in Acetonbädern aufgelöst. Die fertige Uranschicht erwies sich trotz ihrer Dicke von nur 6 μm und einem
Luftäquivalent von nur 0,03 mm als überaus stabil und konnte so für den Versuch
eingesetzt werden. Damit ließen sich die Massen der entstehenden Bruchstücke
bestimmen. Gleichschwere Bruchstücke kamen so gut wie nie vor, die schweren
Bruchstücke schwankten zwischen einem Atomgewicht von 127 und 162, die
Massen der leichten zwischen 109 und 174, so Jentschke und Prankl.[22]

Dieser Versuchsaufbau wurde für die nächsten Experimente modifiziert. Für die
Reichweitenbestimmung wählten Jentschke und Karl Lintner die in Abbildung 5
dargestellte Anordnung.

Es musste eine Methode gewählt werden, bei der die Ionisation der α-Strahlen von
Uran und anderen zufällig vorhandenen radioaktiven Stoffen nicht störend wirkte.
Die Kernbruchstücke durchliefen deshalb zwei Ionisationskammern, die durch
eine dünne Folie (F) getrennt waren. Die verwendete Doppelionisationskammer
hatte einen Durchmesser von ca. 10 cm. Die Teilchen, die in jeder Kammer auftraten, wurden nach geeigneter Verstärkung mithilfe mechanischer Zählwerke getrennt registriert. Ein drittes Zählwerk gewährleistete, dass nur Kernbruchstücke
gezählt wurden, die in beiden Kammern auftraten.[23]

Die wirksame Tiefe der großen Ionisationskammer konnte mit einer Mikrometerschraube (M) variiert werden. Die größte Tiefe der großen Kammer betrug 26 mm,
die der kleinen 6 mm. An der Mikrometerschraube ist der Präparatträger (P) befestigt, auf den durch Elektrolyse eine Uranschicht mit einem Luftäquivalent von
1 mm aufgebracht wurde. In jeder der beiden Kammern befanden sich Netzelekt-
roden, die aus Messingringen bestanden, auf die ein feiner Messingdraht mit 0,2
mm Durchmesser aufgespannt war. Diese waren mit einem Verstärker und einem
Zählwerk verbunden. Das Zählwerk der großen Kammer wurde dabei so eingestellt, dass es nur auf schwere Kernbruchstücke ansprach. Das andere Zählwerk,
das die Teilchen in der kleinen Kammer zählte, wurde dagegen möglichst emp-
findlich eingestellt. Ein drittes Zählwerk sorgte dafür, dass nur jene Impulse gezählt wurden, die in der großen und in der kleinen Kammer gleichzeitig zeitgleich

---

22  Mir ist unklar, wie aus der Spaltung eines Urankernes mit einer Masse von 232-239, je nach Isotop,
    das leichtere Kernbruchstück eine Masse von 174 besitzen soll. Dies geht auch aus keinem der
    Diagramme oder der Diskussion der Versuchsergebnisse hervor. Letztlich ist dies aber für die
    Fragestellung dieser Arbeit irrelevant.
23  Willibald Jentschke und Karl Lintner, Über die Reichweitenverteilung der schweren Kernbruch-
    stücke aus Uran bei Bestrahlung mit langsamen Neutronen, März 1941, ADMM, FA 002 / Vorl.
    Nr. 0096.

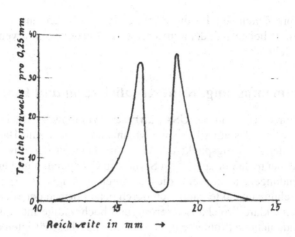

**Abbildung 6:** Abgeleitete Reichweitenverteilung der Kernbruchstücke von Uran in Stickstoff. Aus: ADMM, FA 002 / Vorl. Nr. 0096, S. 16.

auftraten. So war gewährleistet, dass die gezählten Koinzidenzen nur von schweren Teilchen ausgelöst wurden.[24]

Die Bestrahlung des Urans erfolgte wieder mit Ra+Be-Neutronenquellen, deren austretende Gammastrahlung mit Blei von der Uranschicht abgeschirmt wurde. Die komplette Anordnung war mit Paraffin umgeben, so dass im Wesentlichen langsame Neutronen auf die Uranschicht trafen. Insgesamt maß man in über 905 Stunden zwei wesentliche Serien, einmal mit einer Argonfüllung und einmal mit einer Stickstofffüllung der Kammer. In jeder dieser Serien wurde die Empfindlichkeit des Zählwerkes der kleinen Kammer zusätzlich variiert. Die Ergebnisse wurden anschließend auf Luft umgerechnet und miteinander verglichen.[25]

Zur Durchführung des Versuchs brachte man den Präparatträger mit der Mikrometerschraube nah an die kleine Kammer heran und zählte die Koinzidenzen pro Zeiteinheit. Dann entfernte man ihn in 0,5 mm Schritten und zählte weiterhin die

24  Willibald Jentschke und Karl Lintner, Über die Reichweitenverteilung der schweren Kernbruchstücke aus Uran bei Bestrahlung mit langsamen Neutronen, März 1941, ADMM, FA 002 / Vorl. Nr. 0096.
25  Willibald Jentschke und Karl Lintner, Über die Reichweitenverteilung der schweren Kernbruchstücke aus Uran bei Bestrahlung mit langsamen Neutronen, März 1941, ADMM, FA 002 / Vorl. Nr. 0096.

Koinzidenzen pro Zeiteinheit, bis diese schließlich bei ca. 25 mm auf Null gesunken waren. Daraus ließen sich dann differenzielle Reichweitenkurven wie in Abbildung 3 ermitteln.

## 4.3  Zusammenfassung, Kontextualisierung und Einordnung

Zunächst ein kurzer Blick in die USA: „Money, Manpower, Machines, Media, and the Military"[26] – das amerikanische Manhattan Project zum Bau der Atombombe gilt als der Ausgangspunkt der Großforschung in der Physik. Großforschung meint dabei nicht nur „groß" im Sinne von Großgeräten und großen finanziellen Aufwendungen, auch wenn dies zu ihren entscheidenden Kennzeichen zählt. Großforschung charakterisiert sich durch neue Formen der Wissensproduktion, nämlich eine klare Projektorientierung und hochgradige Interdisziplinarität. Nicht mehr fundamentale Probleme ihrer Wissenschaft beschäftigten die Physiker im Manhattan Project, sondern die praktische Lösung von Problemen im Umgang mit bis dahin unbekannten Materialien. Über die spezifischen Arbeitsweisen hinaus weist Großforschung zumeist eine Finanzierung durch den (Zentral-) Staat auf, ggf. auch mit industrieller Kooperation. Damit einher geht häufig auch ein Dualismus von politischen Vorgaben und Vorstellungen und dem Bestreben der Wissenschaftler nach Selbststeuerung.[27]

An jedem der *five M* der Großforschung fehlte es im Rahmen des deutschen *Uranvereins*. Es ist unstrittig, dass es sich beim deutschen *Uranverein* um keine Großforschung handelte. Von den Anfängen der Radioaktivitätsforschung über die Entdeckung des Neutrons und der Kernspaltung bis hin zum Versuch, eine Uranmaschine zu bauen, blieb die Wissensproduktion in der akademischen Tradition und deren Handlungspraktiken verortet. So wurden die Detektoren zur Messung der Neutronenaktivität in den jeweiligen Labors selbst hergestellt. Die Wiener schwemmten das pulverförmige Dysprosiumoxid mit Spiritus auf Aluminiumplättchen auf und fixierten es mit Lack. Die anderen Gruppen verfuhren ähnlich, aber Standards gab es dazu innerhalb des *Uranvereins* keine: Jede der einzelnen Gruppen fertigte sie in der Tradition des eigenen Labors an. Manchmal

---

26  James H. Capshew und Karen A. Rader, „Big Science: Price to the Present", *Osiris* 7 (1992): 3–25, hier 4.

27  Peter Galisoon und Bryce Hevly, Hrsg., *Big Science: The Growth of Large-Scale Research* (Stanford, 1992); Margit Szöllösi-Janze und Helmut Trischler, Hrsg., (= *Großforschung in Deutschland, Bd. 1, Studien zur Geschichte der deutschen Großforschungseinrichtungen*) (Frankfurt am Main, 1990).

waren sie noch mit einer Aluminiumfolie umgeben, wie in Leipzig[28], oder es wurde darauf verzichtet, weil man mit dem Messergebnis nicht zufrieden war, wie in Gottow. Hierzu stellte der Gottower Mitarbeiter Georg Hartwig fest:

> Es gab ja nichts, wir mussten alles selbst entwickeln, manchmal habe ich versucht eine Aluminiumfolie [um die Indikatoren] herumzuwickeln, das hat sich auch nicht bewährt, die Absorption war zu groß.[29]

Auch die Zählrohre zum Ausmessen der aktivierten Detektoren wurden in den eigenen Werkstätten hergestellt. An anderer Stelle[30] habe ich bereits gezeigt, dass der Aufbau der Reaktorexperimente als handwerklich zu bezeichnen ist. Sei es bei Robert Döpel in Leipzig, der das Uranpulver mit einem geerdeten Löffel unter einem $CO_2$-Strom in die Anordnung einfüllte, oder in Gottow, wo mit Säge und Hobel das Paraffingerüst für ein Reaktorexperiment aufgebaut wurde. Jenseits dieser „spektakulären" Modellversuche beschäftigte sich die Mehrzahl der Physiker mit dem Ausmessen von Streuquerschnitten und Absorptionskonstanten. Dazu kommen noch die Arbeitsgruppen, die sich mit der Isotopentrennung auseinandersetzten. Alle diese Untersuchungen verließen nie den Rahmen des akademischen Labors. Vielmehr blieben zahlreiche von ihnen der traditionellen Methodik verhaftet, wie beispielsweise die Wiener Versuche zur Streuung von schnellen Neutronen in Uran zeigen. Die Physiker taten nichts Anderes als das, was sie zu Beginn des 20. Jahrhunderts mit den Röntgenstrahlen oder α-Teilchen und später mit dem neu entdeckten Neutronen getan hatten: Sie beschossen oder bestrahlten mit den neuen Teilchen verschiedene Elemente, beobachteten die Reaktionen und werteten diese aus. Methodisch brachte der *Uranverein* hier keine Veränderung.

Noch deutlicher wird dies, wenn man einen genaueren Blick auf die Arbeiten der Gruppen wirft, wie hier am Beispiel der Wiener Gruppe ausgeführt wurde. Schlagworte wie Plutonium oder schnelle Neutronen in Uran klingen zwar zunächst spektakulär, aber bei einem genaueren Blick auf die durchgeführten Arbeiten stellt man fest, dass es sich hier um relativ unspektakuläre Messungen im physikalischen oder chemischen Labor handelt. Die Analyse der von Willibald Jentschke durchgeführten Versuche zur Reichweite und Energie der Urankernbruchstücke zeigte dies besonders klar. Hier war hochgradiges experimentelles Geschick im

28 Robert und Klara Döpel und Werner Heisenberg, Der experimentelle Nachweis der effektiven Neutronenvermehrung in einem Kugel-Schichtensystem aus D2O und Uran- Metall. UAL, NA Döpel 86, P. 46.
29 Interview mit Georg Hartwig, geführt von Mark Walker am 23. November 1985, AIP, S. 7.
30 Christian Forstner, *(Un-)kontrollierbare Kettenreaktion? Kernphysikalische Wissensströme und Nukleartechnik im 20. Jahrhundert* (Habilitation, Jena, Friedrich-Schiller-Universität, 2016).

Aufbau der Zähleranordnung, der Herstellung dünner Schichten und der Anordnung der Ionisationskammer gefragt. Ganz klassisch wurde die Anordnung je nach Fragestellung modifiziert und umgestaltet.

Bombenphysik? Nein, es ging um die genauere Bestimmung der Kerngrößen, die Frage des Baus einer Atombombe stellte sich auch hier nicht. Diese Entscheidung ist auch keine physikalische Frage, wie der Blick zum amerikanischen Manhattan Project zeigt, das in einer politischen Entscheidung aufgrund von britischen Geheimdienstberichten ins Leben gerufen wurde. Physiker können als Politikberater bei politischen Entscheidungen mitwirken, aber es handelt sich hier eben um politische Entscheidungen, die von Menschen getroffen werden, nicht um physikalische Notwendigkeiten.

## Liste der Archive:

ADDM

Archiv des deutschen Museums München

Museumsinsel 1

80539 München


AIP

American Institute of Physics

Niels Bohr Library and Archives

One Physics Ellipse

College Park, MD 20740

# 5 Alliierte Erschließung und Aneignung des deutschen Industrie- und Wissenschaftspotentials 1944-47 durch die „Field Intelligence Agency, Technical (FIAT) (US)/(UK)"

*Manfred Heinemann*

Mit dem Ziele der Vernichtung des deutschen Kriegspotentials ist die Produktion von Waffen, Kriegsausrüstung und Kriegsmitteln, ebenso die Herstellung aller Typen von Flugzeugen und Seeschiffen zu verbieten und zu unterbinden. Die Herstellung von Metallen und Chemikalien, der Maschinenbau und die Herstellung andere Gegenstände, die unmittelbar für die Kriegswirtschaft notwendig sind, ist streng zu überwachen und zu beschränken, entsprechend dem genehmigten Stand der friedlichen Nachkriegsbedürfnisse Deutschlands...[1]

## 5.1 Zur Vorgeschichte

Vielfach ist in ihren Voraussetzungen und Nachwirkungen die Wissenschafts- und Industriegeschichte des Zweiten Weltkriegs unter der Perspektive des Rüstungswettlaufs beschrieben worden. Was fehlt, ist eine genauere Befassung mit den in Deutschland nachwirkenden Abrüstungsdiskussionen und -ergebnissen. Es gibt zudem über die Reparationsergebnisse[2] hinaus, Langfristwirkungen von versteckten Reparationen. Deren Herkunft, Strukturen und Nutzungen erst den Gesamtrahmen der Ausbeutung Deutschlands umfassen. Die Rüstungsforschung und deren

---

1   „Mitteilung über die Dreimächtekonferenz von Berlin. Amtsblatt des Kontrollrats in Deutschland, Ergänzungsblatt Nr. 1, 1946", B 11., S. 15, http://www.1000dokumente.de/index.html?c= dokument_de&dokument=0011_pot&object=facsimile&pimage=2&v=150&nav=&l=de, eingesehen am 16.06.2017.
2   Umfassend hierzu: Wilfried Mausbach, *Zwischen Morgenthau und Marshall. Das wirtschaftspolitische Deutschlandkonzept der USA 1944-1947* (= *Forschungen und Quellen zur Zeitgeschichte, Bd. 30*) (Düsseldorf, 1996). Rainer Karlsch, „Kriegszerstörungen und Reparationslasten", in *Ende des Dritten Reiches – Ende des zweiten Weltkrieges*, hg. von Hans Erich Volksmann (München, Zürich 1995), S. 525-556, summiert in seiner sonst umfassenden Übersicht die Aktivitäten von FIAT S. 545 ohne dessen Nennung nach Gimbel mit wenigen Zeilen unter dem Schlagwort „Transfer von Know-how" mit Gewinnen von 10 Mrd. $ und weist auf „Rückkopplungseffekte" dieses Transfers durch Fortsetzung von Forschungsmöglichkeiten im Ausland hin.

Ergebnisse unverzüglich umsetzende Industrie galten auf beiden Seiten zunehmend gegen Ende des Weltkrieges als kriegsentscheidend.[3] Auf Seiten der Alliierten wurden mit Kriegseintritt der USA[4] weitere tausende Wissenschaftler, Ingenieure, Fachleute, viele aus dem Zivilbereich, sowie die zahlreichen Geheimdienste wie das US „Technical Industrial Intelligence Commitee", die „Intelligence Division" des Hauptquartiers und die zahlreichen Dienste der jeweiligen Waffengattungen eingesetzt, um zu identifizieren und bis in die Details zu klären, woran und wie und wo jeweils in Nazi-Deutschland gearbeitet und weiterentwickelt wurde. Einzelbereiche wie die Raketentechnik, der Triebwerksbau, der Flugzeug- und U-Boot-Bau, die Atomforschung, Radar und die Funk- und Waffentechnik, auch die Militärmedizin, sind untersucht und vielfach beschrieben worden. Für die militärischen Ziele dabei waren bereits im Kriege Schwerpunkte und Ziele der Aneignung, Analyse und Ausbeutung („exploitation") gesetzt. Was schließlich an die Reihe kam, war die Seite der fachlichen, wissenschaftlichen und technischen Voraussetzungen bis hinein in die Strukturen des kriegs- und rüstungsunterstützenden Zivilbereichs. Auch stellt die Übernahme, der Transfer des Erbeuteten, wie der US-Forscher John Gimbel[5] auch belegt, ein eigenes Forschungsfeld dar. Man darf in diesem Zusammenhang auch die menschlichen Motivationen durch Wut und Hass gegen die Deutschen bei vielen Beteiligten nicht

---

3    Gelernte Praxis und als Vorgeschichte einzubeziehen, war dieses bereits im 1. Weltkrieg, gefolgt von einer Liste im Versailler Vertrag von gravierenden Rüstungsverboten und -beschränkungen, Entmilitarisierungen, Begrenzungen der Waffenvorräte (auch im zivilen Bereich), auch das Verbot von Maßnahmen zur Kriegsvorbereitung.

4    Die Umstellung auf den Krieg und dessen Finanzierung wird übersichtlich beschrieben bei John Morton Blum, *Deutschland ein Ackerland? Morgenthau und die amerikanische Kriegspolitik 1941-1945. Aus den Morgenthau Tagebüchern* (Düsseldorf, 1968), 10f. Präsident Roosevelt setzte das „Kriegsproduktionsamt" als zentrale Agentur der Rüstung ein. Die „General Aniline" z.B., eine Tochter der IG-Farben, hatte durch die Vervielfältigungstechniken Zugang zu ca. 25 000 Konstruktionsbüros in den USA. Absicherung vor Spionage lag nahe. Nach der Besetzung wurden die IG-Farben Betriebe ein Hauptziel der Ausplünderung. Massenhaft liegen noch heute Betriebsunterlagen im Imperial War Museum in London. Die Aufarbeitung der IG Farben Industrie in Schaubildern, Karten, Produktionswerten erfolgte in einem Großformatband auch in Russisch. Der Autor erhielt nach einem Interview diese großformatige Zusammenstellung vom 1945 zuständigen stellvertretenden Oberkommandierenden Konstantin I. Koval in Moskau geschenkt. Der Komplex IG Farben kann in diesem Artikel nicht berührt werden. Siehe: John Gimbel, *Science, Technology, and Reperations* (Stanford, 1990), 11f, 17.

5    Als Autor verdanke ich John Gimbel (†1992) die Mithilfe bei den von mir im „Zentrum für Zeitgeschichte von Bildung und Wissenschaft" der Universität Hannover durchgeführten Zeitzeugentagungen zur Hochschulgeschichte nach 1945. Siehe hierzu: Manfred Heinemann, Hrsg., *Hochschuloffiziere und Wiederaufbau des Hochschulwesens in Westdeutschland 1945-1952*, (Teile 1-3) (= *Geschichte von Bildung und Wissenschaft, Reihe B, Bd. 1-3*) (Hildesheim, 1990-1991).

vergessen.[6] Beute machen ist archaisches Kriegsrecht. Gesellschaftlich Rache durch intellektuelle Reparationen zu üben, wird immer wieder auch als individuelles Kriegsziel deutlich. Wie befohlen beim großen Aufräumen kriegsfördernde Einrichtungen zu zerstören, löste wiederum auf beiden Seiten langjährig tiefer gehende Irritationen bis hin zu Selbstmorden aus.

1945 wurden diese Aktionen, die Gimbel in variantenreichen Details[7] aufführt und belegt, erweitert auf die gesamte deutsche Wirtschaft einschließlich der Hochschulen und der Forschung. Langfristig (und bis zur deutschen Wiedervereinigung) ergänzt wurden sie um Bestimmungen und langjährige Kontrolle weit über das deutsche „military warfare potentials" hinaus.[8] Hierbei half die Erfahrung wie das Potential der „Spezialisten" aus der eigenen systematischen Erschließung des rüstungsfördernden Gesamtpotentials in den USA seit 1941/42. Die Überwachung deutscher (und japanischer Firmen) begann unmittelbar nach Pearl Harbour.[9] Es sind diese im Prozess der West- und Ostintegration weit in den Zivil- wie in den Forschungsbereich beider Deutschlands bis in die Gegenwart reichenden Auswirkungen von Ausnutzung und Kontrolle der Siegermächte, die hier auf der Grundlage der Forschungen von John Gimbel[10] erneute und weitergehende Beachtung finden sollten.[11]

---

6 „Wir müssen mit den Deutschen hart sein. Das heißt mit dem deutschen Volk, nicht nur mit den Nazis. Wir müssen sie entweder kastrieren oder so mit ihnen verfahren, daß sie nicht länger Menschen zeugen, die so wie bisher weitermachen." Roosevelt nach einer Tagebuchnotiz von Henry Morgenthau, in Blum, *Deutschland ein Ackerland?*, 215.
7 Gimbel, *Science*, 5.
8 Josef Foschepoth, *Überwachtes Deutschland. Post und Telefonüberwachung in der alten Bundesrepublik* (Göttingen 4. durchg. Aufl., 2014).
9 Blum, *Deutschland ein Ackerland?*, 10f. Präsident Roosevelt setzte das „Kriegsproduktionsamt" als zentrale Agentur der Rüstung ein. Die General Aniline z.B., eine Tochter der IG-Farben, hatte durch die Reproduktionsarbeiten Zugang zu ca. 25 000 Konstruktionsbüros in den USA.
10 Besonders das bereits erwähnte: John Gimbel, *Science*.
11 Als Beispiel in dieser Richtung: Mausbach, *Morgenthau*, 13ff. Mausbach beschreibt die Diskussionen um die Demontagepolitik durch alle Ebenen hindurch quellenfundiert sehr präzise. Der in diesem Artikel dargestellte Komplex findet sich bei ihm nicht. Lucius D. Clay nannte sie in seinen Erinnerungen die „hidden reparations". Gimbel, *Science*, IX. Gimbel geht hier auf den Widerstand von Johannes Semler, Direktor der Zweizonen Wirtschaftsverwaltung, ein. Dieser legte die „schleichenden Reparationen" offen und wurde von Clay entlassen. Den Umgang des Militärgouverneurs mit dem Problem FIAT hat Gimbel gleichfalls abschließend erfasst.

Mit der Ermächtigung der um einen Satz ergänzten Kapitulation in Karlshorst hatten die Alliierten über die bedingungslose Kapitulation hinaus mit der Identifikation und Vernichtung des deutschen Rüstungspotentials[12] die Kriegsführung um eine neue Dimension der Ziele erweitert: Statt des Ende 1944 fallen gelassenen, großes Aufsehen beanspruchenden und sich als unrealistisch erweisenden Morgenthauplans der Deindustrialisierung schien dem US-Präsidenten, dem Kriegsministerium und dem Oberkommandierenden der US-Truppen eine militärinterne und durch die Geheimdienste abgesicherte Durchmusterung des „military warfare potentials" Deutschlands angemessener und als logistische Aufgabe vom Hauptquartier in Frankfurt /Main aus durchführbar.

Nach Kriegsende wurden diese Anstrengungen weiter systematisiert und gesteigert. Einiges zum Überblick: Die US-Operation „Overcast" mit dem Ziel der Erfassung und Internierung von zunächst 350, später dann 1000 deutschen Wissenschaftlern und Technikern, konkretisiert seit 1945 in der Operation „Paperclip" mit späterer Übernahme, sogar Einbürgerung in die Siegerländer, gehört zu den sehr gut erforschten Projekten der Personalrekrutierung dieser Zeit.[13]

---

12  In der Fassung des Hauptbefehls für die Besatzung JCS 1067 vom April 1945 formuliert als: „Das Hauptziel der Alliierten ist es, Deutschland daran zu hindern, je wieder eine Bedrohung des Weltfriedens zu werden. Wichtige Schritte zur Erreichung dieses Zieles sind die Ausschaltung des Nazismus und des Militarismus in jeder Form, die sofortige Verhaftung der Kriegsverbrecher zum Zwecke der Bestrafung, die industrielle Abrüstung und Entmilitarisierung Deutschlands mit langfristiger Kontrolle des deutschen Kriegspotentials und die Vorbereitungen zu einem späteren Wiederaufbau des deutschen politischen Lebens auf demokratischer Grundlage." In: „Direktive an den Oberbefehlshaber der US-Besatzungstruppen in Deutschland (JCS 1067) (April 1945)", http://germanhistorydocs.ghi-dc.org/pdf/deu/Allied%20Policies%205%20GER.pdf, eingesehen am 24.05.2017.

13  Vgl. dazu ausführlicher: Manfred Herrmann, *Project Paperclip: Deutsche Wissenschaftler in Diensten der U.S.-Streitkräfte nach 1945* (Erlangen-Nürnberg, 1999) (zugleich Univ. Diss. Erlangen-Nürnberg); Tom Bower, *Verschwörung Paperclip. NS-Wissenschaftler im Dienst der Siegermächte* (München, 1988). Weitere Übersicht und Literatur in: „Operation Overcast", https://de.wikipedia.org/wiki/Operation_Overcast, eingesehen am 24.05.2017.

Das „Darwin-Panel" in London suchte für Großbritannien[14] Wissenschaftler aus.[15] Nicht zu vergessen: Es gab auch von den Kommandanten der Besatzungszonen bis heute weitgehend unerforschte Erlaubnisse für direkte und indirekte Weiterführungen der deutschen Rüstungsproduktion und -forschung von Serien- oder Prototypen für die Weiterverwendung bzw. den Abtransport. In Völkenrode bei Braunschweig beispielsweise zogen die Briten Experten des Flugzeugbaus zusammen und ließen sie die Ergebnisse deutscher Luftfahrtforschung zusammenstellen. Gimbel beschreibt die Arbeit einer Reihe solcher Teams und die Aufnahme und Umsetzung der gewonnenen Erfahrungen bei der Kautschuk- bzw. Stahlverarbeitung.[16] Vergleichbare Aktionen führten auch die Sowjets durch. Sie ließen sich

---

14  Ein Beispiel für die Sammelaktionen: Col.P.M. Wilson übersandte dem „British Intelligence Objectives Subcommittee" (BIOS) Sekretariat am 18. Januar 1946 eine Namensliste (in der Anlage) von 60 Personen, meistens Wissenschaftler, deren Anstellung im Vereinigten Königreich in der Zivilindustrie erforderlich sei. National Archives at College Park (NACP): RG 260 FIAT Box 2 f 34. Das Darwin–Panel war nach dem Physiker Charles Galton Darwin in London benannt, der mit seinen Kollegen diese strategischen Entscheidungen traf. Darwin hatte die amerikanischen, britischen und kanadischen Bemühungen um das Atombombenprojekt unterstützt. Ab 1938 leitete er das National Physical Laboratory. „Charles Galton Darwin", https://de.wikipedia.org/ wiki/Charles_Galton_Darwin, eingesehen am 24.5.2017.

15  Freundliche Mitteilung von Col. Bertie K. Blount (1907-1999), seit 1940 Mitglied des britischen Intelligence Corps, abgeordnet zur Special Operations Executive (SOE), März bis Mai 1945 im Oberkommando Supreme Headquarters Allied Expeditionary Force (SHAEF, tätig für die Wissenschaftsabteilung von G-2), nachfolgend im Kontrollrat in Berlin. Seit 1947 Direktor der britischen Wissenschaftsüberwachung mit Wohnung in der Aerodynamischen Versuchsanstalt in Göttingen wurde er 1948 Direktor des Militärischen Forschungsamtes des Dreimächte „Military Security Board" in Koblenz. Zu finden unter: „British Army Officers 1939-1945", http://www.unithistories.com/officers/Army_officers_B03.html, eingesehen am 24.05.2017. Blount suchte die aus dem Osten kommenden Forscher in Göttingen zu sammeln und vor den Sowjets zu bewahren. Er kontrollierte sämtliche Forschungseinrichtungen und die Kaiser-Wilhelm-Institute in seiner Zone und führte die Entscheidungen des Darwin-Panels in London für den Wiederaufbau der Naturwissenschaften für Deutschland in Berlin und für die Britische Zone aus. Er hatte in Frankfurt/Main Chemie studiert und war dort promoviert worden. Blount wurde nach seinem Einsatz in der Britischen Zone wegen der britischen Zustimmung zur Neugründung der Kaiser-Wilhelm-Gesellschaft (KWG) Ehrensenator der als Ersatz der KWG gegründeten Max-Planck-Gesellschaft. Weiteres in einem im Druck befindlichen Artikel des Autors.

16  „Variations of the rubber story and the cold-steel extrusion theme could be repeated for synthetic fuel, jet aircraft, rockets, infrared, aerial photography, optical glass, electron microscopes, power circuit-breakers, die-casting equipment, wind tunnels, acetylene chemistry, textiles and textile machinery, X-ray tubes, forest production, ceramics, colors and dyes, tape records, heavy presses, diesel motors, high-tension cables, radio condensers, insecticides, color film processing, a unique chocolate-wrapping machine, a continuous butter-making machine, a precision grinding machine, a ‚hot welding' process for making radiator cores, and other technologies." In: Gimbel, *Science*, 21f.

gleichfalls Blaupausen von Kriegsgerät herstellen und brachten hunderte von Spezialisten und Wissenschaftlern in die Sowjetunion.

Mehrere tausend deutsche Wissenschaftler und Experten, die gesamte Rüstungsindustrie wurden auf diese Weise von den Siegermächten erfasst, befragt, „eingesammelt", kontrolliert, gegebenenfalls interniert und zur Offenlegung ihrer Tätigkeiten und Ergebnisse veranlasst. Viele von ihnen und ihre Labore, Betriebe und Versuchsanstalten waren in England und in den USA vielfach bereits vor Kriegsende erfasst und katalogisiert worden. Sie wurden mit hohem bürokratischem Aufwand in langen Listen beschrieben, auch in ihrem Verbleib identifiziert und in ihren Aufenthalten mit Hilfe der flächendeckend eingerichteten Counter-Intelligence-Einheiten (CIC) und der Telefon- und Postüberwachung beaufsichtigt. Mit dem Vorrücken der Amerikaner in Mitteldeutschland kamen auch die dort liegenden Einrichtungen unter Kontrolle. Die Mitarbeiter von Zeiss wie vom Jenaer Glaswerk und wie Professoren der ostdeutschen Hochschulen wurden gegebenenfalls zwangsweise in Sammellager abtransportiert, sogar außer Landes interniert.[17] Vieles davon ist inzwischen in Details bekannt.

Insgesamt bildete sich hier ein gewaltiger, weit gespannter Komplex fortgesetzter Sammlungen von Wissen und Personal zur Rüstung und zur Offenlegung der deutschen Industrie und Technik, die in Einzelbereichen mit zum nachhaltigen und treibenden Faktor deutscher Beteiligung an dem mit dem Korea- und dem Kalten Krieg beginnenden neuen Rüstungswettlauf wurde. Dies förderte auch auf westalliierter Seite nicht nur neue Erfindungen, sondern auch die Karriere einzelner Beteiligter über die Wissenschaft hinaus. Ein Beispiel auf der US-Seite ist Paul Nitze (1907-2004), dessen Karriere 1945 in der Army-Intelligence-Abteilung G-2 beim „Supreme Headquarters Allied Expeditionary Force" (SHAEF) mit den Vernehmungen der NS-Eliten in den Sammellagern begann und über Positionen im US-Außen-, Marine- und Verteidigungsministerium bis zu dem Höhepunkt als US-Chefunterhändler in den Ost-West-Abrüstungsverhandlungen führte. Ohne seine

---

17   Ein bekanntes Beispiel ist die Internierung der deutschen Atomforscher in Farm Hall bei Cambridge in England im Rahmen der ALSOS-Mission. Dieter Hoffman, *Operation Epsilon: Die Farm Hall Protokolle oder die Angst der Alliierten vor der deutschen Atombombe* (Berlin, 1993). Die Diskussion nach der Anwendung in Japan: S. 145-77. Der bereits genannte B.K. Blount war an der Überwachung und der Abhörung der Forscher beteiligt. Zur Kontrolle des Zeiss Werkes siehe: Wolfgang Mühlfriedel und Edith Helmuth, *Carl Zeiss in Jena, 1945-1990* (= *Carl Zeiss, die Geschichte eines Unternehmens, Bd.3*) (Köln/Weimar, 2004). Aus Umfangsgründen muss auf Hinweise und Literatur der auf Befehl Stalins 1945 zunächst etwa 100, dann im Oktober 1946 mehrere hundert aus der Sowjetischen Zone in die Sowjetunion gebrachten Wissenschaftler verzichtet werden.

Erfolge wäre die Wiedervereinigung, speziell in den militärischen Rückzügen, vermutlich anders verlaufen.[18] James B. Conant, Präsident der Harvard-Universität, als Chemiker 1932 zum Mitglied der Leopoldina gewählt, 1941 Mitglied der Royal Society, gehört als Vorsitzender des „National Defense Research Committee" und als späterer Hoher Kommissar in Deutschland von 1955 bis 1957 und als erster Botschafter der USA in Deutschland auch in diese Gruppe. Heranziehbar ist auch die mit Deutschland seit seiner Promotion 1932 bei Herrmann Oncken in Berlin so vielfach verbundene Karriere von Shepard Stone[19], mit zuständig im „Office of Military Government, US" (OMGUS) für „zivile Angelegenheiten", darunter auch Kultur und Wissenschaft.

Die Entdeckung der hier behandelten Auswertungen, begonnen noch zur Zeit von SHAEF, war wegen der langjährigen Sekretierung des Archivmaterials zunächst in den National Archives in Washington D.C., nachfolgend umgelagert nach College Park, sehr verspätet. Dem US-Forscher John Gimbel[20] von der Humboldt-State University verdanken wir die Offenlegung und erstmalige Identifizierung der flächendeckenden Untersuchungen in Deutschland. Gimbel, ein ehemaliges Mitglied der OMGUS-Verwaltung in Marburg, begann seine Forschungen mit einem Buch über die Besatzung in Marburg[21] und weitete seine Interessen über Jahre dann auf die gesamte Besatzungspolitik[22] und den Marshall-Plan aus. Sein Buch: „Science, Technology, and Reparations: Exploitation and Plunder in Postwar Germany" von 1990, war das Ergebnis langjährigen Begreifens dieses Komplexes bis

18 Zu Nitze siehe den aufschlussreichen Artikel von Christian Tuschhoff, „Der Genfer ‚Waldspaziergang' 1982", *Vierteljahrshefte für Zeitgeschichte* 38 (1990): 289-328, hier 299f.
19 Stone war Teilnehmer von „Overlord", der Landung der Alliierten, Mitglied der Psychological Warfare Division von SHAEF, mit zuständig für die Zivilverwaltung in OMGUS. Mit Prof. Stone konnte der Autor dieses Artikels im „Aspen-Institut" Berlin eine Tagung zur US-Hochschulpolitik unter OMGUS durchführen. Siehe hierzu: Manfred Heinemann mit Mitarbeit von Ulrich Schneider, Hrsg., *Hochschuloffiziere und Wiederaufbau des Hochschulwesens in Westdeutschland 1945–1952. Teil 2: Die US-Zone.* (= *Geschichte von Bildung und Wissenschaft, Reihe B, Bd. 2*) (Hildesheim, 1990). Allgemeiner Überblick zu Stone mit Literatur: „Shepard Stone", https://de.wikipedia.org/wiki/Shepard_Stone, eingesehen am 24.05.2017.
20 John Gimbel, ein Zeitzeuge der OMGUS-Besatzungspolitik, kam, wie er selbst schreibt und auf einer Zeitzeugenkonferenz zum Wiederaufbau von Hochschulen und Wissenschaft erläuterte, erst sehr langsam auf die Spur der von ihm aus „exploitation" und „plundering" beschriebenen Überwachung. Es habe etwa zehn Jahre Forschung gedauert, die speziell zur Ausbeutung und Überwachung der besetzten Gebiete und Deutschlands eingerichteten Dienste in ihrer Dimension übersichtlich aus den Akten des Nationalarchivs in Washington zusammenzustellen.
21 Ins Deutsche übersetzt unter dem Titel John Gimbel, *Eine deutsche Stadt unter amerikanischer Besatzung: Marburg 1945-1952* (übers. von Suzanne Heintz) (Köln, 1964).
22 John Gimbel, *Amerikanische Besatzungspolitik in Deutschland: 1945-1949* (übers. von Hans Jürgen von Koskull) (Frankfurt am Main, 1971).

hin in die deutsche Wirtschaftspolitik.[23] Die eigenen Archivstudien des Autors begannen nach der offensichtlich für Gimbel im Jahr 1982 durchgeführten Deklassifizierung der Akten durch das Nationalarchiv in Suitland. Fred Purnell war wie für John Gimbel gleichfalls für den Autor zuständig.

Mehr als 30 Jahre später – anhand der Kopien der administrativen Akten von FIAT wieder aufgenommen – ergeben sich weitergehende Fragen zu der Legitimierung, der Organisation und Logistik. Angeschlossen werden könnten Forschungen zu der kurz- und langfristigen Bedeutung der Ausbeutung wie zur langfristigen Wirkung der nach Auskunft der Library of Congress zu Kriegszeiten begonnenen aktuell heute größten Ansammlung der Welt von technischem Wissen überhaupt.[24] Ein Wissen, das, solange es nicht als geheim klassifiziert war, in Teilmengen durch Kauf der Reports den Sowjets zur Verfügung stand und auch dort bis heute keine Berücksichtigung für die Forschungsentwicklung der Sowjetunion seit Kriegsende gefunden hat. Weitere Fragen können sich im Anschluss an die in diesem Artikel im Umfang begrenzte Erfassung damaliger „exploitation" bis zum heutigen Datum ergeben im Hinblick auf die mittel- und langfristige Fortsetzung

---

23  Volker R. Berghahn „Technology, Reparations, and the export of industrial culture. Problems of the German-American relationship, 1900-1950", in *Technology transfer out of Germany after 1945*, hg. von Matthias Judt und Burghardt Ciesla (Amsterdam, 1996), 8, vertritt im Anschluss an eine Bemerkung Gimbels die Auffassung, dass die Wirkung des FIAT Programms wie ein „conveyor-belt" (Fließband) für die zukünftige Wirtschaftsentwicklung Deutschlands mit den USA gewirkt habe. Dieses untergewichtet die doch sehr langfristig wirkenden „destructive methods", wie sie ebd. beschreibt Matthias Judt, „Exploitation by integration? The re-orientation of the two German Economies after 1945. The impact of scientific and production control", in ebd., 27ff. Die relativierend niedrige Einschätzung des Wertes der FIAT „exploitation" bei: Johannes Bähr, Paul Erker und Geoffrey Giles, „The politics of Ambiguity: Reparations, business relations, denazification and the allied transfer of technology", in ebd., 131ff., beruht generalisierend auf der Basis einzelner „großer", bekannter Beispiele. Die „reports" enthalten jedoch einzeln zu beachtende Wertungen. Es fehlt in der Forschung zudem an einer tragfähigen Nutzungsanalyse von Verkauf und Wirkung der reports in den Siegerländern.
24  Die Library of Congress verfügt aus diesen Nachkriegsaktionen über die „P(ublication) B(oard) Historical Collection" mit ca. 160.000 gebundenen und mikrofilmierten Einheiten deutscher und japanischer Herkunft. „Technical Reports and Standards", http://www.loc.gov/rr/scitech/trs/trspb.html, eingesehen am 28.05.2017. Darauf aufbauend hat sich bis heute mit mehr als 3 Mio. Publikationen der weltgrößte Speicher von nicht geheimem technischem usw. Anwendungswissen in den USA entwickelt: Der „National Technical Information Service" (NTIS). Einen Überblick hierzu liefert: „National Technical Information Service", https:en.wikipedia.org/wiki/National_Technical_Information_Service, eingesehen am 28.03.2017. Siehe dazu auch: G. C. Marshall, J. A. Ulio und Arredondo, David (Depositor), „Processing of captured material for intelligence purposes, Para. II of War Department Training Circular 81, 6 Nov 1942" (1942). US Army Research. Paper 172, http://digitalcommons.unl.edu/usarmyresearch/172, eingesehen am 24.05.2017.

der Überwachung sowie der Entwicklung von Wissensspionageorganisationen und -verfahren bei allen vier Siegermächten.[25] Was kann sich alles hinter dem Begriff „nationale Sicherheit" verbergen? Nachfolgeeinrichtungen wie die größte „gemeinnützigen Forschungs- und Entwicklungsorganisation" der USA[26], „Battelle", nutzt beispielsweise diesen Begriff als Legitimation zu internationalen Aktivitäten. Ein Zitat aus der Webseite: „With state-of-the-art infrastructure, Battelle provides our government and industry partners with the most comprehensive and relevant evaluations of CBRNE defense equipment for development and acquisition efforts."[27] CBRNE ist die Abkürzung für „Chemical, biological, radiological and nuclear defense".

## 5.2 Die Kapitulation von Karlhorst als Legitimation

Schon der Text der Kapitulation, deren Karlshorster Variante in Englisch (in kursiv) den für die in diesem Artikel zu beschreibenden Aktionen völkerrechtlich legitimierenden Satz *ergänzend* aufgenommen hatte:

disarm completely, handing over their weapons and equipment to the local allied commanders or officers designated by Representatives of the Allied Supreme Commands. No ship, vessel, or aircraft is to be scuttled, or any damage done to their hull, machinery or equipment, and also to machines of all kinds, armament, apparatus, *and all the technical means of prosecution of war in general.*[28]

war durch die Ergänzung durch die sowjetische Seite ermächtigt und legitimiert für die Ausbeutung und Unterwerfung des deutschen kriegsdienlichen Wissenschafts- und Industriepotentials[29]. Es waren jedoch nicht nur die Sowjets, sondern

---

25  NTIS hat an der Universität von Westböhmen mit Einbezug von Firmen der IHK-Regensburg ein „NTIS Research Centre" gegründet. Weitere Informationen hierzu finden sich unter: „NTIS – New Technologies for the Infomartion Society", http://www.ntis.zcu.cz/en/, eingesehen am: 24.05.2017.
26  Eine Selbstauskunft der Organisation kann unter folgendem Link abgerufen werden: „About us", http://www.battelle.org/about-us, eingesehen am 24.05.2017.
27  https://www.battelle.org/, eingesehen am 24.05.2017.
28  BArch RW 44-I/37, Faksimilewiedergabe der Kapitulation von Berlin-Karlshorst, https://www.bundesarchiv.de/oeffentlichkeitsarbeit/bilder_dokumente/00805/index-18.html.de, eingesehen am 29.05.2017.
29  Der deutschen Urkunde war in Absatz 2 ein Satz gegenüber der englischen Erklärung eingefügt: „Kein Schiff, Boot oder Flugzeug irgendeiner Art darf versenkt werden, noch duerfen Schiffsruempfe, maschinelle Einrichtungen, Ausruestungsgegenstaende, Maschinen irgendwelcher Art, Waffen, Apparaturen, technische Gegenstände, die Kriegszwecke im Allgemeinen dienlich sein können, beschaedigt werden."

viele der beteiligten „United Nations" alliierten Kriegsteilnehmer, die aktiv durch
ihre Geheimdienste und zivilen Kommissionen etwas über den Stand der deutschen Rüstungsforschung und Industrieproduktion herauszufinden suchten, um
Kriegsbeute zu machen. Die Großmächte hätten vermutlich auch ohne die Kapitulation („unconditional surrender") ihre Ziele verwirklicht, wie aus den Vorbereitungen entnommen werden kann.[30] Es galt für sie weiterhin, die Beteiligung der
Wirtschaft und Wissenschaft in den von Deutschland besetzten Ländern, also die
Kollaboration, herauszufinden. Das Hauptquartier der Alliierten (SHAEF) hatte
hiermit in Frankreich begonnen.

In diese Zielinteressen geriet somit das gesamte deutsche wissenschaftlich und
technologisch beeinflusste Entwicklungs-, Kriegs- und Wirtschaftspotential, einschließlich seiner ideologischen, geistes- und sozialwissenschaftlichen Grundlagen. Und der in Karlshorst zugefügte Satz „... and all the technical means of prosecution of war in general" sicherte den Siegermächten Kontrollgebiet, um dieses
wegen seines Militärrüstungspotentials umfassend einer „langfristigen Kontrolle"
zu unterwerfen. Nicht nur das „Office of Strategic Services" (OSS) hatte mit seinen Vorschlägen für die Bombardierungen (intern: „Bomber Baedecker") während des Krieges mit der Ausschaltung dieses Potentials begonnen; alle Bereiche
des Militärs wollten im Einsatz auf der Erde die Kriegsproduktion des Reichs, die
phänomenaler Weise 1944 ihren Höhepunkt[31] erreicht hatte, im Detail erfassen,
erobern und ausschalten. Das „Handbook on Germany" enthielt dazu länderweise
die Informationen über Namen, Adressen, Produktionen.[32]

## 5.3   Vorbereitungen in den US-Intelligence Directives

Ein frühes Dokument zur Organisation der in ihren Dimensionen breitest angelegten Durchmusterung des Reiches war die „Intelligence Directive" Nummer 8 vom
7. Mai 1944 unter dem Aktenzeichen des Hauptquartiers SHAEF/111GX/INT. Sie
regelte den Umgang mit Dokumenten, die von feindlichen Bodentruppen stamm-

---

30  Übersicht über die Diskussionen zur Kapitulation und deren Reichweite: Blum, *Morgenthau*,
    204ff. Der US-Finanzminister forderte die Umerziehung der Deutschen und die deutsche Kriegs-
    maschine und –industrie zu beseitigen, ebd. 209.
31  Als Übersicht: Werner Abelshauer, *Wirtschaft in Westdeutschland 1945-1948. Rekonstruktion und
    Wachstumsbedingungen in der amerikanischen und britischen Zone* (München, 2010).
32  Der Autor hat der Bibliothek des Bundesarchivs in Berlin seinen von der US-Botschaft geschenk-
    ten Bestand des vielbändigen Handbuchs übergeben.

ten. Marine-Dokumente und zivile Dokumente wurden getrennt behandelt. Weiterhin regelte sie die Sammlung, Erfassung und Abtransport von militärischen Dokumenten. Im Normalfall sollte die Bearbeitung von speziell trainiertem Geheimdienstpersonal durchgeführt und durch geeignete Kanäle des jeweiligen Dienstes weitergeleitet werden. Im Hauptquartier übernahm die SHAEF-Dokument-Sektion die Auswertung koordinierend. Die Verbreitung des gewonnenen Wissens sollte durch die „G-2" („Intelligence Division") der jeweiligen Streitkräfte erfolgen.[33] Die Geheimdienste in London übernahmen die Auswertung und Organisation der erlaubten Verbreitung.[34]

In der „Intelligence Directive" Nummer 9 vom 19. Mai 1945 wurde auf den Umgang mit entdeckter neuer Ausrüstung hingewiesen und darunter verstanden: feindliche Waffen, Munition, Transportfahrzeuge, Ausrüstungen, Nachschub und Material jeglicher Art, dessen Existenz entdeckt worden war. Kryptografische Apparate waren ausgenommen. Dieser Befehl wurde auf die Bodentruppen begrenzt. Unter „technical intelligence" war dabei nicht nur die Erfassung der Fähigkeiten, Charakteristika und Methoden der Nutzung gemeint, sondern auch die Bereitstellung detaillierter technischer Berichte : „To provide higher authority with detailed technical reports and suitable specimens of ‚enemy equipment' in order that the maximum exploitation of this type of intelligence may be achieved."[35] Organisatorisch bestimmte die Direktive, dass in den militärischen Einheiten die beauftragten „T-Forces", erkennbar durch die Aufschrift „T" auf den Stahlhelmen, personell besonders ausgerüstet werden sollten.

Dem Personal dieser Einheiten – es soll sich schließlich um insgesamt 6 000 Mann gehandelt haben – war es nicht erlaubt, in Zonen der Kampfhandlung zu agieren, es sei denn mit entsprechender Erlaubnis der Hauptquartiere. Die Teams und ihre höheren Einheiten waren eigenständig. Der Transport für alle Mitglieder, die notwendige Ausrüstung, Schutz und Rationen eingeschlossen, sollten bereitgestellt werden durch die zuständige Militär-Autorität. Die T-Forces durften nur in den britischen und in den amerikanischen Vorwärtsgebieten („forward areas") operieren, auch Kameras benutzen. Sämtliche Luftwaffeneinrichtungen (mit Ausnahme

---

33  In: NACP Record Group 260 FIAT Box 2 f 40.
34  Das „Imperial War Museum" in London verfügt über weitreichende Sammlungen aus der Zeit (u.a. die Akten der IG-Farben, Karteikarten über deutsche Flugzeuge und andere Waffensysteme zur Identifikation der Zulieferstandorte u.s.w.). Eine Suchmaschine hilft, aus 800.000 Sammlungseinheiten auszuwählen.
35  „Technical Intelligence", Befehl SHAEF, „Office of the Assistant Chief of Staff, G-2" vom 19. Mai 1944, in NACP Record Group 260 FIAT Box 2 f 40.

von Flakwaffen und Ausrüstungen der Fallschirmjägereinheiten), Radareinrich-
tungen waren ausschließlich von der „Air Technical Intelligence" zu erfassen.
Ähnlich wurde die Zuständigkeit der „Naval Technical Intelligence", mit Ausnahme von Radar, auf die Marine-Ausrüstungen begrenzt. Erfasste Ausrüstungen,
Geräte, Muster usw. sollten erst nach England, dann in die USA gebracht werden.[36] Eingeschlossen in den Befehl war die „Economic Warfare Division"
(EWD), die mit speziell trainiertem Personal und Ausrüstungen in Übereinstimmung mit den britischen und amerikanischen Dienststellen arbeiten sollte. Diese
Einheiten waren speziell auf die Erfassung der Wirtschaftslagen in den Besat-
zungsgebieten ausgerichtet.[37]

Soweit ein Einblick in die anfangs ausschließlich unter militärischen Zielen geführten Einheiten. Die US-amerikanische und britische Zusammenarbeit geschah
zunächst in London im „Combined Intelligence Objectives Sub-Committee"
(CIOS). Hier wurden die Überlegungen und die Praktiken einer Gesamterfassung
des gegnerischen wissenschaftlichen und industriellen Potentials entwickelt. Mit
der Einrichtung der Zonenverwaltungen im Juli 1945 teilte sich die Aufgabe: in
dem britischen Teil der Kontroll-Kommission (Control Commission, British Element) in Berlin wurden nun die FIAT (GB) Ergebnisse zonenweise administrativ
getrennt von FIAT (US) bearbeitet und wurde in London von dem „British Intelligence Objectives Sub-Committee" (BIOS)[38] weiter bearbeitet. Frankfurt wurde
weiterhin als zentraler Ausgangspunkt für die Zielerkundung genutzt.

---

36  In NACP Record Group 260 FIAT Box 2 f 40.
37  Bis zur Auflösung von SHAEF im Juli 1945 gab es dauernde Verbindungen mit der „Technical
    Intelligence Sub-Section" von G-2, der „Intelligence Division of SHAEF", die zugleich die Ein-
    heiten koordinierte. Die personelle Ausstattung besorgten die „Army Groups" beider Nationen.
    Verbindung sollte bestehen mit den „Bomb Disposal Units, Prisoner of War Interrogation Centers,
    and with Intelligence and Counter-Intelligence Staffs of both Communication Zone/ L of C and
    tactical formations." Empfänger war bei Radar und Bodentruppenausrüstung die Einheit AEAF,
    bei Marineausrüstung mit Ausnahme von Bodenradar die Einheit: ANXF. SHAEF bei aller sons-
    tigen Neu-Ausrüstung. Technische Berichte und Fotografien gingen direkt an die SHAEF G-2
    Intelligence Division. Soweit der Befehl des Oberkommandierenden General Dwight D. Eisen-
    hower.
38  „T Force/Field Information Agency Technical (FIAT): In order to obtain information of a scienti-
    fic and technical nature from occupied Germany on behalf of United Kingdom government de-
    partments and agencies, a ‚T' or target force was organised. A Field Information Agency Technical
    (FIAT) was also established." Die Kurzbeschreibung des britischen Nationalarchives in Kew be-
    stätigt für die Foreign Office(FO) Division 14, http://discovery.nationalarchives.gov.uk/
    details/r/C642, eingesehen am 25.05.2017. Weitere Details in: Eva A. Mayring, „Control Com-
    mission for Germany (British Element) (CCG/BE)", in *Deutschland unter alliierter Besatzung
    1945-1949/55. Ein Handbuch*, hg. von Wolfgang Benz (Berlin, 1999), 239-243. Wikipedia gibt

## 5.4   Die Ausweitung der Aufgaben von FIAT

Am 15. Mai 1945 fragte das Hauptquartier SHAEF beim War-Department in Washington D.C. (Kopie an AMSSO, British Chief of Staff) an, wie es die Überlegungen[39] zum „Disposal of German Scientific and Industrial Technology" umsetzen solle. Man habe am 16. Januar im Bereich des Militärischen Geheimdienstes „G-2" eine kleine beratende Sektion für die Wissenschaftsaufklärung eingerichtet, die Befragungen von Deutschen durchführe. Diese Aufgabe aber sei begrenzt. Es bleibe dabei offen und ungelöst das Problem des schließlichen Nutzens der Industrietechnologien sowie des Verbleibs dieser Wissenschaftler wie deren Arbeitsergebnisse.[40] Das Hauptquartier sei hier ohne Anleitung und nicht in der Position, eine langfristige Politik zu entwickeln und zu erarbeiten, die sich zeitlich auf die Dauer der Kontroll-Kommission erstrecken würde.

Eine Übersicht der SHAEF Überlegungen und die Breite der zu bewältigenden Probleme visiert bereits die Erweiterung des Umfangs der Aufgabe an:

A.   Whether any measures of control over scientific and technological research including restriction on scientific and technological research, including restriction on scientific teaching in universities and schools will be necessary and if so what measures.

B.   Whether laboratories, research institutions, libraries, etc. should be sealed if control is to be applied.

C.   Whether all German scientists and technologists should be detained in custody or placed under restriction, or whether only certain categories should be so treated, and if so what categories.

D.   Who is to determine policy of eventual disposition in cases where individual scientists and technological personnel have been detained for intelligence exploitation.[41]

---

weitere Informationen mit weiteren vom Autor nicht geprüften Quellenangaben. „Field Information Agenccy; Technical (FIAT)", https://en.wikipedia.org/wiki/Field_Information_Agency;_ Technical_(FIAT), eingesehen am 25.05.2017.

39  SHAEF Staff Memorandum Nr. 135 vom 16. Januar 1945 mit dem Titel: „Establishment of Scientific Intelligence Advisory Section in G-2 Div, and change No. 1 to ECLIPSE Memorandum No. 7, number AG-381-1-GBI-AGM, dated 5. March 1945, in National Archive at College Park (NACP) Record Group 260 FIAT Box 2 f 31.

40  In NACP Record Group 260 FIAT Box 2 f 31.

41  In NACP Record Group 260 FIAT Box 2 f 31.

Inzwischen seien (nach einer Meldung vom 5. März 1945[42] und weiteren) bereits 1 000 bis 2 000 Namen von prominenten deutschen Industrievertretern um Namen von Wissenschaftlern und Technikern ergänzt worden. Weitere 600 Namen aus britischen Quellen habe G-2 hinzugefügt. Sollten alle in Gewahrsam genommen werden? Man müsse wissen, was zu tun sei, man müsse die Orte kennen, um Anfragen nach Verhören auch umzusetzen. Die Klärung sei eine Sache höchster Dringlichkeit. Entscheidungen dazu sollten per Hand weitergegeben werden.[43] Aktuell ergänzt wurde: Man habe in Lindau (heute Niedersachsen, MH) durch Colonel Bertie K. Blount die Kataloge des Reichsforschungsrats[44] unter Prof. Werner Osenberg gefunden mit über 25 000 Namen (Gimbel berichtet über 15 000 und 150 Mann Arbeitsstab)[45] von deutschen Wissenschaftlern und deren Projekten und man warte wie bei den eigenen vorbereiteten „Schwarz-, Weiß- und Grau-Listen"[46] auf Anweisungen für die Umsetzung.

Zustimmung war endlich den „Intelligence"-Operationen durch die „Executive Order 9568" des US-Präsidenten Harry S. Truman vom 8. Juni 1945 – in seiner Eigenschaft als Präsident und Oberbefehlshaber von Armee und Marine – erteilt worden. Unter dem Titel „Providing for the Release of Scientific Information" wurde ergänzend der bis dahin fehlende Übergang zu einer möglichen Veröffentlichung der gewonnenen geheimen Erkenntnisse festgelegt, was ohne Voreingenommenheit öffentlicher Interessen erfolgen sollte. Die erbeuteten Informationen standen jedoch unter dem Vorbehalt, dass die militärische Sicherheit erlaube, die fragliche Wissenschaftsinformation zu veröffentlichen.

Darauf entwickelten sich zwei Ströme von Informationen: geheime und nicht geheime, was im Fall der Anfrage der Sowjets auf Beteiligung an den Ergebnissen

42  F.J. Biermann, FIAT (US) von der „Enemy Personnel Exploitation Section", in NACP Record Group 260 FIAT Box 2 f 31.
43  Biermann ebd.
44  Zur Geschichte des Reichsforschungsrats: Sören Flachowsky, *Von der Notgemeinschaft zum Reichsforschungsrat* (= *Studien zur Geschichte der Deutschen Forschungsgemeinschaft, 3*) (Wiesbaden, 2008).
45  Gimbel, *Science*, 17.
46  Es gab bei der „Allied Intelligence" in CIOS in SHAEF Schwarz-Grau Listen für die Ziele in den von Deutschen besetzten Gebieten und für Deutschland. Siehe Philip Reed, Science and Technology, Einleitung. Andere Schwarz-Weiß-Grau Listen umfassten z.B. bei den Briten eine Auswahl mit Bewertung der Affinität zum Nationalsozialismus deutscher Eliten. Sie spielten eine Rolle bei der Übertragung von Ämtern an Deutsche in der Zivilverwaltung. Siehe dazu für die britische Zone: Michael Thomas, *Deutschland, England über alles: Rückkehr als Besatzungsoffizier* (Berlin, 1984). Namen von einzelnen Wissenschaftlern enthält auch: Henric C. Wuermeling, *Die Weiße Liste und die Stunde Null in Deutschland* (München, 2015).

und ihrer letztendlichen Freigabe noch zu langen Diskussionen im Handelsministerium in Washington D.C. führen sollte.

Zur Klärung der Ansprüche der Zivilgesellschaften der am Krieg beteiligten „Alliierten Nationen" sah die Order die Errichtung eines Veröffentlichungsausschusses vor, dem in den USA Vertreter der Generalstaatsanwaltschaft, des Innen-, des Landwirtschafts-, Handels- und Arbeitsministers angehören sollten. Über Verbindungsoffiziere eingebunden wurden das Kriegs- und Marineministerium, das Amt für Kriegsinformation („Office of War Information", OWI), der Direktor des Amtes für Wissenschaftsforschung und -entwicklung („Office of Scientific Research and Development", OSRD)[47] wie auch der Vorsitzende des „National Advisory Committee for Aeronautics". Einzelheiten dazu im jeweiligen Kontext.

Auf einen Artikel in der Soldatenzeitung „Stars and Stripes" vom 1. August 1945 mit dem Inhalt, dass die V-Waffen-Forscher immer noch nicht unter Arrest gestellt worden seien[48], bestätigte Colonel Ralph M. Osborne, Chef von FIAT seit Juli 1945, am 6. August 1945 gegenüber dem „Director of Intelligence" (G-2) seinen Eindruck, dass bereits Reporter ein besonderes Interesse an diesen Erfassungsprozessen zeigten und eine zusätzliche Anleitung bezüglich der Vorgehensweise bei der Presse als nötig empfunden werde. Osborne bemerkte weiter, dass Antworten des Oberkommandos hinsichtlich seiner Fragen noch nicht vorlägen. Eine Ausnahme sei die Operation „Overcast", die den Transport der Raketenspezialisten in die USA regele.[49] Osborne wusste zu diesem Zeitpunkt nicht, dass die eine Regelung Präsident Trumans bereits auf dem Wege der Umsetzung war.

---

47  Gegründet 1941. Sein Direktor Vannevar Bush war direkt dem Präsidenten unterstellt. Informativ dazu: Martin Burkhardt, „Der Heiße Krieger. Vannevar Bush dachte nicht nur Hyperlink und Desktop voraus. Im Denken des Militärstrategen verdichteten sich Atombomben und Computer zu einer tödlichen Einheit: dem militärisch-industriellen Komplex", in FAZ Nr. 141 vom 20. Juni 2016, 17.

48  Abschrift: Pat Mitchell, „Nazi V-Weapon Researchers Never Placed Under Arrest For Lack Of Specific Orders", in NACP Record Group 260 FIAT Box 2 f 31.

49  „It has been determined that no reply has ever been received to a message to the Combined Chief of Staff dated 15 May 1945 (SCAF 394, S88111)". Die letzte Direktive sei die Korrektur Nr. 4 im „Eclipse Memorandum Nr. 7, ‚Arrangement for the Exploitation of German Scientists and Industrial Technologists'" vom 12. Juni 1945. „JCS 1067 contain only limited guidance". Inzwischen sei schon die „J Theater Operation ‚Overcast' auf dem Weg" „which contemplates the forwarding of V-weapons researchers to the U.S. under the auspices of the Ordnance Department, in some cases using personnel also required for Operation ‚Backfire'. Instructions have been issued by the Theatre that this personnel will not leave without Theatre clearance." Erneut bat Osborne um eine Entscheidung in dieser Sache durch die „Joint Chiefs of Staff" (JCS) in Washington D.C.

**Tabelle 1:**     Interne Struktur von FIAT und deren Einbettung in die britischen und amerikanischen „Intelligence"-Dienste

| | |
|---|---|
| **USFET Rear**<br>**(US-Forces European Theatre, rückwärtige Dienste)** | |
| ALSOS-Mission (c/o G-2),<br>OSS (c/o G-2),<br>Chief Signal Officer, Information Section,<br>Intelligence Division, OCE, USFET | |
| **FIAT**<br>Office of the Chief (Br); Office of the Chief (US) | |
| Integration and Planning Branch<br>Army Branch<br>Navy Branch<br>Air Branch<br>Economic and Financial Branch<br>Industrial Branch<br>Science and Technological Branch | Control Branch<br>Records Branch<br>Technical Intelligence Section<br>Major Lennox*, FIAT, c/o TSF, Versailles,<br>France<br><br>*Anm.: schwer lesbar |
| **USSTAF Main (US-Hauptquartier)\*\***<br>Director of Intelligence; Exploitation Division, Intelligence Section | |
| D.M.I. The War Office<br>M.I.19 The War Office<br>The Admirality, London<br>British Naval Commander in Chief, Germany<br>The Air Ministry<br>S.P.O.G, c/o 307 Inf. Bde, B.I.A.<br>British Bombing Survey<br>BIOS Secretariat, FIAT (Rear)<br>AG of S, G-2, War Department, Washington | M.I.S. Washington<br>Commander US Naval Forces, Germany<br>NAVTECMISEU, US Navy HQ, Paris<br>Office of the US Chief Counsel, HQ<br>CROWCASS, US-Army<br>USSBS, G-2<br>G-2, AFHQ<br>Allied Commission for Austria, Intelligence<br>Section |
| Allied Commission for Austria, Economics<br>Div.<br>Ministerial Collection Centre, Kassel<br>Commandant „ASHCAN"<br>Commandant „DUSTBIN" | |
| \*\* in der Regel ohne Angaben der Codes und Postwege<br>Quelle: 1945.08.08. NACP RG 260 FIAT Box 1 file 26 (2) | |

Im August 1945 waren die Festlegungen entschieden. Sie regelten die innere Struktur von FIAT und deren Einbettung im Netzwerk der britischen und amerikanischen „Intelligence"-Dienste. Die Gesamtstruktur ist in Tabelle 1 abgebildet.

FIAT übernahm schließlich als weitere Aufgabe die Absicherung der in den Verhörzentren „Dustbin" („Mülleimer") und „Ashcan" („Ascheimer") und weiteren Zentren um Frankfurt/Main eintreffenden Nazi-Größen, die von sechs aus den USA kommenden Spezialisten befragt werden sollten hinsichtlich:

a.  History of Nazi Government,
b.  German organizational methods in preparation for war effort and subsequent conduct of war.
c.  Military operations, particularly strategic decision.[50]

## 5.5    FIAT logistische Tagesarbeit

FIAT wurde am 18. Juli 1945 über das Ergebnis einer Entscheidung vom 13. Juli 1945 informiert, dass die „Counter Intelligence Staffs" der U.S. Group Control Council, der Control Commission for Germany (British Element) und des Hauptquartiers der 21. Army Group in London entschieden hätten, dass die Namenslisten aus dem Bereich von Wissenschaft und Industrie nicht in den „Central Personalities Index" (C.P.I.) aufgenommen würden. Sie gehörten damit im Kontrollrat auch nicht in den Aufgabenbereich der nach Ländern, Kreisen und Städten bei den Zivilverwaltungen organisierten Counter Intelligence (C.I.C.) Untersuchungen. Die bis dahin angefertigten Namenslisten, darunter 1700 Industrievertreter und zusätzlich 600 von den Briten eingereichte Namen, wurden demnach an FIAT (US) zurückgeschickt.[51] Am 5. März 1946 hatte FIAT bereits 1000 Personen erfasst. Durch die zusätzliche Einstellung von zehn bis fünfzehn deutschen Fachkräften – einige Variationen bei den Berufen erschien als wünschenswert – würde diese Liste der führenden Wissenschaftler und Techniker weiterwachsen.[52] Allem Anschein nach blieb es zwischen G-2 und FIAT bei der Trennung der Aufgabenfelder: G-2 führte die Auswertungen durch, FIAT die Erfassungen. Es fehlten weiterhin die Vorgaben der Befehlshaber für eine die Einzelfälle unterscheidende

---

50  Headquarters U.S. Group Control Council am 28. Juni 1045 an FIAT, in NACP Record Group 260 FIAT Box 2, f 29.
51  In NACP Record Group 260 FIAT Box 2 f 31.
52  Ebd.

Umsetzung. Beklagt wurde von FIAT, dass bislang nur die amerikanische und die britische Seite zusammenarbeiteten.

Weitere Hinweise aus den Akten betreffen die Ermittlung von Personen in den Besatzungszonen: Am 4. Januar 1946 sandte das britische Element in FIAT an G-2 eine weitere Liste von Namen mit der Bitte, den Aufenthaltsort der Genannten in der US-Zone ausfindig zu machen.[53] Am 11. Januar 1946 gab es dazu von FIAT (US) Rückfragen. Man würde sich nach der Beantwortung bemühen, die gewünschten Leute zu finden.[54] Ein Beispiel dazu: unter dem 14. Januar 1946 findet sich eine Anfrage zu einem Direktor „Fritz Mueller", evakuiert aus der Russischen Zone, zuletzt wohnhaft in Mauloff, Kreis Usingen.[55] Die Akten enthalten auch Reisebefehle an Orte in der US-Zone, in Österreich und Italien, um Personen ausfindig zu machen, jeweils mit genauen Anweisungen des Vorgehens.

Eine weitere Anfrage aus vielen vom CIC vom 17. April betraf Dr. Edward Wilhelm Justi[56], einen Experimental-Physiker von Ruf im Bereich der elektrischen Leitfähigkeit im Feld der Super-Leitfähigkeit. Ihm habe die TH Braunschweig eine Position angeboten, die er auch angenommen habe. Er solle ein Manuskript von Dr. Max von Laue über „Energy and Modern Physics" besitzen,[57] das FIAT wiederum auch gerne besäße. Nach Übergabe dieses Aufsatzes habe die US-Seite keine Einwände gegen eine Beschäftigung in der Britischen Zone.[58]

Am 2. Mai verlangte der inzwischen aktivierte französische Verbindungsoffizier bei FIAT (GB), einem Vertreter des französischen „Ministry of Armament" den Kontakt zu dreizehn Personen zu verschaffen. Die Nachprüfung ergab: Die meisten von ihnen seien bereits für eine Arbeit in Großbritannien oder in den USA nach

---

53  Ebd.
54  Ebd.
55  Am 19. Febr. 1946 übersendet Col. P.M. Wilson von FIAT BIOS in London eine Liste der von den IG-Farben aus der russischen Zone evakuierten Techniker, Namen in der Anlage. NACP Record Group 260 FIAT Box 2, f 34.
56  Nachzuweisen als: Eduard Justi, *Leitfähigkeit und Leitungsmechanismus fester Stoffe* (Göttingen, 1948).
57  Gemeint gewesen sein dürfte: Max von Laue, *Energiesatz und neuere Physik* (= *Preußische Akademie der Wissenschaften, Vorträge und Schriften, Heft 13*) (Berlin, 1942).
58  NACP Record Group 260 FIAT Box 2 f 31.

den Vorgaben von D.C.O.S.[59] und den englischen „Darwin Schemen" vorgesehen.[60] Ein weiteres Beispiel dieser wechselseitigen Aktivitäten: Am 4. Mai 1946 bat Colonel A.E. O'Flaherty von FIAT (GB) unter „cable S-2215 top secret" das Hauptquartier der US Air-Force um Beteiligung an der Fertigstellung der Liste von 1 000 führenden deutschen Spezialisten und Technikern.[61]

Hinsichtlich der französischen Beteiligung stimmte das britische Element in FIAT in der Kontroll-Kommission in Berlin am 23. Mai 1946 zu, dass eine Einvernahme von deutschen Wissenschaftlern durch Franzosen nicht erlaubt werden solle: Der Schriftwechsel verzeichnet dazu: Diese Sperre komme zu spät, da die Franzosen schon heimlich deutsche Wissenschaftler durch Verträge an sich gebunden hätten. Das Britische Element werde daher fortfahren, besonders vorsichtig zu sein, den Franzosen eine Zustimmung für Befragungen von Deutschen zu geben. Diese Erlaubnis könnten sie vermeiden, wenn die Franzosen die „reparation teams" mitbenutzten. FIAT wiederum wünschte, über solche Fälle informiert zu werden, auch über die angebotenen Verträge.

Lieutenant-Colonel P.W. Wilson von der „Enemy Personnel Exploitation Section" von FIAT (US) verlangte am 23. Mai 1946 informiert zu werden über die vorzeitige Freilassung von fünfzehn Raketen-Experten in Cuxhaven durch das englische „Ministry of Supply". Sie seien anschließend von Franzosen und Russen unter Vertrag genommen worden. Informationen wurden erbeten auch über die Bemühungen, dieses wieder in Ordnung zu bringen. Als Schlussfolgerung hieß es: Wenn der Bericht dazu fertig sei, überlege man, diesen Fall energisch mit BIOS und dem „Ministry of Supply" aufzuklären mit dem Ziel, dass in Zukunft niemand mehr ohne Koordinationsabsprache mit FIAT (US) freigelassen werde. Die Aktionen, die Deutschen zu bekommen, die auf den Listen von D.C.O.S. und des Darwin Panel für Großbritannien vorgesehen seien, seien zu beschleunigen, um sie nicht zu verlieren, wenn sie weiter in Deutschland blieben. P.W. Wilson bedankte sich abschließend auch für einen Besuch am Vortage und hoffte auf weitere Besuche

---

59  Vermutlich gemeint sind die britischen Armee Reserve Regulierungsregeln.
60  Die „Darwin-Schemen" enthielten die Auswahlvorgaben für Personen, die für Großbritannien vorgesehen wurden, benannt nach dem Physiker Charles Galton Darwin. Er hatte die amerikanischen, britischen und kanadischen Bemühungen um das Atombombenprojekt unterstützt. Freundlicher Hinweis von Col. Bertie K. Blount, nach seinem Einsatz in der Britischen Zone in der Wissenschaftskontrolle später Ehrensenator der Max-Planck-Gesellschaft.
61  NACP Record Group 260 FIAT Box 2 f 31.

in Zukunft.[62] Es gab also in der Tat eine „Jagd" auf Wissenschaftler oder Fachleute.

## 5.6 Die Strategien der Veröffentlichung und Verbreitung

Wie im Zusammenhang mit Publikationen vorgegangen werden sollte, hielt die „Executive Order 9568" des US-Präsidenten Harry S. Truman fest. Unterzeichnet unter dem Titel „Providing for the Release of Scientific Information" hielt sie das Ziel einer möglichen Veröffentlichung der gewonnenen und *nicht geheimen* Erkenntnisse fest. Die Order forderte deutlich, dass dieses ohne Voreingenommenheit eines öffentlichen Interesses geschehen solle.[63] Als Direktor des Verfahrens der Freigabe wurde der „Director of War Mobilization and Reconversation" bestimmt. Die von Kriegs- und Marine-Einrichtungen erbeuteten oder angefertigten Informationen bezeichnete der Befehl mit dem Sammelbegriff „scientific informations". Sie sollten dem genannten Direktor in allen Stufen der Klassifikation zugänglich gemacht werden, verblieben jedoch grundsätzlich unter dem schon zitierten Vorbehalt der militärischen Sicherheit.

Ein weiterer Einblick in die Praxis: Am 5. März und am 4. Mai 1946 schlug FIAT (US) dem Hauptquartier der US-Airforce in Deutschland vor, die bereits genannte Liste von 1 000 deutschen Spezialisten und Technikern anzufertigen, die für die US-Airforce von Bedeutung seien.[64] FIAT (US) äußerte sich weiterhin zu Fragen, ob einzelne Wissenschaftler für die Aufnahme von Arbeit in England freigegeben würden. Zur Klärung wurden jeweils Befragungsteams – auch für Österreich und Italien – zusammengestellt, die die ausgewählten Personen entdecken, prüfen und ihnen mitteilen sollten, dass sie ihren Wohnort ohne Genehmigung der US-Militärregierung nicht verlassen dürften. Details zu diesen Personen, vor allem auch

---

62   Wilson diskutierte intern mit den Briten auch über die Probleme der Versorgung der Familien, deren Männer in das UK und die USA gebracht worden seien, mit extra Rationen und Versorgung mit Benzin. Ohne solche Regelungen würde es schwieriger, Wissenschaftler und Techniker unter Vertrag zu bekommen. Probleme tauchten auch auf, wenn Personen angedroht worden war, sie mit Gewalt abzuholen, so im Fall des Dr. Wilhelm Schneider, der in München lebte und als „exceptionally important expert on colour films" im US-Interesse unter Schutz gestellt werden sollte. Ein anderer wiederum, Dr. Wilhelm Voss, sollte wegen seines Wissens in der Atomforschung in „Dustbin" interniert werden.
63   Kopie in: NACP Record Group 260 FIAT Box 2 f 31.
64   Besprechung zwischen Lieutenant (Lt.) Bachmann vom Hauptquartier und Lt. Biermann von FIAT (US). NACP Record Group 260 FIAT Box 2 f 31. Nach einer Anfrage von FIAT (US) am 11. Jan. 1946.

ihr letzter Wohnort, sollten dem britischen Geheimdienst BIOS und dem Büro von FIAT Rear (GB) in London, dem „Ministry for Supply, Admirality" und dem „Ministry of Aircraft Production" übergeben werden.[65]

Was aber fiel nun unter den Begriff „scientific information"? Die weitere „Executive Order" 9604 vom 25. August 1945[66], die von Truman als weiteres Ergebnis nach der vom 17. Juli bis 2. August dauernden Potsdamer Konferenz erlassen wurde, ergänzte und erweiterte die Order 9568 zunächst um den Begriff „industrial information" und um relevante „Prozesse".[67] Die Order setzte um, was in den Potsdamer Beschlüssen für die Kontrolle der wirtschaftlichen und wissenschaftlichen Zukunft Deutschlands vorgesehen war.[68] Die Letztentscheidung über die Freigabe von Informationen übertrug die Order 9604 in der Sicherheitsfrage, wie schon erwähnt, nun dem „Secretary of War" oder dem „Secretary of Navy".

Als 1948 die oberste Zuständigkeit in Besatzungsfragen vom US-Kriegsministerium im Transfer an das US-Außenministerium in Washington überging, ergab sich implizit ein Ende dieser Periode der direkten Ausplünderung, identifizierbar und konkret durch das Ende von FIAT. Bis dahin legitimierten die genannten zwei Präsidentenbefehle die bis dahin im Weltmaßstab (auch Japan wurde diesen Befehlen unterworfen) umfangreichste Durchsicht und Aneignung nicht nur der kriegs- und rüstungswissenschaftlich bedeutenden Potentiale der kriegführenden Feinde. Die Kontrolle selbst der zivilen Produktion jedes Industriebereichs blieb der militärischen Kontrolle offen. Die Analyse wurde durch jeweilige Teams aus ausgesuchten Fachleuten in der Regel aus England oder den USA durchgeführt, deren Namen jeden Report begleiteten. Beurteilt wurde dabei auch die Aktualität des Identifizierten; auch, ob zur Zeit des Nationalsozialismus besondere Entwicklungen/Fortschritte usw. erfolgt waren.

---

65  In NACP Record Group 260 FIAT box2 f 31.
66  Kopie in: Ebd.
67  Ebd. Der erste Absatz: „The expression, ,enemy scientific and industrial information', as used herein, is defined to comprise all information concerning scientific, industrial and technological processes, inventions, methods, devices, improvements and advances heretofore or hereafter obtained by any department or agency of this Government in enemy countries regardless of is origin, or in liberated areas, if such information is of enemy origin or has been acquired or appropriated by the enemy".
68  Siehe dazu: „Mitteilung über die Dreimächtekonferenz von Berlin vom 2. August 1945: Amtsblatt des Kontrollrats in Deutschland, Ergänzungsblatt Nr. 1", 13-20, http://www.documentarchiv.de/in/1945/potsdamer-abkommen.html, eingesehen am 24.05.017.

Das Ergebnis dieser Inspektionen waren viele hunderttausende von Reports, Mikrofilmen von Dokumenten, Plänen und Informationen über „Erfindungen, Methoden, Gerätschaften, Verbesserungen und Fortschritte", verknüpft mit Informationen über beteiligte Personen und Firmen.[69] Einschätzungen über deren weitere Verwendung kamen hinzu. Regional betrafen die Untersuchungen Ziele („targets") in allen vier Besatzungszonen und in Österreich.[70] Besuche in der sowjetischen Zone[71] und umgekehrt scheinen nicht ausgeschlossen, aber selten gewesen zu sein.[72] Hinweise liegen auch vor für ein Interesse an der deutsch-französischen Kollaboration während des Krieges. In Österreich – so die Aktenlage – wurden der unsicheren Situation der sowjetischen Besatzung zufolge alle relevanten Berichte ohne Zwischenaufenthalt über die „Document Centers" in Wien, Linz, Salzburg etc. umgehend an FIAT (US) geschickt. Das beigefügte Faksimile einer Liste von Berichten (Abbildung 1) gibt Einblicke in die Vielfalt der Reports.

FIAT befasste sich seltener mit den Vorgängen in der Sowjetischen Zone. Am 17.Okt. 1945 verfasste Karl Olsen, Leutnant USNR, vom Industriezweig von FIAT Berlin beispielsweise einen Bericht über „The current movement of German Scientists into Russian territory" und informierte über die Professoren G. Hertz, M. Volmer, Dr. Riehl, Dr. Bewilogua, Baron von Ardenne, die Prof. P.A. Thiessen

---

69　Die Namen und Anschriften beteiligter Firmen waren im „Handbook on Germany" nach Ländern zusammengestellt worden und dienten der Übersicht und strategischen Planung. Übersicht über das „Documents Program" siehe Gimbel, *Science*, Kap. 4, 60-74. Hier finden sich größere Einrichtungen verfilmt mit: Leitz 198 000 Aufnahmen, Merck mit 4 000, Universität Düsseldorf 18 000, Degussa in Konstanz mit 14 000, IG-Farben in Höchst mit 311 000, Krupp in Essen mit 60 000, das Patentamt in Berlin mit 1 018 000 Aufnahmen, darunter 34 000 Patentanmeldungen und 140 000 schwebende Fälle aus Deutschland, Österreich, Italien, Japan.
70　Siehe den Bericht über einen Besuch des Chief Planning Office, FIAT, in Wien vom 19. August 1945. Mit Hinweisen auf Schwierigkeiten in allen Zonen dort zu arbeiten, auch in der britischen. Möglich sei dies in der US-Zone Österreichs und Wiens, diese Operationen, auch die wenigen in der britischen Zone, müssten bis 1. Oktober, dem Ende der Aneignungen in Österreich, beendet sein. In NACP Record Group 260 FIAT Box 1 f 15.
71　Es gibt z.B. einen Bericht über die Firma Schimmel and Co, Miltitz near Leipzig, untersucht von CIOS 1945. CIOS evaluation report 145. In TIB Sign. RR 3819 (12/380). Dort auch weitere reports, die über die jeweilige Körperschaft angezeigt werden. Unter dem Schlagwort „Intelligence Objectives" werden 1546 Einzeltitel von BIOS ausgewiesen, Sign. RR 3813 (BIOS), 3814 (FIAT), 3815 (CIOS), 3819 (CIOS), 4050 FIAT, 4102 (JIOA), 4199 (BIOS), 4237 (BIOS).
72　Freundlicher Hinweis vom sowjetischen Hochschuloffizier Pjotr I. Nikitin, der dem Autor über einen Besuch bei IG-Farben berichtete. Die Sowjets hatten 1946 vergleichbar installiert: „63 Vertretungen sowjetischer Ministerien und Behörden in 217 Konstruktions- und Wissenschaftlich-Technischen Büros, in denen 2036 sowjetische und 7997 deutsche Spezialisten (d.i. Wissenschaftler, Ingenieure) sowie weitere 7697 deutsche Angestellte tätig waren". In: Wladimier P. Koslow, Alexandr O. Tschubarian und Hartmut Weber, Hrsgb., *SMAD-Handbuch. Die Sowjetische Militäradministration in Deutschland* (München, 2009), 321.

und Dr. Timofeef-Ressovsky, Dr. Steenbeck, Dr. Mie. Die Liste sei keinesfalls vollständig. Neben anderen Gründen sei entscheidungswirksam, dass nur in der Russischen Zone deutsche Forscher ihre Arbeit fortsetzen könnten. So etwas gebe es in der US-Zone nicht. Der Biochemiker Prof. Otto Warburg, Mitglied der Kaiser-Wilhelm-Gesellschaft, beispielsweise, von der Verlagerung seines Instituts zurückgekehrt nach Berlin, so heißt es dort, werde das Angebot annehmen, ein Institut in der russisch kontrollierten Zone zu führen. Olsen zitiert dann weiter eine „Amtliche Bekanntmachung" aus Weimar, durch die sich Personen, die für die Luftfahrt, Luftwaffe usw. tätig waren, registrieren Akten nach einzuschätzen, kam es bei solchen Sachlagen durchaus zur Zusammenarbeit der in Berlin vertretenen Geheimdienste aller Waffengattungen, selten auch mit sowjetischen Diensten.[73] Solche Beispiele sind bislang überhaupt nicht aufgeklärt. Auch über die tatsächliche Höhe der Reparationen, zu denen die Ergebnisausbeute von FIAT hinzuzurechnen ist, gibt es nur grobe Orientierungen[74], vielleicht sogar nur Mythen. Jedenfalls sei es eine Mythe, dass die USA keine Reparationen von Deutschland bekommen hätten.[75]

Was darüber hinaus nicht zu erfassen ist, auch Gimbel vielfach im Dunkeln bleibt: Die unbeschriebene Menge *privater* Ausplünderung, da FIAT für die Genehmigung und die Betreuung von nichtmilitärischen *und* privaten Nachforschungen und Nachforschern zuständig war. Frühere Studenten in Deutschland, Emigranten und Offiziere, nun tätig in der Besatzung oder speziell dazu nach Deutschland gebracht, waren hierbei schon sprachlich im Vorteil, wenn sie bei Firmen z.B. eine Herausgabe gewünschter Unterlagen usw. erzwangen.

---

73  Als Übersicht über diesen hier nur anzudeutenden Themenbereich: Christoph Mick, *Forschen für Stalin. Deutsche Fachleute in der sowjetischen Rüstungsindustrie 1945-1958* (München, 2000). 1945.10.17 FIAT (US) Berlin Wiss. UdSSR. FIAT war demnach auch über die relevanten Ereignisse in der sowjetischen Besatzungszone informiert. Information durch Pjotr I. Nikitin in der SMAD. Über ihn siehe: „Pjotr Iwanowitsch Nikitin", https://de.wikipedia.org/wiki/Pjotr_Iwanowitsch_Nikitin, eingesehen am 12.05.2017.
74  Zum heutigen Stand der Diskussion in Russland dazu: „However, if we take into account that the material loss of the USSR, according to the data of the special committee, constituted 128 billion dollars, then the Soviet leader made a bad bargain. Perhaps the data of the Extraordinary state committee published in „Pravda" are a lie and 10 billion dollars was a sufficient amount to cover the real loss of the USSR in the war? We do not know the answer." Denis Babichenko, „Ruin in people's heads. The size of the economic loss that the USSR bore during World War II has been falsified. Translation of a revised and enlarged article by Denis Babichenko", published in the magazine „Itogi" (No. 18, 2013).
75  Gimbel, *Science*, 169.

472   German Lead, Copying and Coloured Pencil Manufacture, and Allied Industries. Reported by Mr. Frank P. Dorizzi, et.al. Appendix. 21 pp.

473   The Manufacture of Heavy Clay Products in Germany. Reported by G.N. Hodson, et.al. Illustrated. 62 pp.

474   German Wool-combing Industry and Wool-grease Extraction Processes. Reported by B.I.O.S. Team 1784. Illustrated. 57 pp.

476   Report on Investigation of German Industrial Research and Development with particular regard to the manufacture of heavy forgings, and large bombs, also general lay out of forge shops, etc....Reported by Wing Commander R.S. Bruce. Illustrated. Appendices. 89 pp.

479   Some Aspects of the German Peat Industry. Reported by R.H.S. Robertson and A.G. Clement. Illustrated. 21 pp.

480   German Spectacle Frame Industry. Reported by William T.R. Stenning, et.al. Illustrated. 19 pp.

482   German Reclaimed Rubber Industry. Reported by L.A. White, et.al. Illustrated. 28 pp.

484   The German Printing Industry. Reported by A. Kirk, et.al. Illustrated. Appendices. Various paginations.

485   German Filtration Industry. Reported by R.G. Allen, et.al. Appendix. 25 pp.

486   The Manufacture of Line Telecommunications Equipment in Germany. Reported by Mr. H.G.S. Peck and Mr. W.A. Atley. 37 pp.

487   German Wheel Manufacture (Agricultural All Steel Wheels and Pneumatic Steel Rims). Reported by Mr. E.R. Rowland and Mr. D. Dixon. 7 pp.

489   Chemische Fabrik Joh. A. Benckiser, G.m.b.H. Ladenburg Works. Manufacture of Calcium Citrate. Reported by C.J. Waller. Illustrated. 17 pp.

493   Certain Aspects of the German Fishing Industry. Reported by Mr. W.H. Myles, et.al. Illustrated. 72 pp.

495   Copper and Copper Base Alloy Tube Manufacture in Germany. Reported by D.A. Stewart. Illustrated. 52 pp.

496   Extraction of Copper and other Metals from Pyrites Cinder. Reported by S.I. Levy. 24 pp.

498   Wartime Development in the Design of Boilers and Combustion Equipment in Germany. October and November 1945. Mr. A. Franklin, et.al. Illustrated. 52 pp.

499   German Piston Manufacture. Reported by Mr. N. Brearley, et.al. Illustrated. 119 pp.

501   Rugged Valves and Mechanical Tests for Valves and Components. Reported by Lt.Cmdr. N.W. Robinson. "Errata" slip tipped-in at front. Illustrated. 20 pp.

504   Visit to Metallgesellschaft A.G. - Frankfurt a.M. Reported by S/Ldr. A.H. Waterfield. 13 pp.

505   Light Alloy Manufacture at Aluminiumwerke Goettingen G.m.b.H., Goettingen. Reported by Dr. W.L. Kent. 7 pp.

506   German Skate Industry. Reported by Philip B. Davidson. Appendices. 45 pp.

507   Dr. F. Raschig, G.m.b.H., Chemische Fabrik, Ludwigshafen. Coal Tar Distillation. Chlorinated Phenols. Phenol-Formaldehyde Resins. Synthetic Phenols. Reported by C.J. Waller. Illustrated. Appendices. 20 pp.

508   Fried. Krupp, Germaniawerft, Kiel. Water Brake Dynamometers. Reported by G.H. Walker on behalf of Admiralty. Illustrated. 11 pp.

509   Voith-Schneider Propeller. Reported by E.C. Goldsworthy. 5 pp.

510   Samples of Petroleum Products collected from the Hamburg, Hannover, Bremen and Kiel Areas. September 31st - October 29th 1945. Reported by Mr. J.G. Withers. Appendix. 38 pp.

511   Ruhr-Chemie A.G. Sterkrade Holten. Interrogation of Dr. O. Roelen at Wimbledon November 15th and December 20th 1945. Reported by J.G. Withers and H.L. West. 25 pp.

512   Schlafhorst Chemische Werke G.m.b.H., Hamburg, Germany. Lubricants. October 2nd-10th. Reported by W.H. Thomas and J.G. Withers. 15 pp.

513   Notes on the Organisation of the German Petroleum Industry during the War. October 1st-31st 1945. Reported by Major W.H. Thomas and Mr. J.G. Withers. Appendices. 14 pp.

514   German Textile Industry. Reported by H. Fisher, et.al. 65 pp.

**Abbildung 1:** Auszug als Beispiel aus der Liste von Philipp Reed (Bearb.), *Science and Technology in Germany During the 1930s and 1940s. A collection of 2873 items published in the British Intelligence Objectives Sub-Committee; the Combined intelligence Objectives Sub-Committee; die Field Information Agency, Tecchnical; and the Joint Intelligence Objectives Agency* (Als Ms. in der TIB Hannover).

Im Dezember 1946 wurde FIAT aus der Intelligence Division der Kontroll-Kommission herausgelöst und spätestens im August 1948 aufgelöst.[76] Wegen Schwierigkeiten, bis zu diesem Termin die restlichen Dokumente von BIOS zu bekommen, und aus Mangel bei der Reproduktions-Kapazität, auch von deutschen Mitarbeitern, konnte die Arbeit für restliche sechs Mitarbeiter noch nicht am vorgesehenen Termin des 30. Sept. 1947 beendet sein.[77]

Spätestens mit der Blockade von Berlin war die ohnehin spärliche und noch weiter zu erforschende Zusammenarbeit der drei Westalliierten mit den Sowjets beendet. Frei in London und in der Library of Congress in Washington D.C. käufliche Reports von FIAT konnten nach Entscheidung des US Handelsministeriums sogar durch die Sowjets erworben werden.[78] Ob die erbeuteten Unterlagen in England, den USA und anderen Ländern tatsächlich und in welchem Umfang in der jeweiligen Industrie einen neuen Anfang verschafften, wie es kürzlich für die Sowjetunion erstmals wissenschaftlich festgestellt wurde[79], kann für die USA, auch für England, nach wie vor nur über Einzelbeipiele belegt werden.

---

76  „Termination for F.I.A.T./B.I.O.S. activities" vom 5. Mai 1947 in NACP Record Group 260 FIAT Box 1 f 15.

77  Ein weiterer „offizieller" Termin der Auflösung von FIAT war bereits für den 30. Juni 1947 angekündigt.

78  Zu verweisen ist hier erneut auf die „PB Historical Collection" in der Abteilung „Technical Reports and Standards" der Library of Congress mit 150.000 „hardcopy and microfilm reports". „Many of the early reports were published only after they were declassified, and even then they had a limited distribution." http://www.loc.gov/rr/scitech/trs/trspb.html, eingesehen am 27.05.2017.

79  „In reality, – (the historian Mikhail, MH) Semiryaga writes, – reparation… served as an impetus to a technological progress in the Soviet industry. It is probably better to describe it as a breakthrough, which exceeded the breakthrough of the first three Stalin's five-year plans. The Soviet ministries and establishments sent 9332 specialists only to Germany. The specialists were to study the local scientific and technological achievements and then decide how to apply them in the Soviet Union. As a result the country experienced a second, completely unknown industrialization, at the account of the western economic potential. Within a short period of time the country had modern factories that produced nylon, synthetic silk, synthetic rubber, etc. Moreover, 96 powerful power stations, 976 thousand mobile power stations, 200 thousand electric motors and other equipment were brought to the USSR." Denis Babichenko, „Ruin in people's heads. The size of the economic loss that the USSR bore during World War II has been falsified. Translation of a revised and enlarged article by Denis Babichenko", published in the magazine „Itogi" (No. 18, 2013).

## 5.7    Ergebnisse der „exploitation" durch FIAT

John Gimbel hat in seinem Buch „Science Technology and Reparations: Exploitation and Plunder in Postwar Germany" erstmals mit vielen Beispielen und Details auf diesen gigantischen Komplex der Ausbeutung durch FIAT und andere Agenturen hingewiesen und den Wert, wie berichtet, auf fast 10 Milliarden US-Dollar geschätzt. Zum Vergleich: Der Umfang des Marshall-Plans betrug 1948-1952 13 Milliarden US-Dollar, von denen Deutschland 1,5 Milliarden Dollar ursprünglich als Darlehen erhielt.[80] Die russische Seite wollte sich anfangs mit 10 Milliarden Dollar Reparation zufriedengeben.[81] Die jüngeren Berechnungen gehen von geleisteten 14 Mrd. US-Dollar (Berechnung von 1993) aus.[82]

Um einen Begriff von den Dimensionen der interalliierten Ausbeutung der Westzonen durch diese Art von Aktivitäten zu bekommen – es kommen noch die von deutschen Wissenschaftlern geschriebenen Überblicke über den Forschungsstand vieler Disziplinen hinzu, worauf noch eingegangen wird –, seien einige weitere Sachverhalte, Daten und Hinweise angeführt:

Am 5. Juli 1945 gibt ein Befehl des Oberkommandos SHAEF, unterzeichnet von „Major-General" Strang, die Etablierung und Einbeziehung von FIAT in die Strukturen des Oberkommandos mit dem Bemerken wieder, dass FIAT eher als eine angebundene denn integrierte Einheit operieren werde. Die operative Verantwortung gehöre den stellvertretenden Militärgouverneuren.[83] FIAT war inzwischen in Frankfurt/Main in der Bürgerstr. 69-77, im 2. und 3. Stockwerk untergebracht; es wurde eine Expansion des Personals erwartet. Die Einheit dort umfasse 230 Personen, davon 72 Offiziere (34 US und 38 britisch), 137 Soldaten (82 US und 55 britisch) und 21 „Civilians" (17 US und 4 britisch). Die Gesamtverteilung von FIAT in der US-und Britischen Zone betrug 747 Personen, davon 150 Offiziere (81 US und 69 britisch), 415 Soldaten (260 US und 155 britisch), 132 Zivilangestellte im Offiziersrang (80 US und 52 britisch) und 50 Zivilangestellte im Rang von Soldaten (alle britisch). Im Vergleich dazu: vor Kriegsende und vor der

---

80  „Operation Overcast", http://de.wikipedia.org/wiki/Operation_Overcast#cite_note-5, eingesehen am 23.05.2017.

81  In einem Interview in Moskau mit dem stellv. Oberkommandierenden Konstantin.I. Koval fragte dieser den Autor, welchen Wert die amerikanischen Entnahmen gehabt hätten.

82  Lothar Baar und Rainer Karlsch, *Kriegsfolgen und Kriegslasten. Zerstörungen, Demontagen und Reparationen* (Berlin, 1993), 100. Als Überblick und Einstieg siehe: Christoph Mick, *Forschen für Stalin. Deutsche Fachleute in der sowjetischen Rüstungsindustrie 1945-1958* (München, 2000).

83  In NACP Record Group 260 FIAT Box 2 f 40.

Etablierung von FIAT gab es in den gesamten Streitkräften etwa 6 000 Mitglieder der „T-Forces".[84]

FIAT war strengen Regeln hinsichtlich der Weitergabe von Informationen an die anderen kriegführenden Mächte unterworfen. Alle Berichte mit einer Klassifizierung oberhalb der Auszeichnung „vertraulich" wurden als „limited access records" bezeichnet. Diese Bezeichnung galt z.B. für die „Royal Naval Reports and Records", die Reports über die Entwicklungen in der chemischen Kriegführung während des Krieges und die Berichte über die Atomforschung.

Als ein Hinweis über die große Menge der Reports können folgende Zahlen dienen: In der TIB Hannover sind aus einem früheren Kauf aus England 1 101 FIAT-Reports überliefert.[85] darunter 545 Reports des auswertenden Geheimdienstes BIOS[86] und 54 Bulletins von FIAT[87], beginnend 1941 und endend 1949. Ein gleichfalls in diesem Bestand überlieferter Übersichtskatalog der Berichte, die in London vom BIOS, dem CIOS, FIAT und der „Joint Intelligence Objectives Agency" (JOIA) veröffentlicht wurden, ergibt die Anzahl von 2873 Einheiten.[88] Von 1944 bis 1947 habe es etwa 12 000 Nachforschungen mit etlichen tausend Zielen und etwa 4 000 Abschlussberichte gegeben, 800 in der CIOS-Serie, 1300 in der FIAT-Serie. Die Briten hätten allein in ihrer Zone über 2 000 abschließende, Überblicks- oder vermischte Berichte unter der Leitung von JIOA herausgebracht. Etliche davon seien als vertraulich oder geheim eingestuft worden. Diese seien den Regeln nach einer Deklassifizierung eventuell später oder nie veröffentlicht worden.

Ein weiterer Hinweis für die Arbeitsmenge: Zum Umfang der Untersuchungen: in dem zitierten Dokument wird als Beispiel eine Zahl für die Zeit vom 1. Juli bis zum 29. Oktober 1946 genannt, allein für diese vier Monate ergeben sich für die US-Zone insgesamt 2 738 Ziele. Von diesen lagen 662 oder 24,2 Prozent im Umland von Frankfurt/Main (Wiesbaden, Bad Nauheim, Bad Homburg, Hanau, Offenbach, Griesheim und Darmstadt).[89]

---

84  In NACP Record Group 260 FIAT Box 2 f 40.
85  Unter der Signatur RR 4050.
86  Unter der Signatur RR 4237.
87  Unter der Signatur RR 3814.
88  Philip Reed, „Science and Technology in Germany during the 1930s and 1940s" (ohne Datum, Katalog, TIB Hannover Sign, T 95 B 2229), Vorwort.
89  NACP RG 260 FIAT Box 1, File 15.

Der Militärhistoriker Earl F. Ziemke berichtet[90] aus seinen Quellen der US-Be-
richterstattung offiziell nach einem Jahr Tätigkeit von 23 000 FIAT Reports und
von der Verschiffung von 108 Objekten und der Sammlung von Dokumenten im
Gewicht von 53 Tonnen. Ziemke berichtet weiter, dass die Projekte des militärischen Interesses weitgehend bis Ende 1945 abgearbeitet und anschließend das Vo-
lumen der zivilen Nachforschungen zugenommen habe. FIAT-Mikrofilm-Teams
hätten deutschlandweit gearbeitet. Das Frankfurter Büro habe sich diese Filme an-
geschaut, ediert und vor dem Transport in die USA übersetzt.

Weitere Details verdeutlichen die Arbeitsweise: Im August 1946 wurden allein für
Groß-Hessen 139 Ermittler von außen zugelassen; die Militärregierung „OM-
GUS-Greater-Hesse" möchte diese Zahl auf 100 pro Monat begrenzen.[91] Vom 29.
Juli bis zum 24. August 1946 wurden in der US-Zone insgesamt 33 Teams aus
Frankreich und 101 aus England mit 60 bzw. 101 Personen zugelassen.[92] Die Zahl
reduziere sich inzwischen, so der Bericht.

FIAT konnte zusätzliches Personal aus anderen Militärregierungsabteilungen be-
fristet einstellen, um den Personalmangel auszugleichen.[93] Ein Hinweis dazu: Am
14. Dez. 1946 forderte der FIAT (US) durch Colonel Ralph M. Osborne die Erhö-
hung der Fahrbereitschaft von 152 Fahrzeugen um 30 Prozent an. Den größten
Bedarf habe Karlsruhe. Über 20 Reisen müssten pro Woche aus Mangel an Trans-
portmöglichkeiten verweigert werden. Ermittler hätten bereits einige Tage zu warten und sich auf Ziele im Frankfurter Raum zu beschränken. Als Ermittler eingesetzte ältere Wissenschaftler und Ingenieure würden warme und komfortable
Fahrzeuge für die Reisen erwarten, die von zwei Wochen bis zu einem Monat
dauerten. Monatlich würden 275 000 Meilen gefahren. Eine Steigerung um 50 000
sei zu erwarten. Karlsruhe benötige auch eine Tankmöglichkeit.[94]

---

90  Earl F. Ziemke, *The U.S. Army in the Occupation of Germany 1944-1946* (Army Historical Series)
    (Washington D.C., Center of Military History United States Army, 1975), 316: „As the military
    intelligence projects were completed and phased out in late 1945 and early 1946, the volume of
    civilian investigations increased; FIAT microfilming teams ranged across Germany, and the
    Frankfurt office screened, edited, and translated reports before shipping them to the United States."
91  Andrew J. Dolyle, Lt. Col., Deputy Chief FIAT (US), am 4. Sept. 1946 an OMUS Economics
    Division Greater Hesse, in: NACP RG 260 FIAT Box 1 f 15.
92  Z.J. Billadeau, Captain, Aus, Chief, FIAT (US) Movements Section an Col. J.J. MacFarland,
    Chief, Operations Branch, FIAT (US), in NACP Record Group 260 FIAT Box 1 f 15.
93  Charles K. Gailey, Brigadier General, Acting Chief of Staff, OMGUS, Office of the Military
    Governor am 12. Sept. 1946 an die OMGUS Verwaltungen in der US-Zone. In NACP Record
    Group 260 FIAT Box 1 f 15.
94  In NACP Record Group 260 FIAT Box 1 f 23.

Hinweise gibt es, dass FIAT (US) die Zahl der Ermittler reduzierte, wenn eine Überzahl die laufende Produktion störte, so bei einer Gruppe von FIAT (GB) im Fall der IG-Farben, Mainkur, die von zwölf auf sechs reduziert wurde. Betreut wurden auch Ermittler mit umfangreichen Zielen aus „kleineren Nationen" wie Norwegen, Holland, Brasilien, China und der Tschechoslowakei.[95] Teams kamen beispielsweise im September 1946 auch von Firmen wie das ALCOA Team des großen US- Aluminium Herstellers.[96] Spezielle Ermittler, wie z.b. Dr. P.E. Duwez vom „California Institute of Technology", der auf Einzelanforderung der Nachschubabteilung des US-Kriegsministeriums nach Deutschland kam, wurden von Osborne privilegiert behandelt.

Gab es Probleme, einzelne Wissenschaftler bei ihrer Berichterstattung und bei der Materialbeschaffung zu unterstützen, organisierte FIAT (US) z.b. die Mikroverfilmung relevanter Bestände, so z.b. für Professor Eugen(?) Bracht, der seine Unterlagen des Instituts für Papierphysik nach Darmstadt gerettet hatte.[97] In einem anderen Fall, dem des Berliner Koreanisten Prof. Hermann Lautensach[98], verweigerte FIAT (US) dem Militärgeheimdienst G-2 seine Zuständigkeit und Mitwirkung; Koreanisten gehörten nicht in den Aufgabenbereich des Militärs. Im Fall von Professor Arthur March, Universität Innsbruck, wurde auf eine Anfrage der US-Forces Österreich, G-2, vom 10. März 1947 durch den Leiter der Wissenschaftsabteilung von FIAT (US) Matthew Miller festgestellt, dass dieser ein anerkannter theoretischer Physiker im Bereich der Quantentheorie sei. Das Gutachten dazu schrieb der Heidelberger Kernphysiker Walther Bothe handschriftlich mit

---

95  Siehe „List of investigators from smaller nations" vom 1. Nov. 1946, unterzeichnet von A.E. O'Flaherty, Lt. Col., Chief, Operation Branch FIAT (US), in NACP Record Group 260 FIAT Box 1 f 15.
96  Ralph M Osborne, Chief of FIAT (US) am 27. Sept. 1946 an War Department, in NACP Record Group 260 FIAT Box 1 f 15.
97  Neal D. Crane, Technical Section, FIAT (US) 19. Sept. 1946 an Operations Branch, in NACP Record Group 260 FIAT Box 1 f 15.
98  Hermann Lautensach veröffentlichte in Leipzig im Verlag Koehler 1945: *Korea. Eine Landeskunde auf Grund eigener Reisen und der Literatur* (= *Geographische Handbücher, 1*), 545. Vgl. Schreiben von F.J. Biermann Chief, Scientific Section vom 25. März 1947 an Matthew W. Miller, Chief, Scientific Branch, FIAT (US), in NACP Record Group 260 FIAT Box 1 f 25.

Bleistift.[99] Im Fall von Dr. Erich Stegelmann[100] fragte FIAT (US), Frankfurt, Matthew W. Miller, bei der US Air Force, Technical Intelligence, an und erhielt die Antwort, dass dieser zurzeit technische Fehler bei den Raketen „Rheintochter" und „Schmetterling" für „die Russen" suche.

Zentral war FIAT (US) im Projekt „Paperclip" an der Verlegung und späteren Einbürgerung deutscher Wissenschaftler in den USA[101] beteiligt. Im Fall von Dr. Rudolf Urtel wurde dieser zunächst als Spezialist für Dynatron-Oszillatoren und Sägezahnoszillatoren – 20 Jahre bei Telefunken in Berlin – identifiziert. Er wurde – wie viele andere aus der Elite des Nationalsozialismus[102] – im Lager „Dustbin" verhört, nach England evakuiert und kehrte Anfang Januar 1947 nach Deutschland zurück, um Arbeit in der Französischen Zone aufzunehmen. G-2 fragte am 2. Januar 1947 nach einem Interesse von FIAT (US) an. Man vereinbarte eine Zusammenarbeit. Auch andere Physiker wie der schon genannte Tübinger Prof. Heinz Verleger wandten sich mit allen Unterlagen (aus Gutachten von Emigranten war zu entnehmen: verheiratet mit einer Jüdin; „never been a Nazi") an FIAT (US) mit dem Ziel, eine Unterstützung für eine Auswanderung zu erhalten.[103] Jeder Fall wurde besonders behandelt. Allein die Paperclip-Action schuf wegen der Menge der Fälle Probleme.

Unter den vom US-Kriegsministerium im November 1946 aufgrund eines Befehls des Präsidenten Truman vom 13. Sept. 1946 mitgeteilten Listen von etwa 350

---

99  Siehe Übersicht bei Gimbel, *Science*, Kapitel 3, 38-59. Als ein Beispiel: „Betr. Arthur March, Quantentheorie der Wellenfelder und kleinste Länge. / A. March ist ein anerkannter theoretischer Physiker. Man kennt von ihm eine Reihe interessanter Arbeiten, in denen er sich um die Weiterentwicklung der Quantentheorie bemüht. In der vorliegenden Schrift werden seine Gedanken von der ‚klassischen' Quantenmechanik ausgehend, im Zusammenhang dargelegt./Bothe." In NACP Record Group 260 FIAT Box 1 f 25. Zusammen mit dem Physiker Zah-Weih Ho schrieb Bothe 1947 den FIAT Report 1132, 9: The single scattering and annihilation of fast positrons.
100 Erich Stegelmanns Dissertation von 1939: *Über die statistischen Stromschwankungen der Townsendentladung in Argon.*
101 Vgl. dazu als Übersicht mit Namensliste: „Operation Overcast", https://de.wikipedia.org/wiki/ Operation_Overcast, eingesehen am 21.05.2017.
102 Siehe: Control Commission (British) Major-General Intelligence, FIAT vom 2. August 1945: „Period State Report No. 12" detained at Dustbin at 1900 hours 1st. August, mit Personen „available for exploitation" aus der „Osenberg Party", „Speer-Ministry". „Telefunken Party", „IG-Farben Personnel", „Bacteriological Warfare Research", „Chemical Warfare-Research", „Industrialists", „Metallurgists", „German Signal Personnel". Weitere Listen vom 8. Aug., 9. Aug., 18. Dez., 21. Dez. 1945, in NACP Record Group 260 FIAT Box 1 f 26.
103 In NACP Record Group 260 FIAT Box 1 f 26.

(später auf etwa 1000 erhöht[104]) Wissenschaftlern und Technikern waren auch Mitarbeiter an den umfassenden und noch zu behandelnden FIAT-Reports zu einzelnen Wissenschaftszweigen aufgeführt, so dass man bei G-2 im Hauptquartier um einen verzögerten Transport ersuchte.[105] Darunter waren Heinz Meier-Leibnitz, Ulrich Henschke, Friedrich Hecht, der Mediziner N. Henning, der Physiker Georg Joos, der Biophysiker Dr. Mayer, Hanau, der Meteorologe R. Mayer, Göttingen, der Radiologe Hans Meyer, Marburg, der Physiker Herbert Meyer, München, und etliche andere.[106]

FIAT (US) antwortete auf Anfragen des in der US-Zone flächendeckend stationierten CIC beispielsweise auf eine Anfrage vom CIC, Region I, 970 Detachement, nach dem Verbleib von Handbüchern und Literatur eines in einer Liste unter der Bezeichnung D-7192 geführten Instituts für Physikalische Chemie: dieses Material solle einem der beschädigten akademischen Institute im Land Württemberg-Baden übergeben werden.

FIAT (US) beteiligte sich beim Wechsel von Wissenschaftlern in eine andere Zone oder in eine andere Position, so im Fall Dr. Paul Ehrlich, der aus Bolheim bei Heidenheim aus der US-Zone an die TH-Hannover gehen wollte. Er war Assistent bei dem Chemiker Prof. Wilhelm Klemm, der bei FIAT (US) an den umfangreichen „Reviews" mitarbeitete und sich wiederum für Ehrlich einsetzte.[107]

Ausdrücklich verneinte FIAT jede Immunität eines deutschen Ziels gegen eine Besichtigung. Jeder ordentlich von FIAT autorisierter Ermittler konnte bei der Mi-

---

104 Als ein Beispiel: FIAT, Scientific Branch, befürwortete am 23. Sept. 1946 die Emigration von Prof. Dr. H. Verleger, Tübingen: „... he seems a capable physisist concerned with atomic and molecular researches principally." Wäre er in der US-Zone beheimatet gewesen, hätte man ihn für die 1 000 Namenliste vorgeschlagen. NACP Rec Group 260 FIAT Box 1 f 26 Prof. Verleger.
105 In NACP Record Group 260 FIAT Box 1 f 25. Matthew W. Miller, Chief, Scientific Branch FIAT (US) am 7. Jan. 1947 an G-2 USFET.
106 Einige Listen in: NACP Record Group 260 FIAT Box 1 f 26. Auf den Ziellisten standen auch, als weitere Beispiele hier zitiert: Henkel, Friedrich, Chief Engineer, Kassel, Friedrichsroda, Wetterforschung, Elektronenmikroskope [Es seien 19 davon gebaut durch Siemens & Halske Berlin]. Hess, Heinrich, Friedrichsroda, RG 260 FIAT Box 1 File 5. Die Ziele auf den Listen waren nummeriert: siehe folgende Beispiele: D-287 Alexander Wacker, München; D-451 Kaiser-Wilhelm-Institut für Hirnforschung, München; D-87 Deckel (Maschinenbau) München, D-7192 Institut für physikalische Chemie (München?).
107 Siehe Schriftwechsel und Anfrage von Prof. Klemm vom 28. 10.1946 an M.W. Miller in NACP Record Group 260 FIAT Box 1 f 25.

litärregierung jede Unterstützung beim Herausholen von technischen Informationen verlangen, wenn diese zurückgehalten wurde.[108] Fiat musste Besuche sogar einschränken, vor allem bei einem der Hauptziele der Industrie: den IG-Farben.[109]

Die Akten von FIAT berichten über nicht autorisierte Untersuchungen: So fiel im Oktober 1946 ein Britisches Team auf, das keine Erlaubnis von FIAT (US) hatte, eine Firma in München zu untersuchen.[110] Der Stellvertreter von FIAT (US), Lt. Colonel Andrew J. Bowle, zitierte aufklärend den Paragraphen 3 der jeweiligen Besuchserlaubnis, dass vorgeschriebene Routen, wie sie in der Erlaubnis geschrieben seien, nicht verändert werden dürften, und verwies auf die Executive Order 9604.[111]

Es beschwerte sich im März 1947 der britische Universitätsoffizier der TH Aachen, dass amerikanische und französische Ermittler ohne entsprechende Erlaubnis verschiedene Arbeitsfelder untersucht hätten.[112] Er bat um ein vorher zuzuschickendes Dokument, das das Ausmaß und den Umfang der Untersuchung beschreibe, damit er diese entsprechend vorbereiten könne.

Die Akten spiegeln auch Fälle der Verweigerung durch die deutsche Seite: Dies führte zu schärferen Maßnahmen.[113] Konflikte gab es vielfältig. Ein Schreiben von

---

108 A. Vaughan Jones, Lt. Col., Technical Director, FIAT (Br.) 9. Okt. 1946 an Deputy Chief FIAT (US) in NACP Record Group 260 FIAT Box 1 f 15.

109 Am 27.08.1946: schrieb die Operational Branch FIAT to Control Branch FIAT, J.J.Macfarland, Lt. Col. FA, Chief Operations Branch: BIOS trips 2562 and 2351 umfassen 12 investigators to visit I.G. Farben, Mainkur, for the purpose of studying intermediates for sulpha dyes and the manufacture of sulpha dyes. MilGov „has informed this Agency that technical investigations must be at minimum because production is curtailed when large number of investigators are exploiting the plant." Daher clearance nur für sechs Personen. In NACP RG 260 FIAT Box 1 File 15.

110 „... The investigators had no authority and no clearance for investigation and interrogation of the subject plant but it appears that the contract attached was abrogated on declaration of war and that proper clearance would have enabled the team to obtain all and any information desired." [Notiz handschr.: „Basic concerned Sillig & Bruckmann Gesellschaft, Freundorfer GmbH, Munich, speciality Photographic Chemicals. // Desired to withheld information because of contract with U.S. Concern in 1933. British team was turned away." ] Ein weiteres Dok. ebd. erläutert die Bedingungen für den TRIP L 4556 as represented by pass No. 2659.] A.E. O'Flaherty, lt. Colonel Inf., Chief, Operation Branch, FIAT, USFET Main, APO 757, US-Army, 11.Oct. 1946 to: OMGUS Bavaria, Chief, Industry Branch. NACP RG 260 FIAT Box 1 File 15.

111 NACP Record Group 260 FIAT Box 1 f 15.

112 G. Baukham, Major, British Liason Officer, Karlsruhe, am 26. März 1947 an Operation Branch FIAT (US). In NACP Record Group 260 FIAT Box 1 f 15; „document stating the exact extent of their investigations to enable him to assemble the required material for the team as early as possible after the team's arrival".

113 Am 9.10.1946.: „A case of resistance to investigation by a German technician domiciled in the U.S. Zone has occurred that challenges the principles being followed by the occupying powers in

Samuel S. Graham, Lt. Col., Chief, Industry Branch, vom 24. Juni 1946 an den Hessischen Minister für Wirtschaft und Verkehr, Dr. E. Falz, stellte zu den Rechten der Ermittler, die deutsche Industrieanlagen besuchten, fest:

1) müssten sie überprüft und von FIAT mit einem Ausweis ausgestattet sein,

2) kein Ermittler habe das Recht, Originaldokumente zu evakuieren,

3) Duplikate könnten entnommen werden, wenn dieses im Ausweis gestattet sei,

4) kein Ermittler habe das Recht Ausrüstungen zu entfernen,

5) alle im Ausweis genannten Informationen sollten verfügbar gemacht werden.

6) die deutsche Firma brauche nicht für die Kosten der Vervielfältigung von Dokumenten aufzukommen, diese würden von der Militärregierung erstattet über das Formblatt 6 GR. FIAT könne auch Fotopersonal für die Vervielfältigungsarbeiten schicken.[114]

FIAT hatte zu tun, keine Frage. Eine Übersicht über die laufenden Aktivitäten gab der Bericht vom 26. Aug.1946: Für die Zeit vom 29. Juli bis 24. Aug. 1946 waren zugelassen: 33 französische Teams mit 60 Ermittlern, für Groß-Hessen 21 Teams mit 36 Ermittlern, für Württemberg-Baden: 14 Teams mit 31 Ermittlern, in Bayern arbeiteten13 Teams mit 30 Ermittlern. Britische Teams gab es 101 mit 181 Ermittlern, davon in Groß-Hessen 50 mit 96 Ermittlern, in Württemberg-Baden 50 mit 103 und in Bayern 42 mit 101 Ermittlern. Zitiert werden kann der Wunsch von

---

exploiting German industry. .... 3. Hitherto, whenever a German has refused information to British or American investigators, immediate assistance has normally been forthcoming from occupation authorities even to the extent of arresting and incarcerating the subject concerned. While it is not suggested that such steps are necessary in this case, it is unfortunate that the co-operation readily given by O.M.G.B. should have been countermanded from this Headquarters." [weitere Klärung ff.] In NACP RG 260 FIAT Box 1 File 15.

114 Osborne berichtet 27. Sept, 1946 über die Arbeit des ALCOA-teams aus der US Aluminiumindustrie: Ralph M. Osborne, Colonel, FA, Chief, FIAT (US) an Colonel S.B. Ritchie, Office of the Chief of Ordnance, mit der Bitte to „cut down trips to fifty (50) British and 50 French. Trends actual decreasing." Das War Department, Washington habe die Reise genehmigt für: Dr. Duwez, California Institute of Technology, und Dr. Chartres und Dr. Baeuwkes. Osborne erwarte die Ankunft. Es wird bestätigt: Das Alcoa Team ist vor einer Woche angekommen und ist sehr aktiv. Am 17. Sept.1946 kommt eine ergänzende Mitteilung aus War Department, dass Duwez nach Paris unterwegs ist, um an dem 6. Internationalen Kongress für angewandte Mechanik als Vertreter des Ordnance Office teilzunehmen. Ihn interessiere „sweat cooling and ceramics for application in jet propulsion developments". „Anything you can do to help him while he is in Europe will be greatly appreciated." In NACP RG 260 FIAT Box 1 File 15.

Col. Graham, angesichts des Trends des Zuwachses, diese Reisen auf fünfzig britische und fünfzig französische herunterzusetzen.[115] Deutlich wird durch diesen Bericht das zunehmende französische Interesse, sich an der Ausbeutung zu beteiligen.

## 5.8 FIAT und die Verlagerung der Ionosphärenforschung in die britische Zone

Aus einem Reisebericht des Leiters der Planungsabteilung von FIAT (US) in Berlin, Joseph S. Piram, vom 19. August 1946 nach Wien geht hervor, dass sich „G-2 USFA" (United States Forces in Austria) sehr ernste Gedanken mache, die „Plendl-Gruppe"[116] nach Deutschland oder woanders hin zu evakuieren. Dr. Josef Schintlmeister[117], der schon für die Russen arbeite, habe einen Versuch gemacht zur Kontaktaufnahme für diese Gruppe im Hinblick auf die Absicherung ihrer Arbeit in Russland.[118] Diese Angelegenheit werde zwischen G-2 USFET (United States Forces European Theatre) und Colonel MacFarland von der Operations-Branch von FIAT (US) diskutiert, so dass eine Entscheidung von Major Hough zu erwarten sei, wenn er in Frankfurt eintreffe.[119]

---

115 Z. J. Billadeau, Captain AUS, Chief, Movements Section an Lt. Colonel J.J. MacFarland, Chief Operation Branch, 6800 Field Information Agency, Technical, APO 757 NACP RG 260 FIAT Box 1 File 15.
116 W. Dieminger und Hans Plendl, *Fortlaufende Senkrechtlotungen der Ionosphäre auf 3670 kHz im Jahre 1938* (Berlin, 1939); Hans Plendl, *Über Ziele und Probleme mehrjähriger Ionosphärenforschung* (München, 1939); ders., *Probleme der Blindlandung* (München, 1939); ders., *Horizontale Strahlungskennlinien einer Kurzwellen-Richtantenne mit gespeistem Reflektor (= Bericht der Deutschen Versuchsanstalt für Luftfahrt, 212)* (Leipzig, 1931); ders., *Die Anwendung von kurzen Wellen im Verkehr mit Flugzeugen* (Leipzig, 1927). Siehe auch: Helmut Maier, *Forschung als Waffe. Rüstungsforschung in der Kaiser-Wilhelm-Gesellschaft und das Kaiser-Wilhelm-Institut für Metallforschung 1900–1945/48* (Bd. 2) (Göttingen, 2007), 1012.
117 Josef Schintlmeister war Strahlenforscher mit Polonium-Alpha-Strahlen und entwickelte die Elektronenröhre als physikalisches Messgerät. In der DDR war er beteiligt am Aufbau von Rossendorf, Zentralinstitut für Kernforschung, der Akademie der Wissenschaften der DDR. Ein Verzeichnis seiner Publikationen erschien 1970, darunter Veröffentlichungen über Kernenergiegewinnung.
118 Plendl wurde in die USA zum „Air Force Cambridge Research" gebracht, forschte dort nur noch in der Festkörperphysik.
119 Notiz vom 19. August 1946 von Joseph S. Piram, Lt. Col. CAC, Acting Chief, Planning Office FIAT (US), in NACP Record Group 260 FIAT Box 1 f 15.

Was war so bedeutend an dieser Gruppe? Johannes (Hans) Plendl, ein Physiker, hatte das Funknavigationsverfahren erfunden, das der Luftwaffe als „X-Verfahren" für den präzisen Bombenabwurf bei Angriffen auf England half. 1934 leitete er die Abteilung F (Funkforschung) der Deutschen Versuchsanstalt für Luftfahrt (DVL) in der Zweigstelle Rechlin. Göring ernannte ihn zum Bevollmächtigten für Hochfrequenzforschung.

Das Dokument einer Fernschreiber-Konferenz mit den Teilnehmern Major Weaver und Dr. Odarenko in Frankfurt und Captain Dustin und Mr. Beach in Washington vom 14. August 1946 legt offen, dass es um die Zukunft der Funkstation am Herzogstand in der Nähe von Kochel am See ging. Diese sollte in die USA evakuiert werden. Die Station war von der Lorenz AG für den Funkverkehr auf Längstwellen zum Fernen Osten konzipiert worden und diente der TH München zur Ionosphärenforschung.[120] Aufgehängt am 1735 m hohen Herzogstand hatte die erforderliche Antenne theoretisch eine Spannweite von 2,5 km bei einem Höhenunterschied vom 800 m. 1920 wurde das erste Stahlseil gespannt. Ein wichtiges Ergebnis war: „Abstrahlungsmessungen ergaben bei Wellenlängen von 12,6 km und 9,7 km im Vergleich zur Großfunkstelle Nauen die 1,3-fache Strahlung bzw. die 1,6-fache im Vergleich zum Überseesender Eilvese." Ihr weiteres Schicksal in Kurzfassung: „Nach Ende des Zweiten Weltkrieges wurde der Stationsbetrieb unter US-amerikanischer Aufsicht bis 1946 fortgesetzt, alle vorhandenen Registrierungen jedoch nach Amerika verbracht. Weil in der Besatzungs-Ära durch das Gesetz Nr. 25 Ionosphärenforschung verboten war, wurde der Betrieb untersagt, alle Anlagen abgebaut, die Betriebsgebäude abgerissen."[121]

Die „Teletype-Conference" vom 14. August 1946 vermittelt uns heute einen Zwischenstand der Diskussionen um die Zukunft der Funkstation. Diese ging von der französischen Marine aus, die die Arbeit der Station fortsetzen wollte. Zwei Marineoffiziere des US „Naval Attache Office" in Paris beteiligten sich als Gutachter über Status und Sofortpläne der Station. Man beschloss, dem Leiter der Marine-Operationen mit Kopie für den „Chief Signal Officer" (CSigO) per Telegramm eine Anfrage zur Klärung der Situation der Funkstation zu übermitteln. In Übereinstimmung mit der Anfrage des US-Kriegsministeriums vom 17. Dezember 1945 und der telegraphischen Zustimmung des Oberkommandos der US-Streitkräfte WCL 3564 erhielt FIAT (US) nun den Auftrag, die „Kochel-Ionospheric-

120 „Funkstation am Herzogstand", http://de.wikipedia.org/wiki/Funkstation_am_Herzogstand, eingesehen am 23.05.2017.
121 Ebd.

Station" für Forschungszwecke komplett vom „Ferdinand Braun Institut, Versuchsstation Herzogstand" bei Kochel, nahe Tölz, in die USA zu evakuieren. Dazu gab es die Begleitinformation, die komplette Ausrüstung und die Dokumente seien zum Depot des „Mannheim Signal Corps" zu transportieren, wo alles verpackt und beschriftet worden sei. Weiterhin habe FIAT (US) einen vollständigen technischen Bericht, den Abbau betreffend, angefertigt. Die Verpackungsliste sei inzwischen komplettiert. Diese Daten würden dem CSigO zugeschickt, wenn der Schifftransport beginne. Mitgeteilt wurde FIAT weiterhin das weitere Interesse der französischen Marine, ausgedrückt durch ein Schreiben des Vizeadmirals Lemonner an den „US Naval Attache" mit der Bitte, die Kochel-Station für weitere Forschungen von den Zerstörungen auszunehmen, die deutsche Militärinstallationen generell bedrohten.

Neu wurde vorgeschlagen, die Station in die Obhut der britischen Dienste zu übergeben, die bereits die weiteren Einrichtungen zur Erforschung der Ionosphäre aus Ried im Inntal in der Sowjetischen Zone in Österreich zum Nutzen der Alliierten Nationen nach Lindau in die britische Zone evakuiert hätten. Die Kochel Station sollte ihre Funkwellendokumente („sounding material") behalten, die Forschung fortsetzen und der „pool" der Einrichtungen unter US-Kontrolle gestellt werden.[122] Darüber hinaus wurde FIAT informiert, dass die ursprüngliche Aktion in dieser Sache ausgegangen sei von Sir Edward Victor Appleton[123] vom „British National Physical Laboratory". Dieser habe sich bei den Franzosen dafür eingesetzt, die Forschungen wiederaufzunehmen und alles an die entsprechende britische Einrichtung zu übergeben.

Der hier weiter ausgewertete Teletype Report berichtete über etliche Zwischenstadien und Überlegungen in England und in den USA über die Fortsetzung der Kochel-Ionosphäre-Forschungen auch im Kontext der nun französischen Station im Schauinsland, die jedoch mit Sonnen-Physik befasst sei. Eine weitere Stellungnahme von FIAT ging auf die zunächst betriebene Verlängerung der Forschungen nach der Kapitulation ein und darauf, dass die erhobenen Messdaten mehrere Monate an das „British Interservices Ionospheric Bureau", an das „Joint Communications Board Washington" und an das „Signal Corps, Technical Representatives"

---

122 Ebd. Teletype report. In NACP Record Group 260 FIAT Box 1 f 16ff.
123 Appleton war von 1939 bis 1949 Minister („secretary") des „Department of Scientific and Industrial Research". Geadelt 1941, bekam er 1947 den Nobelpreis für Physik für seine Forschungen der Ionosphäre. Die dabei verwendete Technik führte u.a. auch zur Entwicklung des Radars.

geliefert worden seien. Beide hätten inzwischen entschieden, dass diese Lieferungen nicht mehr erforderlich seien. FIAT (US) evakuierte die Station gemäß der Nachricht WCL 3554 des „Joint Chiefs of Staff" vom 23. April.1946.

Am 23. Juli 1946 bestätigte der Kommandeur der Naval-Administration in Europa („COMNAVEU ADMIN" USFET) FIAT, dass britische, französische und amerikanische Einrichtungen an der weiteren Arbeit dieser Ionosphären-Forschung interessiert seien. Am selben Tag, dem 23. Juli, gab auch die Londoner US-Marine-Verwaltung die Empfehlung, die Arbeit fortzusetzen. Es schien noch eine kleine Unstimmigkeit über die Herkunft der Einrichtung zu geben, ob sie von Phillips in Holland gebaut worden sei oder nicht. FIAT antwortete und bestätigte, dass die Evakuierung durchgeführt werde, und bot ein Treffen in Frankfurt zur Klärung an. Über den bereits erwähnten Transport der Einrichtungen zur Erforschung der Ionosphäre aus Ried im Inntal in der Sowjetischen Zone in Österreich im Februar 1946 nach Lindau berichtete der britische Forschungskontrolloffizier Bertie K. Blount dem Autor, dass er dazu die gesamte Transportkapazität des Militärs in der britischen Zone zusammengezogen habe.[124] Die Bedeutung von Prof. Walter Dieminger dabei ist gut erforscht. Das Institut ist inzwischen als MPI für Sonnensystemforschung nach Göttingen verlegt worden.[125]

## 5.9 Professor Bothe und die FIAT-Reviews

Am 17. April 1946 berichtete Colonel Ralph M. Osborne, Chief, FIAT (US)[126] an das US-Hauptquartier in Berlin, dass FIAT bemüht sei, einen „prominenten" deutschen Wissenschaftler zu finden, um Fünfjahresberichte über die verschiedenen Forschungsfelder während der Kriegszeit zu schreiben, die dann der US-Wissenschaft zur Verfügung stünden.[127]

---

124 In einem Gespräch mit dem Autor. Zur weiteren Entwicklung siehe die leider in Bezug auf die Tätigkeit der Briten unvollständigen Erinnerungen: Peter Czechowsky und Rüdiger Rüster, Hrsg., *60 Jahre Forschung in Lindau. Vom Fraunhofer-Institut zum Max-Planck-Institut für Sonnenforschung. Eine Sammlung von Erinnerungen*, hg. von Peter Czechowsky und Rüdiger Rüster (Katlenburg-Lindau, 2007).
125 Siehe mit weiteren Details: ebd.
126 An: AC of S, G-2, Headquarters, US-Forces, European Theater.
127 „… to prepare a five-year review of the activities in the various scientific fields with the idea that such information will, upon completion, be forwarded to US Science. This plan is a result of numerous discussions with US, British, and German scientists and appears to be only satisfactory means of securing a complete review on the scientific publications and work performed during the war years in Germany." Ebd.

Als wissenschaftlichen Berater für Physik gewann Osborne den Heidelberger Professor Walter Bothe, den späteren Nobelpreisträger für Physik von 1954, der einen Vorschlag für die Gebiete und deren Autoren gemacht habe. Da sein Vorschlag Themen zur Kernphysik enthalte, sei eine vorherige Klärung mit der Londoner Vertretung des US-Manhatten Atom-Projekts in London erforderlich, um unerwünschte Gebiete auszuschließen: „It is requested that such clearance be obtained for the attached list, or that this agency be informed as to which subjects should not be reviewed."[128] Osborne gewann in der Folge weitere Spitzenwissenschaftler zur Planung eines in seiner Dimension gleichfalls noch nie vorgekommenen Projekts. Vorgeschlagene Autoren in einer Übersicht zur Darstellung der Richtungen in der Physik waren eigentlich alle im Fach bekannte Namen, wie aus Abbildung 2 ersichtlich wird.

FIAT organisierte auf vergleichbarer Weise *zusätzlich* zu den Tausenden kleiner Berichte nahezu etwa 100 von den kompetentesten deutschen Wissenschaftlern der Zeit geschriebene Bände mit Darstellungen und Zusammenfassungen zumeist zu den Entwicklungen der deutschen Naturwissenschaften während des Zeit des Nationalsozialismus.

Diese Bände der „FIAT Review of German science 1939-1946 / publ. by Office of Military Government for Germany, Field Information Agencies, Technical, British, French US" wurden in Wiesbaden bei Dieterich, 1946-1948 gedruckt.

## 5.10  Weiterführende Fragen

Die aus Deutschland durch FIAT aus Industrie und Wissenschaft erschlossenen und durch Veröffentlichungen „herausgeholten" Informationen waren schon allein durch ihre Menge furchteinflößend. Wie denn solche Informationsmassen verwertet wurden, kann nur durch ein Projekt in der Art einer Großforschung erschlossen werden. Fragen stellen sich gleichfalls im Hinblick auf die langfristigen Wirkungen. Der spätere Kauf einer übersichtlichen Teilmenge von einer englischen Bibliothek durch die Technische Informationsbibliothek (TIB) in Hannover[129] gibt

---

128 Ebd.
129 Die TIB Hannover verfügt über einen 2873 Titel umfassenden Katalog der von den Diensten BIOS, CIOS, FIAT und JIOA angelegten Borschüren, bearb. von Philip Reed, Imperial War Museum. Sign.: T 95 B 2229. Weiterhin existiert mit 523 Seiten „The JIOA subject index of scientific and technical reports", Sign.: PB 98 192 (HC)

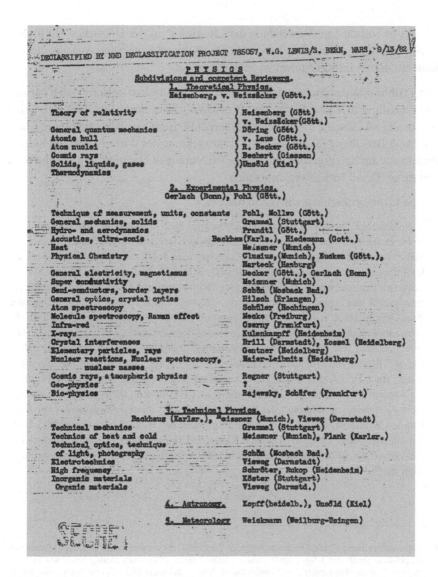

**PHYSICS**
Subdivisions and competent Reviewers.
1. Theoretical Physics.
Heisenberg, v. Weizsäcker (Gött.)

| | |
|---|---|
| Theory of relativity | ) Heisenberg (Gött) |
| | ) v. Weizsäcker (Gött.) |
| General quantum mechanics | ) Döring (Gött) |
| Atomic hull | ) v. Laue (Gött.) |
| Atom nuclei | ) R. Becker (Gött.) |
| Cosmic rays | ) Beohert (Giessen) |
| Solids, liquids, gases | ) Unsöld (Kiel) |
| Thermodynamics | ) |

2. Experimental Physics.
Gerlach (Bonn), Pohl (Gött.)

| | |
|---|---|
| Technique of measurement, units, constants | Pohl, Mollwo (Gött.) |
| General mechanics, solids | Grammel (Stuttgart) |
| Hydro- and aerodynamics | Prandtl (Gött.) |
| Acoustics, ultra-sonic | Backhaus (Karls.), Hiedemann (Gott.) |
| Heat | Meissner (Munich) |
| Physical Chemistry | Clusius, (Munich), Eucken (Gött.), |
| | Harteck (Hamburg) |
| General electricity, magnetismus | Becker (Gött.), Gerlach (Bonn) |
| Super conductivity | Meissner (Munich) |
| Semi-conductors, border layers | Schön (Mosback Bad.) |
| General optics, crystal optics | Hilsch (Erlangen) |
| Atom spectroscopy | Schüler (Hechingen) |
| Molecule spectroscopy, Raman effect | Mecke (Freiburg) |
| Infra-red | Czerny (Frankfurt) |
| X-rays | Kulenkampff (Heidenheim) |
| Crystal interferences | Brill (Darmstadt), Kossel (Heidelberg) |
| Elementary particles, rays | Gentner (Heidelberg) |
| Nuclear reactions, Nuclear spectroscopy, | Maier-Leibnitz (Heidelberg) |
| nuclear masses | |
| Cosmic rays, atmospheric physics | Regner (Stuttgart) |
| Geo-physics | ? |
| Bio-physics | Rajewsky, Schäfer (Frankfurt) |

3. Technical Physics.
Backhaus (Karls.), Meissner (Munich), Vieweg (Darmstadt)

| | |
|---|---|
| Technical mechanics | Grammel (Stuttgart) |
| Technics of heat and cold | Meissner (Munich), Plank (Karlsr.) |
| Technical optics, technique | |
| of light, photography | Schön (Mosbach Bad.) |
| Electrotechnics | Vieweg (Darmstadt) |
| High frequency | Schröter, Rukop (Heidenheim) |
| Inorganic materials | Köster (Stuttgart) |
| Organic materials | Vieweg (Darmstd.) |

4. Astronomy. Kopff (heidelb.), Unsöld (Kiel)

5. Meteorology Weickmann (Weilburg-Usingen)

**Abbildung 2:** Liste vorgeschlagener Autoren zur Darstellung der Richtungen in der Physik

wie das unvollständige Verzeichnis der „Reviews" in der Deutschen Bibliothek keine Antworten. Es scheint, dass es in Deutschland kaum eine Auseinandersetzung mit diesen Informationsmengen gegeben hat.

In der Bibliothek des Archivs der Max-Planck-Gesellschaft in Berlin stieß der Autor erstmalig auf etliche Bände der „Reviews". Aber auch dort fand sich keine vollständige Auflistung dieser Serie. Hatten diese Berichte andererseits eine wahrnehmbare Bedeutung für die Nachkriegsentwicklung der Wirtschaft in den Siegerländern der am Kriegsgeschehen beteiligten Vereinten Nationen und welche etwa können im Detail nachgewiesen werden?

Für die Luftfahrtfoschung wird dazu berichtet:

> Viele deutsche Entwicklungen sollten schon kurz nach dem Zweiten Weltkrieg Einzug in die Luftfahrt halten – sozusagen als „kostenlose Beigabe" an die Siegermächte. Der Stellenwert der LFA Braunschweig-Völkenrode wird durch mehrere Aussagen deutlich. Im Rahmen der „*Operation Lusty*" (**Lu**ftwaffe **S**ecret **T**echnology) untersuchten alliierte Einheiten deutsche Luftfahrt-Forschungseinrichtungen im Hinblick auf verwertbare Ergebnisse für ihre eigene Luftfahrtindustrie. Colonel *Donald L. Putt*, Assistant Commanding Officer des *Allied Technical Information Service* und später maßgeblich an der „*Operation Paperclip*" beteiligt, war „*erstaunt*", als er „*realisierte, mitten in der hervorragendsten und großzügigsten Forschungseinrichtung zu sein, die jemals erbaut wurde*". Er hielt die Prüfstände und Messinstrumente für „*extravagant und überwältigend*". Auch Dr. *Clark Millikan*, Aerodynamiker und Windkanal-Spezialist des *California Institute of Technology* (Caltech), hielt die LFA für die „*wichtigste deutsche Luftfahrt-Forschungseinrichtung*", die Schießkanäle für die „*hochentwickeltesten der Welt*" und den Windkanal A3 für „*den leistungsstärksten der Welt*". Major General Leslie E. Simon, ehemaliger Leiter des Ballistic Research Laboratory der US Army, siedelte den Stellenwert der LFA – zumindest im Bereich der Waffenforschung – dagegen weniger hoch an.[130]

---

130 Ein weiteres Beispiel für die Ausnutzung des Potentials, die zu dem ersten strahlgetrieben Pfeilflügel-Bomber in den USA führte: „Boeing hatte bereits 1943 einen strahlgetriebenen Bomber geplant, konnte aber verschiedene Probleme im Windkanal nicht befriedigend lösen. Das änderte sich nun sehr rasch: Als der Boeing-Aerodynamiker George Schairer kurz nach Kriegsende die LFA besuchte und dort die Windkanal-Daten der Pfeilflügler sah, berichtete er sofort nach Seattle. Als Ergebnis vollendete Boeing bereits im September 1945 das Design der ersten B-47 mit Pfeilflügeln, am 17.12.1947 hatte die erste XB-47 - nun mit um 35° angewinkelten Tragflächen - ihren erfolgreichen Jungfernflug." Michael Grube, „Luftfahrtforschungsanstalt Hermann Göring, Braunschweig Völkenrode", https://www.geschichtsspuren.de/artikel/luftfahrt-luftwaffe/98-luftfahrtforschungsanstalt-braunschweig.html, eingesehen am 27.05.2017.

Hervorzuheben ist als weiteres Beispiel, dass die USA auf der Basis Reports den National Technical Information Service (NTIS) des US Wirtschaftsministeriums und der Library of Congress begründeten, seit 1964 als elektronische Datenbank nutzbar.[131] Finden sich vergleichbare Entwicklungen auch in der Sowjetunion? Würden sich in den Informationszentren, die dort ab 1952 entwickelt wurden (VINITI[132], INION u.a.), Auswirkungen der Überlieferungen von FIAT-Aktivitäten finden? Amtorg, die Sowjetische Einkauf Agentur in den USA, war der größte Einkäufer von Schriften bei Kosten von etwa 10 Mio. Dollar.[133] Oder dienten die Berichte wesentlich im Berija-Komplex einer ersten Abschätzung innovativer Bereiche der Rüstungsforschung?

Ein Beispiel, das in diese Richtung weist, ist in den USA das Air Documents Research Center (ADRC), dessen erste Aufgabe, in London angesiedelt, war, sich an den Sammlungen der Berichte und deutscher Dokumente zu beteiligen. Mit drei Perspektiven begann dies Arbeit: was könnte dem Krieg im Pazifik dienen, was könnte das aktuelle Wissen der US und der britischen Streitkräfte ergänzen und was lag schließlich im Interesse der nachfolgenden Forschung? Verlegt an den US Luftwaffenstützpunkt Wright Field in Dayton, Ohio, wurden die Aufgaben von ADRC 1948 durch die Ministerien für Luftfahrt und Marine als „Central Air Documents Office" (CADO) neu bestimmt. Heute benannt als „Technical Information Agency" (DTIC) gilt diese Einrichtung als eine zentrale Ressource für die

---

131 Das Department of Commerce unter Secretary W. Averall Harriman gab im Oktober 1847 eine von O. Willard Holloway und Oliver B. Isaac zusammengestellte Broschüre mit dem Titel „Classified List of OTS Printed Reports" mit dem Untertitel: „A List of Reports on German and Japanese Technology, Prepared by American Investigators Which are Available in Printed Form from the Office of Technical Services" heraus. Die Liste war zusätzlich nach Herkunft aus den beteiligten Diensten und Hauptthemen erschlossen. Das Exemplar der Library of Congress liegt dem Autor vor.

132 „By 2002, VINITI became a team of highly skilled professionals processing more than one million scientific publications annually. It is the largest on-line data bank in Russia, which contains more than 25 million documents, The database contains the Abstract Journal which is distributed, subscribed to, and read by scientists in sixty countries, with more than 330 titles of publications, which cover all fields of basic and applied sciences. In 2002, VINITI is noted for having more than 240 databases on science and technology, economics, and medicine. In addition it has powerful retrieval systems, and a wide range of services." Aus: „VINITI", https://en.wikipedia.org/wiki/VINITI, eingesehen am 23.05.2017.

133 Gimbel, *Science*, S. 134f.

„government-funded scientific, technical, engineering and business related information" für die „Document Defense" (DoD) community. 2008 startete
„DoDTechipedia", ein Wiki für technische Information.[134]

Es lassen sich auf der Anhand der Quellenmenge noch weiterzuführenden Forschung zu FIAT viele weitere Forschungsfragen stellen. In diesem Artikel wurde
aus der US-Perspektive berichtet, die englische in den Akten im Rublic Record
Office ist zu ergänzen. Hinzu gehören bezogen auf die innovatorischen Wirkungen
der Ausbeutung deutscher Technologie in den Siegerländern die gelungenen und
die misslungenen Umsetzungs- und Nutzungsprozesse. Hatte sogar die deutsche
(auch die österreichische) Seite etwas davon, dass ganz Deutschland (einschließlich der russischen Zone) insgesamt als Potential der militärischen Kriegsführung
unter dem Aspekt der Friedenssicherung durchleuchtet wurde? Wie verhielten sich
die betroffenen Firmen, ihre Wissenschaftler und Techniker? Werden durch die
Aufarbeitung dieses Wissensberges die Umstellungsprozesse (Reconversion) von
Industrie und Wissenschaft nach den Zeiten der Kriegsbedingungen und Kriegs-
wirkungen besser abschätzbar? Gab es einen wirksamen Zusammenhang zwischen dem Gesetz Nr. 25 zur Kontrolle der Wirtschaft und Forschung[135] und den
aufholenden Nachentwicklungen in den verbotenen Wirtschafts- und Forschungs-
bereichen? Gab es eine dazu reagierende Wirtschaftspolitik wie sie Gimbel bereits
identifiziert hat. Haben sich solche und die oft geheim weitergeführten Kontrollen
als *wirksam* zur langfristigen Reduzierung des deutschen Militär-Rüstungskom-
plexes erwiesen? Haben und wie konkret diese Strukturveränderungen im deutschen Wiederaufbau in Ost und West Anteil an den inneren Verschiebungen von
Wissens- und Technologiebereichen der Wirtschaft[136] hin zur Welt des Konsums?
Blieb die DDR (wie bei Zeiss als Beispiel) dabei im Griff der Sowjetunion? Bildet
ein solcher Hintergrund die Grundlage für die „long-range industrial policy" der

---

134 https://en.wikipedia.org/wiki/Defense_Technical_Information_Center#cite_note-History-3, eingesehen am 23.05.2017.
135 Manfred Heinemann, „Überwachung und ‚Inventur' der deutschen Forschung. Das Kon-
trollratsgesetz Nr. 25 und die alliierte Forschungskontrolle im Bereich der Kaiser Wilhelm- und
Max-Planck-Gesellschaft (KWG/MPG) 1945–1955", in *Politischer Systemumbruch als irreversi-
bler Faktor von Modernisierung in der Wissenschaft?* (= *Schriftenreihe der Gesellschaft für
Deutschlandforschung, Bd. 76.*) hg. von Lothar Mertens (Berlin, 2001), 167–199. Vgl. hierzu in-
fomativ die Artikel von Judt u.a.in dem Sammelwerk: Matthias Judt und Cisela Burghard, Hrsg.,
*Technology transfer out of Germany* (*Studies in the history of science, technology and medicine*)
(Amsterdam/London, 1996).
136 Vgl. Werner Abelshauser, *Wirtschaft in Westdeutschland 1945- 1948. Rekonstruktion und
Wachstumsbedingungen in der amerikanischen und britischen Zone* (München, 2010).

alliierten Geheimdienste, mit Wirkungen bis in die Gegenwart?[137] Gab es dazu nach 1954, als behinderndes Besatzungsrecht reduziert wurde, eine Wiederaufholjagd in den Bereichen erzwungener Rückständigkeit, wie z.b. der Atomforschung, dem Schiffbau, der Automobilmotorenforschung?

Nur ein Sonderforschungsbereich könnte diese und weitere Fragen vertiefend unter Nutzung der dazu gehörenden Überlieferungen empirisch aufklären und damit die Gründungsgeschichte der Bundesrepublik wie auch die der DDR mit neuen Ergebnissen bereichern.

---

137 Siehe dazu ergebnisreich: Josef Foschepoth, *Überwachtes Deutschland. Post und Telefonüberwachung in der alten Bundesrepublik* (4. durchg. Aufl.) (Göttingen, 2014).

# 6 Laser als Waffen?
# Framing im Wissenstransfer[1]

*Martin Fechner*

## 6.1 Einleitung

Der Beitrag untersucht mit einer kommunikationstheoretischen Analyse am Beispiel der Äußerungen von Wissenschaftlern, wie diese in der Öffentlichkeit im Sinne einer militärischen Nutzung interpretiert werden können. Wenn sich Physik als Wissenschaft auf Werte wie Forschungsfreiheit und die Bedeutung des Erkenntnisgewinns beruft, besitzt sie damit ein vollkommen anderes Selbstverständnis als etwa das Militär, bei welchem klare Hierarchien und Vorbereitung auf den Krieg für Freiheit und ungebundene Forschung wenig Raum lassen. Ein Zusammentreffen solcher unterschiedlicher Teilbereiche der Gesellschaft eröffnet ein ambivalentes Wechselspiel der Interessen und Kulturen, in welchem Kooperationen nicht nur aus Gründen der auftretenden Interessenkonflikte Schwierigkeiten mit sich bringen. Vor allem die Kommunikation selbst, die als Bindeglied zwischen den Bereichen Wissenschaft, Öffentlichkeit und Militär fungiert, bedarf einer genaueren Betrachtung, um erfolgreiche Argumentationsmuster und Möglichkeiten von Missverständnissen aufdecken zu können. In diesem Artikel soll daher anhand eines prominenten Beispiels betrachtet werden, wie sorgfältig diese Form der Kommunikation behandelt werden muss, damit sie erfolgreich sein kann. Dabei werden insbesondere die Darstellung von neuem Wissen und die Veränderungen je nach Präsentationskontext in den Blick genommen.

---

1 Die hier behandelten Themen sind in der Dissertation des Autors ausführlicher mit Hinblick auf allgemeine Mechanismen in der wissenschaftlichen Kommunikation behandelt worden (Martin Fechner, *Kommunikation von Wissenschaft in der Neuzeit: Vom Labor in die Öffentlichkeit* (= MPIWG Preprint Series 477) (Berlin, 2016)). Für diesen Artikel wurden sie neu geordnet und überarbeitet.

## 6.2   Methodik

Die Kommunikationsforschung listet die Schwierigkeiten auf, die das Zustandekommen von erfolgreichen Kommunikationsprozessen behindern. So bleiben,
selbst wenn Ausgangspartner und Zielpartner miteinander in Kontakt getreten sind
und auf ein gemeinsames Sprachreservoir (bzw. Sprachregister) zurückgreifen[2],
immer noch eine Reihe von Unwägbarkeiten, die zu Missverständnissen führen
können.[3] Eine Verbesserung kann durch die Möglichkeit des Rollentauschs erzielt
werden, wenn also der Rezipient die Möglichkeit besitzt aktiv zu werden, Fragen
zu stellen und eigene Vorstellungen in den Austausch einzubringen.[4] Deutliche
Auswirkungen auf die Wahrnehmung einer Botschaft hat aber auch der Kontext,
mit welchem die Inhalte präsentiert werden, da der Botschaft erst mit der Kontextualisierung eine Bedeutung verliehen wird.[5] Diesen Ansatz greift die Forschung
unter dem Begriff *Framing* auf und geht davon aus, dass sich durch unterschiedliche Einbettungen eines Kommunikationsprozesses auch dessen Beurteilung
durch den Rezipienten verändert.[6]

Im Folgenden sollen Sprachressourcen, Motive und Kontextualisierung als Ursa-
che von Missverständnissen und Deutungsveränderungen in wissenschaftlichen
Beiträgen gegenüber unterschiedlichen Publika aufgedeckt werden. Neben ergän-
zenden Betrachtungen wird dazu beispielhaft die Rede von Theodor Maiman analysiert, in welcher er den Bau des ersten funktionstüchtigen Lasers vor der Presse
bekannt gegeben hat.

---

2   Klaus Beck, *Kommunikationswissenschaft* (Konsstanz, 2007), 126-130. Ernest W. B. Hess-Lüt-
    tich, „Fachsprachen als Register", in *Fachsprachen. Ein internationales Handbuch zur Fachspra-
    chenforschung und Terminologiewissenschaft,* 1. Halbband, hg. von Dieter Hoffmann, Hartwig
    Kalverkämper und Herbert Ernst Wiegand (Berlin, New York, 1998), 208-218.
3   Thomas Hermann und Andrea Kienle, „Kontextberücksichtigung als Kernaufgabe der Wissens-
    kommunikation", in *Wissenskommunikation in Organisationen. Methoden – Instrumente – Theo-
    rien,* hg. von Rüdiger Reinhardt und Martin J. Eppler (Berlin, Heidelberg, 2004), 50-68, hier 52-
    60. Beck, *Kommunikationswissenschaft,* 42-44.
4   Beck, *Kommunikationswissenschaft,* 126-130.
5   Martin J. Eppler und Rüdiger Reinhardt, „Zur Einführung: Das Konzept der Wissenskommunika-
    tion", in *Wissenskommunikation in Organisationen. Methoden – Instrumente – Theorien,* hg. von
    Rüdiger Reinhardt und Martin J. Eppler (Berlin, Heidelberg, 2004), 1-12, hier 1f.
6   Hans-Bernd Brosius, „Agenda Setting und Framing als Konzepte der Wirkungsforschung", in *Die
    Aktualität der Anfänge. 40 Jahre Publizistikwissenschaft an der Johannes-Gutenberg-Universität
    Mainz,* hg. von Jürgen Wilke (Köln, 2005), 125-143, hier 136. Beck, *Kommunikationswissen-
    schaft,* 193.

## 6.3   Die Präsentation des Lasers

Im Jahr 1960 wurde von Theodor Maiman der erste funktionstüchtige Laser gebaut und kurz darauf in einer Pressekonferenz präsentiert.[7] In der Folge entfaltete das neue Instrument eine große Breitenwirkung, so konnten rasch weitere Erfolge in der Laserforschung vermeldet werden und das neue Forschungsfeld wuchs schnell.[8] Weiterhin beeinflusste das Werkzeug auch die Industrie – so wurden etwa Laserschweißer und Laserbohrer entwickelt oder Laserskalpelle im Bereich der Medizin. Doch noch bevor der Laser schließlich zu einem vielfältigen Werkzeug in der Industrie wurde und durch CD-Player oder Kassenscanner das Alltagsleben der Menschen berührte, wurde dem neuen Instrument ein großes Potential zugeschrieben. Unter Wissenschaftlern wurden dabei vor allem die neuen Möglichkeiten für die Forschung betont, gleichzeitig regten sie aber auch die Phantasie des Militärs an, um sich bessere Forschungsmöglichkeiten zu verschaffen. Damit wirkte sich der Laser auch auf den kulturellen Bereich aus, indem er zu Vorstellungen von Laserwaffen oder Laserschwertern anregte.

Nachdem es einen Wettlauf auf die Herstellung des Lasers gegeben hatte, war es Maiman und seinem Team im Frühjahr 1960 gelungen erste Lasing-Aktivitäten zu beobachten.[9] Da er und sein Arbeitgeber im Wettlauf um die Anerkennung ihres Erfolgs unter hohem Druck standen, wollten sie die Publikation ihres schon eingereichten Artikels nicht abwarten und entschieden sich eine Pressekonferenz abzuhalten.

In den Tagen nach der Pressekonferenz vom 7. Juli 1960 in New York erschienen in den Zeitungen Meldungen und Artikel zum Laser. Während einige Zeitungen sich dem Thema durchaus sachlich näherten, waren andere an beeindruckenden Schlagzeilen interessiert. So erschien etwa auf der Titelseite der New York Times ein sachlicher Bericht, der Los Angeles Herald titelte dagegen mit der Schlagzeile

---

7   Ernst Peter Fischer, *Laser. Eine deutsche Erfolgsgeschichte von Einstein bis heute* (München, 2010), 80f. Theodore H. Maiman, *Speech by Dr. Theodore H. Maiman, Hughes Aircraft Company, at a Press Conference at the Hotel Delmonico* (New York, 1960).

8   Fischer, *Laser*. Joan Lisa Bromberg, *The Laser in America, 1950-1970* (Cambridge (MA), London, 1991).

9   Jeff Hecht, *Beam. The race to make the laser* (New York, 2005), 171-182. Charles H. Townes, *How the laser happened. Adventures of a scientist* (New York, 1999), 104. Fischer, *Laser*, 79-81.

*L. A. man discovers science fiction death ray.*[10] Auch in der Folgezeit wurde der Laser immer wieder mit Strahlenwaffen in Verbindung gebracht.[11]

Die Wissenschaftler stritten später ab, dass sie solche Phantasien befördert hätten und hielten dies für ein Missverständnis,[12] welches bei genauerer Betrachtung der Sachlage jedoch nicht bestätigt werden kann. Denn die Forschergruppen wurden oftmals durch das Militär gefördert und besaßen daher durchaus das Interesse sich der Unterstützung ihrer Geldgeber zu versichern. Auch wenn die Forscher es selbst für unwahrscheinlich hielten, wurde gegenüber dem Militär als mögliche Anwendung auch das militärische Potential des Lasers genannt, noch bevor der erste Laser gebaut worden war.[13] Damit traf die Pressekonferenz bereits auf eine von der Physik und dem Militär vorbereitete Erwartung, der sie gerecht werden musste.

## 6.4 Analyse der Reden Maimans

Bei der folgenden Betrachtung werden drei Argumente hinsichtlich des Zusammenhangs von Darstellungsform, Publikum und Motivation überprüft. Das erste Argument betrifft die Perspektive und das Verständnis. Bei der Vorstellung des Lasers vor der Presse am 7. Juli 1960[14] wurde auf eine Vielzahl von Analogien zurückgegriffen. Grund dafür war wohl der Versuch den dargestellten Gegenstand auch für ein fachfremdes Publikum verständlich zu machen und gleichzeitig Aufmerksamkeit zu erhalten. Doch gerade diese Analogien haben die später auftauchenden Missverständnisse befördert. Das zweite Argument betrifft die Abhängigkeit von Präsentation und Kontext. Denn die Darstellung eines wissenschaftlichen Gegenstands hängt sehr davon ab, in welchem Kontext er präsentiert wird. Im Vergleich mit einer späteren Rede Maimans wird deutlich, wie die subjektive Motivation des Sprechers zur Beliebigkeit der Darstellung eines als objektiv deklarierten Gegenstandes führen kann. Schließlich wird an Lehrbüchern aus

---

10  Hecht, *Beam*, 192f.
11  Bromberg, *The Laser in America*, 154f. Helmuth Albrecht, „Die Anfänge der Militärischen Laserforschung und Lasertechnik in der Bundesrepublik Deutschland im Zeitalter des Kalten Krieges", in *NTM Zeitschrift für Geschichte der Wissenschaften, Technik und Medizin* 22 (2014): 235-275, hier 240.
12  Townes, *How the laser happened*, 105. Hecht, *Beam*, 224.
13  Gordon Gould, „Interview with Mr. Gordon Gould by Joan Bromberg in his home, Great Falls, Virginia on October 23, 1983" in Niels Bohr Library & Archives, American Institute of Physics, College Park (MD), www.aip.org/history-programs/niels-bohr-library/oral-histories/4641-2, eingesehen am 03.07.2016.
14  Maiman, *Speech by Dr. Theodore H. Maiman*.

dem 19. Jahrhundert gezeigt, dass eine solche Beliebigkeit keine neue Entwicklung ist und die Aufnahme neuen Wissens auch die Darstellung bisherigen Wissens beeinflusst, indem diese nicht nur erweitert, sondern auch wieder einge-
schränkt wird. Eine große Relevanz für den Eindruck, der letztlich beim
Rezipienten entsteht, spielt hierbei die genaue Ausdrucksweise.

Werden nun die Darstellung und die Ausdrucksweise von Maimans Rede auf der
Pressekonferenz unter Auslassung der fachspezifischen Passagen aus der Perspektive eines Reporters, der mit der Forschung nicht vertraut war, betrachtet, so führen die dort benutzten Analogien zu einem konsistenten Bild. Von einem Wissenschaftler lässt sich dabei durchaus annehmen, dass er seine Worte mit Bedacht
wählt und er damit insbesondere bei einer Pressekonferenz besonderen Eindruck
erzielen möchte.

So gibt Maiman zunächst eine allgemeine Beschreibung des Laser mit den Worten
„We have described the laser as an ‚atomic radio-light'" und weiter „the laser is a
source of very high ‚effective' or equivalent temperature higher than at the center
of the sun or stars even at their hottest centers"[15]. Maiman greift damit zunächst
die populären Begriffe „atomic" und „radio" seiner Zeit auf und kombiniert diese
mit dem Begriff „light", um den Laser zu beschreiben.

Die Formulierung lässt sich nur fachwissenschaftlich aus Abgrenzung gegenüber
dem bereits 1953 gebauten Maser verstehen. Trotz des physikalisch gleichen
Grundprinzips wurden beim Laser anders als beim Maser „Lichtstrahlen" mit „atomarer" Anregung erzeugt. Ohne genaue Kenntnis der damaligen Fachdebatte, die
Maiman nur kurz erwähnt, ist die Beschreibung des Lasers als „atomic radio-light"
zwar sehr effektvoll, bleibt aber unverständlich. Auch mit der Verbreitung des Lasers im Alltag durch Geräte wie Laserpointer oder Laserscanner lässt ein „atomic
radio-light" nicht als erstes an einen Laser denken.

Durch den Gebrauch dieser Begriffe wurde der Laser mit einem Rahmen, einem
Frame, versehen, das aus schon verbreiteten Themen bestand. „Strahlen" etwa
wurden im Zusammenhang mit Radio-Strahlen oder Radar-Strahlen gebraucht.
„Atom" dagegen wurde nicht nur allein mit wissenschaftlichen Themen benutzt,
spätestens seit der Atombombe hatte der Begriff auch in die Alltagskultur Einzug
gehalten. Beide Begriffe besaßen daher auch eine militärische Konnotation. Man

15  Ebd., 5f.

kann davon ausgehen, dass eine Verbindung mit diesen Themen durchaus im Interesse der Forscher war, da diese vom Militär unterstützt wurden.

## 6.5  Abhängigkeit von Präsentation und Kontext

Wie sehr die Darstellung von Wissenschaft von persönlichen Umständen abhängt,
wird deutlich, wenn man eine zweite Rede Maimans heranzieht. So bekam Maiman fast dreißig Jahre nach der Pressekonferenz den Japan-Preis im Jahr 1987 für
die Entwicklung des Lasers verliehen und sprach in dieser Rede[16] nicht nur von
den bisherigen Erfolgen des Lasers, sondern seine Darstellung zu den Anfängen
des Lasers wich in wesentlichen Punkten gegenüber der Darstellung von 1960 ab,
wodurch sich die persönliche Rolle Maimans vollkommen neu darstellte. Dies
liegt vor allem an den Ereignissen der Zwischenzeit und seiner veränderten persönlichen Situation.

Maiman betrieb seine Forschung relativ unabhängig an der Westküste der USA,
während die Forscher an der Ostküste einen regen Austausch pflegten. Gerade
deswegen waren die übrigen Forscher – insbesondere von den gut ausgestatteten
Bell Laboratories – von Maimans Erfolg überrascht und es fiel ihnen schwer, Maiman die ihm zustehende Anerkennung zuzugestehen.[17] Maiman wiederum hoffte
durch seinen Erfolg stärker in das bestehende Netzwerk eingebunden zu werden
und richtete seine Rede in jener Richtung aus. So erwähnte er in der Pressekonferenz von 1960 die übrigen Forscher namentlich und betonte ihre Verdienste. Wegen der wissenschaftsinternen Konkurrenzkämpfe, bei denen es schließlich auch
um Nobelpreise ging, gab es jedoch einen starken Hang zur Abgrenzung. Selbst
als der Ruhm verteilt war, blieben die persönlichen Motive bei der Erzählung der
Geschichte des Lasers dominant.

Schon 1960 bei der Vorstellung des Lasers baute Maiman auf eine effektvolle
Präsentation, indem er den Laser als einen langersehnten Durchbruch in der Forschung darstellte: „We are here today to announce to you that man has succeeded
in achieving a goal that scientists have sought for many years"[18] und „For the first
time in scientific history we have achieved true amplification of light waves"[19].

---

16  Theodore H. Maiman, „The Laser: Its Origin, Application and Future", in *Japan Prize* 3 (1987),
    11-17.
17  Hecht, *Beam*, 198-204.
18  Maiman, *Speech by Dr. Theodore H. Maiman*, 1.
19  Ebd., 2.

Dabei verband er auch die Bedeutsamkeit des neuen Instruments mit der gezielten Forschung durch seinen Arbeitgeber, den er explizit nannte, während er auf die Erwähnung seiner eigenen Rolle verzichtete. Der Laser wurde im Geist der damaligen politischen Lage als Resultat der Überlegenheit des amerikanischen Forschungssystems dargestellt: „But I think it is well to say here that achievement of the laser at Hughes marks the culmination by American industrial research of efforts by teams of scientists in many of the world's leading laboratories"[20].

Im Gegensatz zu dieser Darstellung besaß Maiman 1987 bei der Preisverleihung eine andere Zielsetzung, bei der er seine eigene Leistung und seinen eigenen Anteil an der Erfindung hervorhob. Statt von einer Unterstützung seines ehemaligen Arbeitgebers sprach er dort davon, dass er durch diesen und die übrigen Experten auf diesem Forschungsgebiet, die er namentlich nicht nennt, behindert worden sei. In dieser Version der Geschichte war er vor allem deshalb erfolgreich, weil er einen starken Willen und eine große Überzeugung gehabt habe: „Nevertheless, I was so highly motivated by what I was doing I insisted on proceeding with my project, despite growing criticism of the laboratory in which I worked and admired experts in the field"[21]. Indem er bei der Preisverleihung 1987 am Ende seiner Rede absichtlich untertrieb und den Laser „a simple invention" nannte, unterstrich er seine eigene Rolle als Erfinder dieses Instrumentes. Gleichzeitig dramatisierte er seine Erzählung durch die Bezeichnung des Lasers als „a valuable servant for the future of mankind"[22].

Schließlich war es ihm wichtig am Ende der Preisrede festzustellen, dass er selbst den ersten Laser gebaut hatte. Er betonte dabei besonders seine im Experiment gelungene Generierung eines roten Lichtstrahls, welche von den Forschern der Bell Laboratories bezweifelt worden war, was die Anerkennung seiner Forschung erschwert hatte.[23] Er wollte 27 Jahre nach dem Bau des ersten Lasers keinen Zweifel mehr daran lassen, wer diesen zuerst gebaut hätte: „On May 16, 1960 I was able to generate the first coherent light in the form of a burst of deep red light from a small ruby crystal"[24].

Denn in der Zwischenzeit hatten vor allem andere Forscher Preise und Würdigungen für den Laser erhalten, insbesondere Townes und Schawlow, die mit einem

20  Ebd., 1f.
21  Maiman, *The Laser*, 16.
22  Ebd., 17.
23  Ebd., 16. Townes, *How the laser happened*, 104f.
24  Maiman, *The Laser*, 16.

Artikel von 1958 die theoretischen Grundlagen zum Laser erforscht hatten. Da Maimans Rolle in der Laserforschung später angegriffen worden war, hielt er es in seiner Rede auf der Preisverleihung nicht für nötig die Namen der Forscher zu erwähnen. Im Gegenteil stellte er sie seinerseits in ein schlechtes Licht, indem er ihnen Fehler vorhielt, welche die Forschung behindert hätten: „This paper [from 1958] discussed several possible approaches to making a laser and made a specific proposal. The proposal stimulated several scientists and thus increased the heat of competition – but unfortunatly it didn't work"[25].

In seinen Ausführungen erschien es nun so, als ob es auf diesem Gebiet schon einige Forschung und einen starken Wettbewerb gegeben habe. Denn er habe mit dem Maser gearbeitet und „like many other scientists at the time"[26] habe ihn die Idee, kohärentes Licht zu erzeugen, neugierig gemacht. Nur gegen den Widerstand der übrigen Experten und seines eigenen Arbeitgebers und wegen seiner Hartnäckigkeit habe er seine Experimente fortführen können, seine eigene systematische Forschungstätigkeit hätte aber schließlich zum Erfolg geführt: „At the industrial laboratory where I was employed, my project was not popular and I received little support. [...] A leading expert in the field had publicly stated that my approach would lead to a technical dead end"[27].

Ganz anders war seine Darstellung auf der Pressekonferenz 1960, als er noch auf schnelle Anerkennung hoffen durfte und Kontakt zu den übrigen Wissenschaftlern suchte. So nannte er dort explizit die späteren Nobelpreisträger Schawlow und Townes, wenn er von Townes als dem Erfinder des Masers sprach und die beiden als Autoren des wichtigen Artikels von 1958 zum Auslöser für die Suche nach dem Laser machte: „[...] this basic principle [of Townes' maser] could be used to generate and amplify energy at much higher frequencies perhaps up into the optical region. This was further elucidated by Dr. A. L. Schawlow of Bell Telephone Laboratories and Professor Townes in a paper published in the latter part of 1958"[28]. Maiman versuchte mit der Vorstellung seines Lasers bei den Forschern Anerkennung zu finden und gleichzeitig gegenüber der Presse für das neue Gerät zu werben und Interesse zu wecken.

25  Ebd., 16.
26  Ebd., 16.
27  Ebd., 16.
28  Maiman, *Speech by Dr. Theodore Maiman*, 5.

Den Eindruck eines mächtigen Lasers, den Maiman hierfür auf der Pressekonferenz mit den Worten „the laser is a source of very high ‚effective' or equivalent temperature higher than at the center of the sun or stars even at their hottest centers"[29] erweckt, wird in seiner Rede durch die weiteren Analogien weiter verstärkt. Wenn die „effektive" Temperatur des Lasers mit dem Inneren von Sternen verglichen wird, so ist dies zwar durchaus richtig. Wird aber der unverständliche Teil „effektiv" weggelassen, muss einem der Laser als sehr energievolles Werkzeug erscheinen. Im weiteren wird diese Vorstellung auch noch ausgebaut, so heißt es: „A Hollywood klieg light theoretically would have to reach a temperature of several billions of degrees (to vie with the laser on this score) – a purely hypothetical example since the lamp's materials would disintegrate if such heat could be achieved"[30].

Bei der Vorstellung des Lasers im Sommer 1960 belässt es Maiman aber nicht dabei, den Laser als sehr kraftvoll zu beschreiben, er nennt auch explizit Anwendungen, die damit möglich würden: „When energy is concentrated in such small areas, as it could be using a laser, its intensity is very great and it therefore could generate intense local heat. This suggest the possibilities of many uses [...]. Perhaps individual parts of bacteria, small plants and particles could be vaporized"[31]. Folge der benutzten Analogien und der beschriebenen Anwendungen musste also die Vorstellung eines sehr potenten Geräts sein. Mitten im Kalten Krieg nach Sputnik-Schock und Kubakrise besaßen wissenschaftliche Fortschritte und neue Waffensysteme einen hohen Nachrichtenwert.

Die an der Laserentwicklung beteiligten Akteure besaßen vielfältige Verflechtungen untereinander und ihre Forschungen wurden nicht unwesentlich durch das Militär gefördert. Townes war mit vielen Wissenschaftlern bekannt und hatte durch seine Positionen an der Columbia-University, als Berater an den Bell Laboraties und seine Tätigkeiten für die US-Regierung und das US-Militär eine Schlüsselstellung mit Macht und Einfluss inne.[32] Auf dem neuen Gebiet zu forschen, ohne dass Townes davon erfuhr erschien unmöglich. So konnte er auch lange nicht glauben, dass der Promotionsstudent Gordon Gould unabhängig von ihm auf die Idee des Lasers gekommen war.[33] Gleichzeitig war es aber auch der Wissensaustausch

---

29  Ebd., 6.
30  Ebd., 6.
31  Ebd., 8.
32  Townes, *How the laser happened*. Fischer, *Laser*, 59.
33  Townes, *How the laser happened*, 120f.

mit Gould an der Universität, der Townes darin bestärkte, weitere Forschungen in Richtung Laser zu unternehmen.[34]

Gould, der später einen jahrelangen Gerichtstreit für die Patentrechte des Lasers führte, hatte mit seinem Arbeitgeber TRG vom US-Militär eine große Menge Geld zur Konstruktion eines Lasers erhalten.[35] In diesem Antrag wurde gerade auch der militärische Nutzen betont.[36] Das US-Militär spielte auch eine aktive Rolle, als es sich an Townes, auf den der erste Maser zurückgeht, mit der Bitte wandte, zu prüfen, ob sich das Maser-Prinzip nicht auch auf den optischen Bereich ausdehnen ließe. Der Bitte kam Townes mit seinen Überlegungen zum *optical maser* in Zusammenarbeit mit seinem Schwager und Kollegen Schawlow nach.[37] Nach der Publikation ihres gemeinsamen Artikels im Jahr 1958 organisierte er ein Jahr später auf Anregung des US-Militärs, für welches er über viele Jahre als Berater tätig war, auch eine Tagung hierzu, welche der sich etablierenden Forschung zum Laser einen entscheidenden Impuls gab.[38] Auch Maimans Arbeitgeber Hughes Research Laboratories bekam einen Teil seiner Forschungsgelder vom Militär.[39]

Nach der bisher geschilderten Beschreibung von Maiman in der Pressekonferenz, lässt sich ein Laser sogar zum Verdampfen von Objekten einsetzen. Doch wie sieht nun dieses mächtige Instrument aus? Während der Pressekonferenz ließ Maiman den Laser selbst als Anschauungsobjekt im Publikum herumgehen. Aus der Rede selbst geht dazu hervor: „It's size might be described as similar to that of a glass tumbler"[40]. Es ist demnach ein sehr handliches Gerät, an anderer Stelle heißt es: „The laser is not hot but is a ‚cool' source in the ordinary sence of the word and therefore does not burn up"[41]. Demnach ließe es sich bei Betrieb sogar anfassen. Es wird also die Vorstellung eines mächtigen Strahleninstrumentes hergestellt, das sich in der Hand halten lässt. Schließlich ergibt sich mit Maimans Beschreibung „Because light waves, in principle could be produced a million times more monochromatic, or single hued, as those from a mercury or neon lamp,

34  Nick Taylor, *Laser. The Inventor, the Nobel Laureate, and the Thirty-Year Patent War* (New York, 1999), 61. Jeff Hecht, „Short History of laser development", in *Optical Engineering* 49(9) (2010): 1-23, hier 2. Bromberg, *The Laser in America, 1950-1970*, 69.
35  Fischer, *Laser*, 64. Townes, *How the laser happened*, 122.
36  Gould, „Interview with Mr. Gordon Gould by Joan Bromberg in his home".
37  Bromberg, *The laser in America, 1950-1970*, 43. Townes, *How the laser happened*, 93-99.
38  Ebd., 100. Hecht, *Beam*, 101.
39  Bromberg, *The laser in America, 1950-1970*, 125-128.
40  Maiman, *Speecch by Dr. Theodore H. Maiman*, 1.
41  Ebd., 6.

lasers could generate the purest colors known"[42] die Vorstellung, dass das emittierte Licht den Neonlampen ähnelt und anders als übliche Scheinwerfer einen parallelen Lichtstrahl aussendet: „Another important property of a laser [...] is that it radiates an almost perfectly parallel beam"[43].

Mit dem Vergleich, ein Laser würde einem mehrere Milliarden heißen „Hollywood klieg light" entsprechen, wird eine Verbindung zu den in Hollywood benutzten Scheinwerfern geschaffen, die auch durch die Erleuchtung der Nachthimmel bekannt waren. Der Laser bekommt damit eine neue Attribuierung, die für Maiman naheliegen mochte, da er selbst in Los Angeles forschte. Insbesondere aber für die Reporter, die auf der Pressekonferenz an der Ostküste anwesend waren, konnte dieser Umstand zu weiteren Vorstellungen anregen. Was lag näher, als diese Instrumente auch mit anderen in Hollywood benutzen Geräten, insbesondere in den Filmen, in Verbindung zu bringen.

## 6.6  Abhängigkeit von Ausdrucksform und Wirkung

Doch die Wissenschaft arbeitet nicht nur mit Analogien oder Vergleichen, um gegenüber einem Laienpublikum aufzutreten. Auch wenn neue Forschungen in die Wissenschaft eingeführt werden und sich ihre Vermittlung didaktischen Grundsätzen unterordnen muss, können sich die Beschreibungen bedeutend ändern, ohne dass dies angemerkt wird. Hierbei handelt es sich aber nicht um ein Phänomen, welches nur beim Laser auftrat oder wenn eine spezialisierte Fachwissenschaft auf ein mehr oder weniger kompetentes Publikum traf, wie es im geschilderten Beispiel der Fall war. Bereits für das 19. Jahrhundert lassen sich ähnliche Beobachtungen anstellen.

Etwa hundert Jahre vor der Entdeckung des Lasers wurde auf dem Gebiet der Optik ein Durchbruch mit der Entwicklung der Spektralanalyse erzielt.[44] Damit wurde erstmals systematisch bewiesen, dass Elemente aufgrund ihrer optischen Spektren identifiziert werden können; weiterhin wurden auch mit der Einführung

---

42  Ebd., 6f.
43  Ebd., 7.
44  Klaus Danzer, *Robert W. Bunsen und Gustav R. Kirchhofff. Die Beründer der Spektralanalyse* (Leipzig, 1972). Jochen Hemning, *Der Spektralapparat Kirchhoffs und Bunsens* (Berlin, München, 2003). Christe Jungnickel und Russell McCormmach, *Intellectual Mastery of Nature. Theoretical Physics from Ohm to Einstein. Bd. I: The Torch of Mathematics 1800-1870* (Chicago, London, 1986), 298-302.

des Schwarzen Körpers die Fraunhofer Strahlen erklärt.[45] Die Schwarzkörperstrahlung und der Aufbau der Atomspektren wurden später zu eigenen physikalischen Forschungsgebieten, die erst mit dem Aufkommen der Quantentheorie wieder mit einer einheitlichen Theorie ausgestattet werden konnten. In der Folge
wurden nicht nur die neuen Erkenntnisse in die wissenschaftliche Beschreibung
von Lehrbüchern aufgenommen, sondern es kam auch zu weitreichenden Veränderungen in der Darstellung der bisherigen Behauptungen.

Im Rahmen der von Bunsen und Kirchhoff 1859 vorgestellten Spektralanalyse
wurde in den Lehrbüchern besonders der Liniencharakter der Spektren betont. Damit änderte sich auch die Darstellung von Spektren. Das bis dahin verbreitete Verfahren von heller und dunkler verlaufenden Spektren wurde aufgegeben zugunsten
einer Linien kontrastierenden Drucktechnik. Obwohl sich der Anblick der Spektren selbst nicht geändert hatte, wurde also die Darstellung der „Messungen" an
die nun vorherrschende Theorie angepasst, um eine bessere Übereinstimmung
zwischen Theorie und „Praxis" zu erhalten.

So geben die Veränderungen in Müllers Lehrbuch der Physik und Meteorologie
von der 5. Auflage von 1856 bis zur 7. Auflage von 1868 Aufschluss über solche
didaktischen Anpassungen. Während es etwa zunächst zum Flammenspektrum
von Kochsalz noch hieß, es zeige „außerordentlich hellen, schmalen und ziemlich
scharf begränzten gelben Streifen" und „alle übrigen Farben des Spectrums sind
fast vollständig verschwunden und nur im Blau und Grün zeigt sich noch ein
schwacher Lichtschimmer"[46], waren in der 6. Auflage alle übrigen Farben nicht
mehr nur „fast", sondern „vollständig verschwunden"[47] und in der 7. Auflage war
aus dem „ziemlich scharf begränzten gelben" Streifen ein „scharf begrenzter gel-
ber"[48] Streifen geworden. Ergänzt wurde dies ab der 6. Auflage mit der Beschreibung, die Flammenspektren würden „aus mehr oder weniger isolierten hellen Linien bestehen"[49]. Verblüffend ist mit welchen kleinen Änderungen große
Unterschiede in der Darstellung erreicht wurden, um besser im Einklang mit der

45   Gustav Kirchhoff, „Über das Verhältnis zwischen dem Emissionsvermögen und Absorptionsver-
     mögen der Körper für Wärme und Licht", in *Poggendorffs Annalen* 109: 275-301.
46   Johann Müller, *Lehrbuch der Physik und Meteorologie. Bd. I* (5. Aufl.) (Braunschweig, 1856),
     511.
47   Johann Müller, *Lehrbuch der Physik und Meteorologie. Bd. I* (6. Aufl.) (Braunschweig, 1863),
     624.
48   Johann Müller, *Lehrbuch der Physik und Meteorologie. Bd. I* (7. Aufl.) (Braunschweig, 1868),
     623.
49   Johann Müller, *Lehrbuch der Physik und Meteorologie. Bd. I* (6. Aufl.) (Braunschweig, 1863),
     624.

Spektralanalyse zu sein. Hier wurde zugunsten der neuen Theorie, dass Spektren aus einzelnen scharfen Linien bestehen, die Beschreibung der Beobachtung selbst geändert.

Ähnlich wie Maiman aufgrund der Veränderung seiner persönlichen Situation die Darstellung der Geschichte des Lasers 1987 vollkommen anders darstellte, als noch auf der Pressekonferenz von 1960, gab es auch in den Lehrbüchern im Zuge der Entwicklung der Spektralanalyse einen kompletten Schwenk, der dort das Bild der Sonne betraf. Auch wenn die Beobachtung der Sonnenflecken unverändert geblieben war, unterschied sich die Erklärung, die über das Zustandekommen der Flecken gegeben wurde, gravierend. Vor der Spektralanalyse wurde in Müllers Lehrbuch für kosmische Physik Folgendes als aktuelle Meinung beschrieben: „[...] und so haben denn die Sonnenflecken zu der folgenden, besonders von Herschel ausgebildeten Ansicht über die Constitution der Sonne geführt: Der eigentliche Kern der Sonne ist eine dunkle Kugel, welche ringsum von einer Gasatmosphäre umgeben ist"[50].

Die Sonnenflecken wurden für Löcher in den Atmosphärenschichten gehalten, die den Blick auf die dunkle Sonne erlaubten. Diese Beschreibung wurde auch mit einer anschaulichen Abbildung und einigen Zahlen unterlegt, die Schätzungen über die Abstände der Schichten voneinander und die wahre Größe der Sonnenflecken wiedergaben.[51]

In der erneuten Auflage des Lehrbuchs nach den neuen Erkenntnissen durch die Spektralanalyse wurde auf die Beschreibung der dann veralteten Theorie zwar nicht verzichtet, es trat jedoch eine merkliche Distanzierung ein: „Auf diese Erscheinung gründet Herschel die folgende, auch von Arago vertretene Hypothese über die Constitution der Sonne. Der eigentliche Kern der Sonne ist eine dunkle Kugel, welche ringsum von einer Gasatmosphäre umgeben ist"[52]. Noch weiter gingen die Kürzung und die Distanzierung in den darauffolgenden Auflagen, wo die ehemals einseitige Beschreibung zusammengekürzt wurde auf elf Zeilen.[53]

Bevor die neue Ansicht vom Aufbau der Sonne in dem Lehrbuch dargestellt wurde, distanzierte sich der Autor wiederholt von der veralteten Theorie, allerdings ohne zu erwähnen, dass er sie in der früheren Auflage noch selbst vertreten

50 Johann Müller, *Lehrbuch der kosmichen Physik* (2. Aufl.) (Braunschweig, 1861), 109.
51 Ebd., 109f.
52 Johann Müller, *Lehrbuch der kosmischen Physik* (3. Aufl.) (Braunschweig, 1872), 298.
53 Johann Müller, *Lehrbuch der kosmischen Physik* (4. Aufl.) (Braunschweig, 1875), 209.

hatte. Im Gegenteil wurde die alte Theorie in den späteren Auflagen als etwas gänzlich Unsinniges dargestellt.[54] Die dazugehörige Argumentation bezog sich jedoch auf das Verhältnis der Wärmestrahlen von Körpern verschiedener Temperatur und damit genau auf die Arbeit von Kirchhoff über die Schwarzkörperstrahlung, die dieser im Zuge der Spektralanalyse entwickelt hatte. Dass aber dieses Argument vor Kirchhoffs Arbeit nicht bekannt gewesen war, wurde in den Ausführungen nicht weiter beachtet. Auch an anderen Stellen wurde die Darstellung der Forschungen in dem Lehrbuch angepasst, ohne darauf hinzuweisen.

An den wenigen Stellen, wo explizit auf Änderungen hingewiesen wurde, finden sich verschiedene Begründungen. Zum einen wurde in diesen Fällen explizit auf die Einflüsse der neueren Forschungen verwiesen, zum anderen wurde einer einfacheren didaktischen Herleitung und Erklärung der Vorzug gegeben.[55] Wenn aber Veränderungen als solche nicht expliziert wurden, wurde oft die Darstellung in der Art umgewandelt, dass die veralteten Theorien komplett wegfielen oder als im Grunde schon immer veraltet beschrieben wurden.

Trotz dieser Änderungen in der Darstellung wurde in den Lehrbüchern der Anspruch erhoben, aus den geschilderten Beobachtungen von Phänomen auf die physikalischen Zusammenhänge schließen zu können. Physik sollte als exakte, fortschrittsfördernde Wissenschaft dargestellt werden. Ein ähnliches Motiv benutzt auch Maiman hundert Jahre später in seiner Rede auf der Pressekonferenz, wo er den Laser als Resultat einer fortschrittlichen Wissenschaft präsentierte.

Mit den von Maiman benutzten Analogien stellt sich der Laser für den Laien, der die fachwissenschaftlichen Ausdrücke der Rede auf der Pressekonferenz nicht verfolgen konnte, als ein Instrument zur Erzeugung von „atomic radio light" dar. Das Instrument sollte einen parallelen Lichtstrahl aussenden, der reiner wäre als Neonlicht. Bei dem Instrument selbst würde es sich um eine einfache, handliche Quelle handeln, der ausgesandte Lichtstrahl wäre dagegen so energieintensiv wie das Innere von Sternen und könnte sogar Teile von Pflanzen verdampfen. Die Vorstellung vom Laser als eine Strahlenwaffe lag also nicht so entfernt wie später behauptet. Die Nachfrage eines Reporters nach der Pressekonferenz, ob Maiman ausschließen könnte, dass man mit dem Laser eine Waffe bauen könnte,[56] kam

---

54  Johann Müller, *Lehrbuch der kosmischen Physik* (3. Aufl.) (Braunschweig, 1872), 298.
55  Johann Müller, *Lehrbuch der Physik und Meteorologie. Bd. II* (6. Aufl.) (Braunschweig, 1863), Vf.
56  Hecht, *Beam*, 192. Fischer, *Laser*, 81.

also nicht von ungefähr und war auch nicht der Auslöser des Missverständnisses, wie später vermutet.

Den Wissenschaftlern konnte das Missverständnis nur nützlich sein. Neben der vom Militär gesponserten Forschung, war ihnen eine erhöhte Aufmerksamkeit der Presse sicher, mit der sie auch kokettierten. So hing etwa an einer Labortür in den Bell Laboratories, wo viel zum Laser geforscht wurde, ein sehr spekulativer Zeitungsartikel mit dem Titel *The incredible Laser*. Der Laserforscher Schawlow hatte dazu die Notiz ergänzt: „For credible lasers, see inside"[57].

## 6.7 Resümee

Die Darstellungen der Forschung sind also von einer ganzen Reihe verschiedener Faktoren abhängig, wobei das persönliche Umfeld, das Publikum und auch neues Wissen die Kontextualisierung und die Wahrnehmung stark beeinflussen. Hintergrund der Wortwahl und der angepassten Darstellungen sind zunächst die Motive der Wissenschaftler einen bestimmten Eindruck zu erreichen. Wenn also zu didaktischen Zwecken, etwa in Lehrbüchern, eine möglichst kohärente, mit wenigen Widersprüchen behaftete Wissenschaft präsentiert werden soll, gibt es durchaus Anpassungen der Darstellung, die aber selbst kaum reflektiert werden. Aktuelles Wissen wird einheitlich dargestellt, was eine Aneignung deutlich verbessert, aber den historischen Prozess der Wissensentwicklung verschwinden lässt. Besonders in den Reden Maimans wird deutlich, wie persönliche Motive, nämlich die Verteidigung der eigenen Leistung und das Herstellen von Aufmerksamkeit für die Forschung, die Darstellung beeinflussen. Je nach Situation finden die Nachteile oder die Vorteile das Forschungssystems und der Zusammenarbeit mit anderen Forschern Erwähnung. Besonders aber an den von Maiman auf der Pressekonferenz verwendeten Analogien wird ersichtlich, mit welchen Mitteln eine spezialisierte Wissenschaft gleichzeitig verständlich gemacht und Aufmerksamkeit für sie hergestellt werden soll. Die verwendeten Analogien greifen dabei schon bekannte, möglichst eindrückliche Begriffe auf und verbinden sie mit den wissenschaftlichen Ausdrücken. Damit wird das dargestellte Forschungsthema einerseits mit außerwissenschaftlichen Kontexten und Kulturen verbunden, gleichzeitig wird durch die Verwendung einer besonderen, nichtwissenschaftlichen Sprache die Grenze zwischen Wissenschaft und Nichtwissenschaft deutlich markiert. Diese

---

57 Hecht, *Beam*, 224f.

Art der Darstellung in der Wissenskommunikation kann den Wissenstransfer selbst stützen oder behindern. So können Analogien zwar helfen einen Zugang zu ansonsten unverständlichen Fachdiskussionen zu erhalten, aber auch zu Missverständnissen beitragen.

# Frieden

# 7    Albert Einstein – relativ politisch.

*Dieter Hoffmann*

*Für Giuseppe Castagnetti (1949-2016)*
*in dankbarer Erinnerung*

Albert Einsteins herausragende Rolle als Physiker ist unstrittig, ist er doch nicht erst mit der bekannten Umfrage des Nachrichtenmagazins „Time" zum Jahrhundert- bzw. Jahrtausendwechsel 2000 als der bedeutendste Naturwissenschaftler des 20. Jahrhunderts gekürt worden. Sein Genie und seine gesellschaftliche Haltung gelten sowohl bei Physikern, als auch bei Historikern und vielen Anderen unausgesprochen als „Gold- Standard" für die Bewertung von Klugheit und wissenschaftlichem Genie, aber auch für das moralische Verhalten von Kollegen und anderen Zeitgenossen. Ist ersteres seiner überragenden Stellung in der Geschichte der modernen Physik geschuldet, so wurde letzteres nicht zuletzt durch Einsteins nonkonformistische Haltung während des Ersten Weltkriegs begründet. Erst damals profilierte er sich zu jenem homo politicus, als der er heute gemeinhin gilt.[1]

Einstein war gerade vier Monate in Berlin, als am 1. August 1914 der Weltkrieg begann, und aus diesem Anlass schrieb er seinen Freund und Kollegen Paul Ehrenfest im holländischen Leiden:

> Unglaubliches hat nun Europa in seinem Wahn begonnen. In solcher Zeit sieht man, welch traurige Viehgattung man angehört ... und (ich) empfinde nur eine Mischung aus Mitleid und Abscheu.[2]

Einsteins sarkastische Bemerkung war keineswegs zeittypisch, sondern die pointierte Meinung einer Minderheit – wie ja überhaupt Einstein in seiner Zeit die Ausnahme darstellte, wissenschaftlich wie politisch. Im Gegensatz zu Einstein teilte

---

1    David Rowe und Robert Schulmann, *Einstein on Politics* (Princeton, 2007). Dieter Hoffmann, „Albert Einstein – pragmatisch pazifistisch und relativ jüdisch", in *Grenzen menschlicher Existenz*, hg. von Hans Daub (Petersberg, 2007), 152-174. Dieter Hoffmann, „Einsteins politische Akte.", *Physik in unserer Zeit* 35 (2) (2004): 64-69.
2    A. Einstein an P. Ehrenfest, Berlin 19.8.1914, in *The Collected Papers of Albert Einstein*, hg. von R. Schulmann , A.J. Kox, M.J. Janssen and J. Illy (im Folgenden *CPAE*), Bd. 8 (Princeton, 1998), 56.

die übergroße Mehrheit der deutschen Akademiker und Intellektuellen die allgemeine Kriegsbegeisterung, die Deutschland im Sommer 1914 erfasst hatte. In der deutschen Akademikerschaft hatte sich eine „nationalistisch-militaristischen Einheitsfront" formiert, die sich in nationalistischen und chauvinistischen Tiraden erging und zur rückhaltlosen Unterstützung der deutschen Kriegsführung bereit war. Mit Begeisterung und nationalistischen Pathos zog man aus den Hörsälen und Laboren in den Krieg.

Einen Eindruck von der damals unter Akademikern herrschenden Stimmung vermitteln Äußerungen eines anderen „Ober-Physikers". Für Max Planck, der keineswegs zu den Scharfmachern gehörte und eher gemäßigte, wenn auch politisch konforme Positionen vertrat, waren es „... herrliche Zeit(en), in der wir leben."[3]

Dass dies alles andere als ein Kotau gegenüber dem Zeitgeist und keineswegs opportunistische Attitüde war, bezeugt die Tatsache, dass Planck es in einem privaten Brief an seinen Schwager, dem Historiker und Universitätschronisten Max Lenz äußerte. Überdies hat Planck seine vaterländische Gesinnung auch noch öfters kundgetan – so in der Rede zur Übergabe des Rektorats der Berliner Universität im Oktober 1914 als er sich des Hölderlinschen Pathos bediente und der „Helden" gedachte,

> die freudig, ohne Vorbehalt, ohne Klage, ihr junges hoffnungsreiches Leben für das Vaterland dahingaben; sie haben den köstlichsten Preis sich errungen![4]

Zwei Jahre später musste er über seinen vor Verdun gefallenen Sohnes Karl trauern.

Obwohl Ordinarien wie Planck wegen ihres fortgeschrittenen Alters eigentlich vom Frontdienst verschont waren, gab es doch einige, die es aus vaterländischer Pflicht dorthin zog. Zu ihnen gehörte beispielsweise Plancks Berliner Kollege Walther Nernst, der sich sofort nach der Mobilmachung als begeisterter Automobilist dem Kaiserlich Freiwilligen Automobilkorps zur Verfügung stellte und im eigenen Automobil als „Benzinleutnant" am Vormarsch der deutschen Truppen auf Paris teilnahm. Wenn man den Anekdoten glauben darf – und über Nernst gibt es eine Fülle pointenreicher Geschichten – hatte er in Vorbereitung auf seine Einberufung noch daheim korrektes militärisches Verhalten einzuüben versucht:

> So marschierte er vor seinem Haus auf und ab und lernte unter Emmas [seiner Frau]

---

3    M. Planck an M. Lenz, Berlin 17.9.1914, Archiv der Max-Planck-Gesellschaft V, 13, Nr. 678.
4    Hans Hartmann, *Max Planck als Mensch und Denker* (Berlin, 1954), 32.

Überwachung, korrekt zu grüßen. Bei seinem Abschied vom Institut [...] gab es noch eine kurze Aufregung. Alle Angestellten waren auf die Bunsenstraße herausgekommen, um Nernst zu verabschieden, als dieser plötzlich noch einmal aus dem Auto stieg und nach dem Materialverwalter rief. Er erklärte diesem, dass er eine größere Anzahl von Gummistöpseln mitzunehmen wünsche, damit er die Löcher ausstopfen könne, falls der Feind seinen Benzintank beschieße.[5]

Zu Nernst' Aufgaben gehörten Kurierdienste zwischen dem Generalstab in Berlin und der ersten Armee mit ihrem Befehlshaber General Alexander von Kluck. Auf diese Weise machte er den schnellen Vorstoß der deutschen Truppen bis vor die Tore von Paris mit, wobei diesem allerdings nach dem Verlust der Marneschlacht im Herbst 1914 ein ebenso schneller Rückzug der Truppen auf die Linie Verdun-Reims folgte, wo man sich für die nächsten vier Jahre in einem mörderischen Stellungskrieg erschöpfte. Die Blitzkriegsstrategie des Schlieffen-Plans war damit gescheitert, was Nernst bereits Weihnachten 1914 Anlass für die Prognose gab, dass der Krieg verloren war[6], denn Deutschlands Rohstoffsituation schloss einen langen Krieg aus. Trotz solcher Hellsichtigkeit blieb Nernst' Kriegsengagement auch in den folgenden Jahren ungebrochen – nicht zuletzt um das gravierende Rohstoffdefizit durch die Entwicklung von Ersatzstoffen zu kompensieren. Nernst war so in der Folgezeit nicht mehr als „Benzinleutnant", sondern als gleichermaßen prominenter wie kompetenter wissenschaftlich-technischer Berater der Heeresleitung tätig.

Ich will es mit diesen Beispielen belassen, gibt es doch hierzu zahlreiche profunde Berichte.[7] Kurz will ich noch auf den sogenannten „Aufruf an die Kulturwelt" eingehen, da dieser uns wieder zurück zum eigentlichen Thema meines Vortrags, zu Albert Einstein zurückbringt.

Einsteins Irritationen über das Verhalten von Kollegen wie Planck oder Nernst, die er wissenschaftlich hoch schätzte und denen er ja auch die Berufung nach Berlin verdankte, wuchs, als diese im Herbst 1914 den „Aufruf an die Kulturwelt" unterzeichneten, in dem die intellektuelle Elite Deutschlands den deutschen Militarismus vorbehaltlos mit dem Schutz deutscher Kultur legitimierte: „Ohne den deutschen Militarismus wäre die deutsche Kultur längst vom Erdboden getilgt ...

---

5   Kurt Mendelssohn, *Walther Nernst und seine Zeit: Aufstieg und Niedergang der deutschen Naturwissenschaft* (Weinheim, 1976), 113.
6   Ebd.
7   Vgl, den Aufsatz von Stefan Wolff im vorliegenden Band.

Deutsches Heer und deutsches Volk sind eins."[8] Zu solch markigen Worten bekannten sich neben zahlreichen Gelehrtenkollegen auch Intellektuelle wie Gerhart Hauptmann, Max Reinhardt und andere, die bisher eher als Kritiker des Wilhelminischen Deutschlands gegolten hatten. Auch hierauf brauche ich nicht näher eingehen, da dies in der Literatur bereits umfassend analysiert ist.[9] Es sei aber erwähnt, dass sich gegen den Aufruf schon bald eine gewisse Opposition regte, da die Konsequenzen des Aufrufs doch allzu verheerend waren, was besonnene Geister – wie beispielsweise Planck – von diesem abrücken ließ, ohne ihn indes grundsätzlich als Fehler anzusehen.[10]

Einsteins Haltung war auch in diesem Punkt prinzipieller und radikaler, denn er hatte sich schon im Herbst 1914 gegen den Aufruf gestellt und stattdessen den Gegenaufruf „An die Europäer" des Berliner Physiologen und Pazifisten Georg Friedrich Nicolai unterzeichnet. Dieser propagierte die Macht der politischen Vernunft, eine möglichst rasche Beendigung des Krieges und allgemeine Völkerverständigung. [11] Die Unterschrift unter dieses Manifest, das indes kaum Beachtung und nur noch drei weitere Unterzeichner (neben Einstein und Nicolai waren dies der Student Otto Buek und der Berliner Astronom Wilhelm Foerster, wobei letzterer auch den Aufruf der 93 unterzeichnet hatte) fand, zeigt zwar die Unabhängigkeit, die Einstein nicht nur in wissenschaftlichen Fragen besaß, wenn er sich hier dem politischen Mainstream und seinen berühmten wie persönlich geschätzten Kollegen entgegenstellte.

Es zeugt sicher von geistiger Unabhängigkeit und Zivilcourage, doch sollte man die Unterschrift nicht unbedingt als eine direkte politische Handlung werten. Vielmehr muss sie zunächst als eine unmittelbare Konsequenz seines instinktiven Internationalismus gewertet werden, wie auch als Ablehnung blinder politischer Solidarität bzw. des Kadavergehorsams seiner Kollegen gegenüber den Gewalttaten der deutschen Armee in Belgien; nicht zuletzt wurde die Unterschrift wohl auch aus Solidarität zum persönlich bekannten Georg Nicolai geleistet. Dies umso mehr

---

8    „Aufruf der 93", in *Aufrufe und Reden deutscher Professoren im Ersten Weltkrieg*, hg. von K. Böhme (Stuttgart, 1975), 48.
9    Rüdiger vom Bruch, „Die deutsche ‚Gelehrte Welt' am Kriegsbeginn und der ‚Aufruf der 93'", in *„Krieg der Gelehrten" und die Welt der Akademien 1914 – 1924*, hg. von Wolfgang U. Eckart und Rainer Godel (= *Acta Historica Leopoldina Bd. 68*) (Halle, 2016), 19-31. Oder auch der Beitrag von Stefan Wolff im vorliegenden Band.
10   Dieter Hoffmann, *Max Planck* (München, 2008), 73ff.
11   „Aufruf an die Europäer", in *CPAE*, Bd. 6, 69f.

als es noch Monate dauern wird, bis er im Frühjahr 1915 einer pazifistischen Organisation, dem Bund Neues Vaterland, beitritt. Auch dies geschieht wahrscheinlich nicht allein aus eigenem Impuls, sondern durch die Vermittlung von Nicolai und Einsteins Stieftochter Ilse. Als der Bund, eine Sammlung bürgerlich-demokratischer Kriegsgegner und Pazifisten, jedoch im folgenden Jahr verboten wurde, zog sich Einstein wieder weitgehend von den Aktivitäten der deutschen Friedensbewegung zurück und seine politischen Äußerungen blieben auf private Stellungnahmen beschränkt. Das hinter Einsteins pazifistischen Aktivitäten damals noch keine gefestigte politische Überzeugung stand, belegt auch ein Bericht Lise Meitners über den Besuch eines Musikabends im Hause Planck vom Herbst 1916. Dort hatte sich Einstein nicht nur als Violinsolist betätigt, sondern gab „nebenbei so köstlich naive und eigenartig politische und kriegerische Ansichten zum Besten. Schon dass es einen gebildeten Menschen gibt, der in dieser Zeit überhaupt keine Zeitung in die Hand nimmt, ist doch sicher ein Curiosum."[12]

Trotz aller Einschränkungen war Einsteins Anti-Kriegsposition im ersten Weltkrieg aber durchaus manifest und fand nicht zuletzt in internationalen pazifistischen Kreisen – so bei Romain Rolland – Beachtung und Anerkennung.[13] Auch wenn damit noch kein eigentlich politisches Handeln einherging, weisen diese Aktivitäten auf Einsteins beginnendes Nachdenken über seine sozialen Verpflichtungen in Zeiten politischer Konflikte hin. Darüber hinaus wird damit Einsteins überwiegend instinktiv bzw. moralisch begründete Solidarität für Dinge, die er für sich persönlich wie für die das Funktionieren der internationalen Wissenschaftlergemeinschaft als wichtig und erstrebenswert empfand, dokumentiert. Dass hinter Einsteins damaligem Verhalten bzw. pazifistischen Aktivitäten noch keine fest gefügten politische Ansichten standen, macht auch ein Polizeibericht aus dem Jahre 1916 deutlich, in dem festgestellt wurde, dass sich „Einstein, hier als Mitglied des ‚Bundes Neues Vaterland' bekannt, aber in der pazifistischen Bewegung agitatorisch bisher nicht bemerkbar gemacht (hat). In moralischer Beziehung erfreut er sich des denkbar besten Rufes und ist als bestraft nicht verzeichnet. Er ist Abonnement des Berliner Tageblattes". Eine Selbstdarstellung aus jener Zeit fällt im übrigen ganz ähnlich aus, charakterisierte sich Einstein doch als Bewohner eines

---

12  L. Meitner an O. Hahn, Berlin 16.11.1916, in *Lise Meitner an Otto Hahn. Briefe aus den Jahren 1912 bis 1924*, hg. von Sabine Ernst (Stuttgart, 1992), 64.
13  Roland Rolland, *Das Gewissen Europas. Tagebuch der Kriegsjahre 1914-1919* (Berlin, 1963), 697f.

**Abbildung 1:** Fritz Haber und Albert Einstein 1914. Aus: Archiv der Max-Planck-Gesellschaft.

Irrenhauses und einen prominenten und aktiven Pazifisten als „Optimisten", der die freiwilligen Bewohner der Anstalt von ihrem Irrsinn zu heilen versucht.

Für Einsteins Position im ersten Weltkrieg ist so kennzeichnend, wie er seinem Vertrauten Paul Ehrenfest in Holland schrieb, dass einzig „das Häuflein emsiger Denkmenschen" das „einzige Vaterland" sei, für das er sich vorbehaltlos bekennen wollte.[14]

Auf Inkonsequenzen in Einsteins pazifistischer Haltung weist ebenfalls die Tatsache hin, dass er in jener Zeit eng mit Fritz Haber befreundet war. Im Haberschen

---

14   A. Einstein an P. Ehrenfest, Berlin 23.8.1915, in *CPAE*, Bd. 8A, 165.

Institut, das 1912 seinen Neubau in Dahlem bezogen hatte und wo in den Anfangsjahren noch reichlich Platz war, hatte Einstein im 2. Stock sein erstes Büro bezogen.[15]

Dort hat er dann auch aus unmittelbarer Nähe miterlebt, wie das Institut ab Herbst 1914 systematisch in den Dienst der Militärforschung gestellt wurde und zunächst zur Entwicklung kriegswichtiger Ersatzstoffe sowie der Entwicklung neuer und wirksamer Sprengstoffe beitrug. Bei Experimenten mit hochexplosiven Cacodylsäureverbindungen war es im Dezember 1914 zu einem Unfall gekommen, bei dem Otto Sackur ums Leben kam. Im Frühjahr 1915 rückte schließlich die Entwicklung von Giftgasen in den Vordergrund und das Institut wurde generalstabsmäßig zum Zentrum der deutschen Giftgasforschung ausgebaut. Die zivile Forschungstätigkeit Habers und seines Instituts wurden damit bis zum Kriegsende praktisch eingestellt, allein Fragen der chemischen Kriegsführung standen nun im Zentrum der Forschungsaktivitäten des KWI und trugen Haber nach Kriegsende ein Platz auf der Liste der Kriegsverbrecher ein.[16]

Dies alles ist von Einstein, der ja sonst mit kritischen Einschätzungen nicht hinter'm Berg gehalten hat, niemals thematisiert, sondern beschwiegen und wohl auch tabuisiert worden. Aus heutiger Perspektive eine Tatsache, die zumindest irritiert, und bislang hat auch die Einstein-Forschung dafür keine Erklärung geben können.

Auf Inkonsequenzen in Einsteins pazifistischer Haltung weisen auch seine wissenschaftlichen Aktivitäten aus dieser Zeit hin. Neben der Vollendung der Allgemeinen Relativitätstheorie beschäftigten ihn damals auch Fragen, die für einen Pazifisten eher suspekt hätten sein sollen. Im Sommer 1916 publizierte er in den Naturwissenschaften einen Artikel, der sich mit der „Theorie der Wasserwellen und des Fluges" beschäftigte.[17] Nun war im ersten Weltkrieg das Fliegen keineswegs mehr ein ungetrübter Spaß „mutiger Männer in fliegenden Kisten", vielmehr hatte sich das Flugwesen zu einer innovativen und wirkungsvollen Waffe gemausert. Diese Ambivalenz seiner theoretischen Überlegungen reflektierte der Pazifist Einstein selbst dann nicht, als die Luftverkehrsgesellschaft in Berlin-Johannisthal,

---

15  Dieter Hoffmann, *Einsteins Berlin* (Weinheim, 2006), 79f.
16  Thomas Steinhauser et al., *Hundert Jahre an der Schnittstelle von Chemie und Physik. Das Fritz-Haber-Institut der Max-Planck-Gesellschaft zwischen 1911 und 2011* (Berlin, 2011), 26-36.
17  Albert Einstein, „Elementare Theorie der Wasserwellen und des Fluges.", *Die Naturwissenschaften* 4 (1916): 509-510. (auch: *CPAE*, Bd. 6, 400-402.)

Vorläuferinstitution der heutigen DLR und damals eine der führenden Entwick-
lungsfirmen für Militärflugzeuge, Einsteins Idee eines neuartigen Tragflächenpro-
fils aufgriff und eingehenden Tests unterzog.[18] Auch wenn letztere negativ ausfie-
len und die Einsteinsche Tragflächenkonstruktion den Praxistest nicht bestand,
macht es doch Einsteins inkonsequenten Pazifismus deutlich.

Kriegsrelevant war ebenfalls ein Problem, das Einstein damals sehr beschäftigte
und dem er relativ viel Zeit gewidmet haben muss, da er hier nicht nur als Forscher,
sondern auch als Patentnehmer und -gutachter agierte: der Kreiselkompass. Dessen Erfindung war nicht zuletzt der Tatsache geschuldet, dass man auf den modernen Schiffen und insbesondere auf den vor Eisen strotzenden Panzerkreuzern sowie auf U-Booten mittels Magnetkompass nicht mehr zuverlässig navigieren
konnte. Einstein stand dem Erfinder des Kreiselkompasses, dem Kieler Ingenieur
und Unternehmer Hermann Anschütz-Kaempfe, seit 1914 als Gutachter in Patent-
prozessen tatkräftig zur Seite und trug auch selbst zur Weiterentwicklung des Geräts bei.[19] Dies geschah im Übrigen nicht allein aus „göttlicher Neugier", denn
seine Berater- und Entwicklungstätigkeit wurde ordentlich honoriert und trug ihm
nicht unerhebliche Tantiemen ein. Dies scheint im Leben Einsteins genauso tabuisiert worden zu sein, wie er überhaupt seine militärtechnisch relevanten Forschungen thematisiert hat.

Trotz aller Irritationen gilt festzuhalten, dass Einstein während des Ersten Weltkriegs ein wacher und politisch links orientierter politischer Geist war. Mit dem
Ende des Krieges und dem damit verbundenen Sturz des deutschen Kaiserreichs
und der Errichtung der Weimarer Republik verbanden sich für Einstein große
Hoffnungen. Seiner Mutter schrieb er in den Revolutionstagen des November
1918: „Ich bin sehr glücklich über die Entwicklung der Sache. Jetzt wird es mir
erst recht wohl hier."[20] Einstein gehörte mit dieser Haltung zu den wenigen Professoren, die den politischen und sozialen Veränderungen jener Zeit große Sym-
pathien entgegenbrachten und die Weimarer Republik unterstützten. Bei seinen
Akademikerkollegen galt er deshalb - wie er ebenfalls seiner Mutter schrieb - als
„so eine Art Obersozi".[21] Die Mehrzahl seiner Kollegen an Akademie und Universität trauerten hingegen dem kaiserlichen Macht- und Obrigkeitsstaat nach und

---

18  Albrecht Fölsing, *Albert Einstein. Eine Biographie* (Frankfurt am Main, 1993), 446ff.
19  Dieter Lohmeier und Bernhardt Schell, *Einstein, Anschütz und der Kieler Kreiselkompaß* (Heide,
    1992).
20  A. Einstein an P. Einstein, Berlin 11.11.1918, in *CPAE*, Bd.8B, 944.
21  Ebd.

Auf einer Veranstaltung der ‚Liga für Menschenrechte' 1932
(am Rednerpult Prof. Hohbohm, v.l.n.r.: Prof. Rosenberg, Einstein, Gumbel)

**Abbildung 2:** Albert Einstein auf einer Veranstaltung der Liga für Menschenrechte. Aus: Ullstein Bilderdienst.

blieben dessen Wertvorstellungen auch weiterhin stark verhaftet. Im Gegensatz zu ihnen unterstützte Einstein die Gründung demokratischer Organisationen, ohne sich allerdings an eine politische Partei binden zu wollen. Daneben trat Einstein als Redner auf öffentlichen Veranstaltungen auf, schloss sich wieder dem sich als Liga für Menschenrechte neu konstituierenden Bund Neues Vaterland an und nahm sogar an deutschen inoffiziellen Missionen zur Frage der Friedensbedingungen teil.[22]

---

22  Siegfried Grundmann, *Einsteins Akte* (Berlin, 2004), 37ff.

Dass Einstein in jener Zeit die politische Bühne betrat, dazu trug auch ganz wesentlich die Tatsache bei, dass er in jener Zeit sein Judentum wiederentdeckt: In
seinem Aufsatz „Wie ich Zionist wurde" stellte er dazu im Jahre 1921 fest:

> Bis vor sieben Jahren lebte ich in der Schweiz und solange ich dort war, war ich mir
> meines Judentums nicht bewußt und war nichts in meinem Leben vorhanden, das auf
> meine jüdische Empfindung gewirkt und sie belebt hätte. Das änderte sich, sobald ich
> meinen Wohnsitz nach Berlin verlegte. Dort sah ich die Not vieler junger Juden. Ich sah
> wie Ihnen durch ihre antisemitische Umgebung unmöglich gemacht wurde, zu einem
> geordneten Studium zu gelangen und sich zu einer gesicherten Existenz durchzuringen.
> Insbesondere gilt das von den Ostjuden, die unaufhörlich Schikanen ausgesetzt sind ...
> Diese und ähnliche Erlebnisse haben in mir das jüdische nationale Gefühl geweckt.[23]

War der Chauvinismus und Hurra-Patriotismus in Deutschland während des Ersten Weltkriegs für Einstein mehr ein moralischer, denn ein politischer Affront gewesen, so erhielt diese unspezifische Sensibilität einen spezifisch politischen Charakter als sich Einstein mit dem zunehmenden Antisemitismus in der deutschen
Gesellschaft konfrontiert sah; gleichzeitig wurde es der Weg, auf dem er seine
„jüdische Seele" wiederentdecken sollte.[24]

Dass aus dem „Moralisten" Einstein schließlich doch noch ein homo politicus
wurde und sich seit den zwanziger Jahren Widersprüche zwischen seinen privaten
Stellungnahmen und seinem öffentlichen Wirken zunehmend aufhoben, dazu trugen neben seiner Hinwendung zu Judentum und Zionismus ganz wesentlich die
politischen Entwicklungen in der Weimarer Republik bei. Darüber hinaus spielt
die Tatsache eine wichtige Rolle, dass in diese Zeit die Bestätigung seiner Allgemeinen Relativitätstheorie durch eine britische Sonnenfinsternisexpedition fiel,
wodurch Einstein ins Rampenlicht der Öffentlichkeit rückte, er gewissermaßen
zum ersten „Popstar" der Wissenschaft wurde. Dies verlieh ihm eine beispiellose
Öffentlichkeit und Reputation, sah man doch in der Bestätigung der Theorie eines
deutschen Juden mit Schweizer Pass durch eine englische Expedition ein Symbol
für Hoffnung und Sicherheit in einer Welt, die durch gesellschaftliche Turbulen-
zen und Unsicherheiten sowie den Wirren von Krieg und Nachkriegszeit geprägt
waren. Damit war die öffentliche Person Albert Einstein und der Einstein-Mythos
geboren – die Überzeugung, dass Einstein nicht nur ein überragender Physiker,
sondern auch jemand sei, der gewissermaßen als Orakel Wahrheit und Zuversicht

23  Albert Einstein, „Wie ich Zionist wurde", in *CPAE*, Bd. 7, S. 428
24  Dieter Hoffmann und Robert Schulmann, *Albert Einstein 1879-1955* (= *Jüdische Miniaturen Bd. 25*) (Berlin, 2005), 66ff.

verbreiten könne. Dadurch wurden Einsteins Person und seine wissenschaftlichen Theorien mit Inhalten aufgeladen, die mit seiner Wissenschaft selbst nichts zu tun hatten. Die wurden so nicht zuletzt auch zum Gegenstand öffentlicher, nicht-wissenschaftlicher Auseinandersetzungen.[25] Dieses Interessen- und Inhalts-Konglomerat prägt im Übrigen bis heute unser Einstein-Bild und das Würdigungswesen im Zusammenhang mit den zyklisch anstehenden runden Jubiläen.

Die Übernahme der Macht durch die Nationalsozialisten im Januar 1933 machten Einstein nicht nur zum Emigranten, sondern durch sein aktives antifaschistisches Bekenntnis auch endgültig zu einer politisch denkenden und handelnden Person. Im amerikanischen Exil geißelte Einstein den politischen Terror und die antisemitischen Übergriffe der Nazi-Diktatur, zugleich setzte er seinen Ruhm und Einfluss für die Unterstützung vertriebener und verfolgter Kollegen ein. Die politischen Entwicklungen in Deutschland, der aggressive Antisemitismus der Nationalsozialisten und die forcierten Aufrüstungspläne Nazi-Deutschlands ließen Einstein auch von seinem, zumindest öffentlich bekundeten radikalen Pazifismus abrücken.

Hatte er noch an der Wende zu den dreißiger Jahren jegliche Aufrüstung konsequent abgelehnt, sich persönlich für Kriegsdienstverweigerer engagiert und den Krieg als „gemeinen Mord" bezeichnet[26], so bekannte Einstein bereits im Sommer 1933 in einem Brief an einen englischen Pazifisten: „Ich hasse Militär und Gewalt jeder Art. Ich bin aber fest überzeugt, dass heute dieses verhasste Mittel den einzigen wirksamen Schutz bildet."[27]

Insofern war es konsequent, dass er sich im zweiten Weltkrieg der amerikanischen Marine als wissenschaftlicher Berater zur Verfügung stellte, was jedoch folgenlos blieb. Folgen zeigte hingegen eine Initiative vom Sommer 1939, die von den ebenfalls aus Deutschland emigrierten ungarischen Physikern Leo Szilard und Eugen Wigner getragen wurde und der er seinen Namen und seine Autorität lieh. Szilard und Wigner baten ihren prominenten Kollegen, einen Brief an den amerikanischen Präsidenten Franklin D. Roosevelt zu unterzeichnen, in dem auf die potenzielle Gefahr der Entwicklung einer deutschen Atombombe aufmerksam gemacht und die Aufnahme amerikanischer Entwicklungsarbeiten auf diesem Gebiet angeregt

25  Armin Hermann, *Einstein. Der Weltweise und sein Jahrhundert* (München, 1994), 235ff.
26  Albert Einstein, *Aus meinen späten Jahren* (Stuttgart, 1979), 169.
27  A. Einstein an Lord Ponsoby, 28.8.1933, in Albert Einstein, *Über den Frieden. Weltordnung oder Weltuntergang* (Zürich, 1976), 248.

wurde.[28] Einstein wurde so zum Mitinitiator des 1941 beginnenden amerikanischen Atombombenprojektes, an dem er jedoch selbst nicht beteiligt war. Nach dem Einsatz der Atombombe gegen die japanischen Städte Hiroshima und Nagasaki im August 1945 setzte er sich für die weltweite Ächtung von Kernwaffen ein und warnte vor einem Rüstungswettlauf der Großmächte. Einstein wurde so zum Stichwortgeber und Schirmherr einer weltweiten Protestbewegung gegen Kernwaffen und nukleare Aufrüstung. Darüber hinaus profilierte er sich in diesen Jahren zu einem entschiedenen Gegner des Kalten Krieges und sah in einer Weltregierung das beste Mittel zur Regelung zwischenstaatlicher Konflikte.

Gerade im amerikanischen Exil wurde Einstein zum Inbegriff des moralischen bzw. politisch engagierten Wissenschaftlers, dem man zuweilen sogar in medienhafter Überzeichnung die Rolle eines „Weltweisen" zuschrieb. Er selbst blieb allerdings gegenüber jeglichen Heilserwartungen und übertriebenen Hoffnungen an die menschliche Gesellschaft höchst skeptisch und soll ironisch-resignierend einmal festgestellt haben:

Es ist einfacher, radioaktives Plutonium zu entsorgen, als das Böse im Menschen.[29]

---

28   A. Einstein an F.D. Roosevelt, Nassau Point 2.8.1939, in Albert Einstein, *Über den Frieden. Weltordnung oder Weltuntergang* (Zürich, 1976), 309f.
29   Alice Calaprice, Hrsg., *Einstein sagt. Zitate, Einfälle, Gedanken* (München, 1997), 239.

# 8 Hans Thirring – ein Leben im Spannungsfeld von Physik und Politik

*Wolfgang L. Reiter*[1]

Wissenschaft und Politik werden üblicherweise als getrennte Sphären betrachtet, die miteinander in Konflikt geraten können oder durch wechselseitiges Ignorieren den beiderseits ruhigen Gang der Dinge sichern – und selbstverständlich gibt es zwischen diesen Polen alle Varianten von gemischten Verhältnissen. Innerhalb dieser beiden Sphären gibt es immer auch interne Konfliktpotentiale, die sich gelegentlich zu fulminanten Auseinandersetzungen zwischen Wissenschaft und Politik entwickeln können. In der zweiten Hälfte des 19. Jahrhunderts gab es mehr als einen großen Streit, der im Feld der Wissenschaft stattfand, aber nicht nur ein Streit um wissenschaftliche Fragen war, sondern auch weltanschauliche und somit politische Seiten hatte: der Materialismusstreit, der Darwinismusstreit und der Ignorabimusstreit.[2] Die Hoffnungen mancher wissenschaftlicher Puristen, diese oder andere Meinungskämpfe auf das Feld der Wissenschaft beschränken zu können, zerstoben in dem dichten Geflecht unterschiedlicher Motive und Facetten des Streits.

---

1   Ich danke Christian Fleck für seine freundschaftliche Hilfe und kritischen Kommentare. Die vorliegende Text ist eine überarbeitete, wesentlich erweiterte und auszugsweise verwendete Fassung der Publikation des Autors: Hans Thirring und Engelbert Broda, „Naturwissenschaftler zwischen Nationalsozialismus und Kaltem Krieg", in *650 Jahre Universität Wien – Aufbruch ins neue Jahrhundert. Bd. 2 Universität – Politik – Gesellschaft*, hg. von Mitchell G. Ash und Josef Ehmer (Göttingen, 2015), 329-339.

2   Kurt Bayertz, Myriam Gerhard und Walter Jaeschke, Hrsg., *Der Materialismusstreit. Weltanschauung, Philosophie und Naturwissenschaft im 19. Jahrhundert* (Hamburg, 2007). Kurt Bayertz, Myriam Gerhard und Walter Jaeschke, Hrsg., *Der Darwinismusstreit. Weltanschauung, Philosophie und Naturwissenschaft im 19. Jahrhundert* (Hamburg, 2007). Kurt Bayertz, Myriam Gerhard und Walter Jaeschke, Hrsg., *Der Ignorabimusstreit. Weltanschauung, Philosophie und Naturwissenschaft im 19. Jahrhundert* (Hamburg, 2007).

## 8.1   Die Familie Thirring - frühe Jugend und Studium

Die nachstehenden Zeilen verstehen sich im Sinne des oben Gesagten nicht als der Beginn des Versuchs einer systematischen Behandlung der genannten Konfliktzusammenhänge; diese Arbeit verfolgt vielmehr den weitaus bescheideneren Ansatz einer biographisch orientierten Darstellung des wissenschaftlichen und öffentlichen Lebens des österreichischen theoretischen Physikers Hans Thirring (1888-1976). Aus dem Wiener kleinbürgerlichen Milieu stammend und früh geprägt von der liberalen und sowohl kommerziell wie wissenschaftlich orientierten Großfamilie beginnt Thirrings wissenschaftliche Laufbahn im traditionellen Rahmen der schulischen und universitären Ausbildung zur Zeit der Wende des 19. zum 20. Jahrhunderts. Früh verband sich damit eine Art von missionarischer Ambition der Verbesserung menschlicher Verhältnisse, die sich der Gymnasiast von einer psychologisch oder auch soziologisch begründeten Aufklärung erhoffte, in der er sich selbst in späteren Jahren (1956) „etwa in der Richtung von Prediger" verortet sah und „die Mission [s]eines Lebens als Erzieher zum wirklichen Homo Sapiens" begriff.[3] Der Angelpunkt seiner weitgesteckten Ambitionen rührte weniger an philosophisch-weltanschauliche Konflikte, vielmehr kreiste er in idealistischer Weise um die generelle Verbesserung der menschlichen Verhältnisse in einer gewissermaßen gläubigen Naivität, die auch in Teilen sein späteres öffentliches Wirken charakterisiert. Inwiefern das familiale Umfeld hier Einfluss genommen hat, entzieht sich einer Klärung.

Während des Dreißigjährigen Krieges (1618-1648) flohen Hans Thirrings Vorfahren aus religiösen Gründen – sie waren Protestanten – aus Thüringen in die westungarische Stadt Ödenburg (heute Sopron), wo 1623 ein Mathias Thüringer das Bürgerrecht erwerben konnte und die Thüringer, Thiringer und schließlich ein Thiering oder Thirring 1771 eine Eisenhandlung im Stammhaus auf der Grabenrunde gründete, das heute noch steht. Dies brachte der Familie Wohlstand und Ansehen. Zum Stolz nicht nur der Protestanten in Budapest, sondern auch in der provinziellen Stadt Ödenburg gehörte es, ein eigenes Lyzeum zu betreiben, von dessen hohem Bildungsniveau die Vätergeneration von Hans Thirring profitierte. Sein Vater Ludwig Julius Thirring, geboren 1858, bezog nach Absolvierung des

---

3    Wissenschaftlicher Nachlass Hans Thirring. Zentralbibliothek für Physik in Wien. Zit. in Brigitte Zimmel und Gabriele Kerber, Hrsg., *Hans Thirring. Ein Leben für Physik und Frieden* (Wien, 1992) (= *Beiträge zur Wissenschaftsgeschichte und Wissenschaftsforschung, Bd. 1*, herausgegeben von W. Kerber und W. Reiter.), 15.

Ödenburger Lyzeums 1878 die Universität Wien, um hier das Studium der Mathematik und Physik zu beginnen, das er nach einem Aufenthalt an der Sorbonne beim Mathematiker Charles Hermite (1822-1901) 1884 abschloss. Da kein Posten eines Gymnasiallehrers frei war, musste sich Ludwig Julius nach längerem Suchen nach einer geeigneten Anstellung mit der bescheideneren Position eines Bürgerschullehrers (Hauptschullehrer für Kinder von 10 bis 14 Jahren) abfinden, die ein finanziell eingeschränktes, doch beschauliches Leben ermöglichte und genügend Zeit für seine sportlichen Ambitionen als Hochradfahrer und Eisläufer ließ, denen später auch sein Sohn Hans frönen sollte; zudem beschäftigte er sich mit dem Lösen von Schachproblemen und führte 1898 eine heute nach Hartlaub benannte Eröffnungsvariante (Hartlaub-Gambit) in die Turnierpraxis ein.

Kurz sei auf ein weiteres Mitglied des Thirring-Clans hingewiesen, den Statistiker, Demographen und Geographen Gusztáv Adolf Thirring (1861-1941), ein Cousin von Ludwig Julius, der mit seinen statistisch-demographischen Arbeiten erstmals die Bevölkerungsgeschichte Ungarns beschrieb und das Communal-Statistische Bureau Budapest zu einer wichtigen wissenschaftlichen Institution machte. Nach seiner Habilitation 1897 wirkte er ab 1906 an der Universität Budapest als tit. a. o. Professor für Demographie und Statistik, und nach ihm ist auch ein in der Nähe von Budapest bei Dobogókö gelegenes Naturdenkmal „Thirring Sziklák" (Thirring-Felsen) benannt. Gelegentlich erzählte der mathematische Physiker Walter Thirring (1927-2014), Hans' Sohn, dass er anlässlich eines Vortrags vor der Ungarischen Akademie der Wissenschaften von deren Präsidenten als „Grossneffe von Gusztáv Thirring" vorgestellt wurde.

Nach einer längeren Verlobungszeit heiratete Ludwig Julius 1887 die aus einer Pressburger Familie stammende Marietta Malowich, deren Vater Hofphotograph des Erzherzogs Maximilian, der spätere Kurzzeit-Kaisers von Mexiko, war. Der Ehe entstammten vier Kinder, Hans, Friedrich (er starb 1893 im Alter von vier Jahren), Ernst Julius (geb. 1890) und Gretl (geb. 1897). Nach dem damals in bürgerlichen Familien üblichen Hausunterricht während der Zeit der ersten beiden Volksschulklassen, nach Absolvierung der Volksschule und des Sophiengymnasiums ab 1899, legte Hans 1907 die Reifeprüfung (Matura) ab und begann an der Universität Wien das Studium der Fächer Mathematik, Physik und Turnen, eine Fächerkombination, die auf ein Lehramt an Gymnasien abzielte, da eine universitäre Laufbahn sich einer Planung weitgehend entzog und Turnen seinen sportlichen Ambitionen entsprach. Wie manche Knaben damals bastelte der junge Hans mit elektrischen Apparaturen und sollte sich dieser Neigung entsprechend eher der experimentellen Physik zuwenden, doch die Vorlesungen Friedrich Hasenöhrls (1874-1915), der Nachfolger Ludwig Boltzmanns (1844-1906) als Vorstand des Instituts für theoretische Physik, faszinierten Hans und brachten einen Umschwung in seinen Interessen. Noch vor seiner Promotion und nachdem er 1910 die Lehramtsprüfung in Turnen abgelegt hatte, wurde er Hasenöhrls Assistent am alten Institut in der Türkenstrasse 3 im 9. Wiener Gemeindebezirk. 1911 promovierte Thirring bei Hasenöhrl mit der Arbeit „Über einige thermodynamische Beziehungen in der Umgebung des kritischen und des Tripelpunktes". Obwohl sich eine akademische Karriere mit seiner Assistentenstelle an Institut für theoretische Physik schon anbahnte, legte er zur eigenen Rückversicherung 1912 noch die Lehramtsprüfungen für die Hauptfächer Mathematik und Physik ab.

## 8.2    Der Physiker im Ersten Weltkrieg

Ausgehend vom Thema seiner Dissertation und angeregt von seinem lebenslangen Freund Erwin Schrödinger (1887-1961), auch er ein Schüler Hasenöhrls, begann Thirring eine Reihe von theoretischen Untersuchungen zur spezifischen Wärme von Kristallen, mit welchen er sich 1915 habilitieren konnte. In dieser Zeit reaktivierte er seine experimentellen Neigungen und begann sich mit dem Bau und der Verbesserung von Selenzellen zu beschäftigen, ein Thema, das ihn über längere Zeit seines Lebens intensiv beschäftigen sollte. Der Meldung als Kriegsfreiwilliger im zweiten Jahr des Ersten Weltkriegs folgte eine sechswöchige Ausbildung als Infanterist. „Die Heldenlaufbahn des Frontdienstes blieb mir allerdings erspart, weil ich Mitte März 1915 einen Urlaub zur Durchführung von Entwicklungsarbeiten an einigen von mir vorgeschlagenen kriegstechnischen Erfindungen erlangte, den ich dann geschickt bis zum Ende des Krieges auszudehnen wusste [...]."[4] Thirring arbeitete im k. u. k. Technischen Militärkomitee an der „Ausbildung lichtelektrischer kriegstechnischer Geräte", für die er verbesserte Selenzellen herstellte, ein *dual use spin off* seiner experimentalphysikalischen Untersuchungen, die sich jedoch „fast alle als praktisch unbrauchbar erwiesen", abgesehen von „gewisse[n] Verbesserungen an Lichttelephoniegeräten und an den für die Empfänger dieser Geräte verwendeten Selenzellen [...]."[5] Mit seinen wissenschaftlich-

---

4    Gabriele Kerber, Ulrike Smola und Brigitte Zimmel, Hrsg., *Hans Thirring – ein homo sapiens. Zitate, Bilder und Dokumente anläßlich der 101. Wiederkehr seines Geburtstages* (Wien, 1989), 16.

5    Zimmel und Kerber, Hrsg., *Hans Thirring. Ein Leben für Physik und Frieden*, 18.

technischen Arbeiten war Thirring dem Heldentum entkommen, was als Akt pazifistischer Gesinnung kaum durchzugehen vermag; der kriegsfreiwillige Professor Hasenöhrl erlitt an der Südtiroler Front 1915 den sinnlosen Heldentod.

Retrospektiv (nach 1945) beschreibt Thirring seine „Erfahrungen" des Krieges, die seine weitere politische Haltung bestimmen sollten, wenngleich seine Worte auch als durchaus „whiggish" und als allzu personal aufpolierte Beschreibung einer eher vermittelten als unmittelbaren Erfahrung der Kriegsgräuel qualifiziert werden können:

> Die Erfahrungen des Ersten Weltkrieges machten mich zum überzeugten Kriegsgegner und Antimilitaristen und dieser Überzeugung, an der ich seither nie mehr wankend wurde, verdanke ich auch meine Abneigung und meine unerschütterlich ablehnende Haltung gegenüber Hitler und dem Nationalsozialismus.[6]

Unbestritten ist, dass Thirring mit zunehmender Zuspitzung der politischen Verhältnisse nach Ende des Ersten Weltkriegs, dem Zerfalls der Donaumonarchie und der wachsenden Polarisierung der politischen Lager in Österreich spätestens ab Mitte der 1930er Jahre in der Friedensbewegung aktiv wurde. In der Zeit davor lag Thirrings wissenschaftlich fruchtbarste Periode.

## 8.3   Professor für theoretische Physik

Nach dem Tod Hasenöhrls übernahm Thirring ab dem Studienjahr 1916/17 dessen fünfstündige Vorlesungen über Mechanik und im Wintersemester 1919/20 erhielt er auch einen Lehrauftrag für eine fünfstündige Vorlesung über Physik an der Technischen Hochschule (heute Technische Universität) in Wien. Der nächste Schritt auf der akademischen Stufenleiter war 1920 die Verleihung des Titels eines außerordentlichen Professors der Universität Wien, der 1921 die Ernennung zum wirklichen außerordentlichen Professor folgte. Er trat damit als Vorstand des Instituts für theoretische Physik die Nachfolge seines Lehrers Hasenöhrl an und erreichte nach einer längeren Wartezeit - eine Sparmassnahme des Unterrichtsministeriums in budgetär extrem angespannten Zeiten des öffentlichen Haushalts - mit der Ernennung zum ordentlichen Professor 1926 den Abschluss seiner akademischen Laufbahn. Mit seiner Ernennung zum Professor bürgerlich und finanziell nunmehr ausreichend gesichert, vermählte sich Thirring 1921 mit Antonia Krisch. „Der Ehe sind zwei Söhne, Harald (geboren 1924) und Walter (geboren 1927)

---

6   Ebd., 16.

entsprungen, die beide die Begabung und Vorliebe für Mathematik und Physik geerbt haben," bemerkt Thirring lapidar.[7]

Zwei Jahre nach Albert Einsteins (1879-1955) Formulierung der allgemeinen Relativitätstheorie (ART) gelang Thirring ein wichtiger Beitrag zu der damals noch umstrittenen neuartigen Gravitationstheorie und zugleich der unbestrittene Höhepunkt seines wissenschaftlichen Schaffens. Zusammen mit dem des Wiener Mathematikers Josef Lense (1890-1985) ist sein Name heute durch die 1918 veröffentlichen Arbeiten zur ART über die Beeinflussung lokaler Inertialsysteme durch rotierende Massen mit dem Lense-Thirring-Effekt verbunden, der 2011 mit Hilfe des NASA-Forschungssatelliten Gravity Probe B auch experimentell bestätigt werden konnte; zur Zeit der Formulierung des Effekts durch Lense und Thirring musste dieser wegen seiner verschwindenden Größe als schlichtweg unmessbar gelten.[8] Heute verdanken u. a. GPS-Systeme ihre hohe örtliche Auflösung der Berücksichtigung des Lense-Thirring-Effekts. Und Thirring verdankte seiner Arbeit zur ART die Bekanntschaft und spätere enge Freundschaft mit Einstein. Nach diesen Publikationen des Jahres 1918 produzierte Thirring keine nennenswerten Originalarbeiten mehr in seinem Nominalfach, der theoretischen Physik, seine Vorlesungstätigkeit jedoch hatten maßgeblichen Einfluss auf die physikalische Ausbildung an der Universität Wien. Das Institut zählte etwa im Studienjahr 1923/24 vierundzwanzig Studierende und Thirring stellte mit Genugtuung fest, dass „rund zwei Dutzend [s]einer ehemaligen Schüler [...] Professuren an Universitäten oder gleichrangigen Forschungsanstalten erlangt[en]".[9] Zu Thirrings Hörern der mittleren und späten 1920er Jahre zählte auch Karl Popper (1902-1994), der von Thirring auch in sein Seminar eingeladen wurde.[10] Seiner Selbsteinschätzung ist beizupflichten, wenn er schreibt: „Ganz im Gegensatz zu meiner Fruchtbarkeit als Lehrer sind meine Leistungen als Forscher eher mager, wenn auch nicht

---

7    Ebd., 20.
8    Hans Thirring, „Über die Wirkung rotierender ferner Massen in der Einsteinschen Gravitationstheorie", *Physikalische Zeitschrift* 19(3) (1918): 33-39. Hans Thirring, „Berichtigung zu meiner Arbeit: ‚Über die Wirkung rotierender Massen in der Einsteinschen Gravitationstheorie'", *Physikalische Zeitschrift* 22(1) (1921): S. 29-30. Josef Lense und Hans Thirring, „Über den Einfluss der Eigenrotation der Zentralkörper auf die Bewegung der Planeten und Monde nach der Einsteinschen Gravitationstheorie", *Physikalische Zeitschrift* 19(8) (1918): 156–163.
9    Österreichisches Staatsarchiv, Archiv der Republik, AVA BMfU 4 G Phil. Physik 26148-I/2 ex 1925. Zimmel und Kerber, Hrsg., *Hans Thirring. Ein Leben für Physik und Frieden*, 21.
10   Karl Popper, *Unended Quest. An intellectual Autobiography* (Glasgow, 1976), 40, 84.

uninteressant."[11] Autoren weiterer Arbeiten aus Wien zur speziellen und allgemeinen Relativitätstheorie sind Thirrings Mitarbeiter Friedrich Kottler (1886-1965),
außerordentlicher Professor am Institut für theoretische Physik (ab 1923), und
Thirrings Freund und Hasenöhrl-Schüler Ludwig Flamm (1885-1964).[12]

Noch lag Thirrings politisches Engagement in zeitlicher Ferne, weitere Arbeiten
zur Relativitätstheorie entstanden in seinem Umkreis, doch ohne seine unmittelbare Beteiligung; in seiner Selbstwahrnehmung fand er den Grund für das schwin-
dende Interesse für Forschungen auf dem Gebiet der theoretischen Physik darin,
dass seine „Bedeutung auf dem Gebiet der angewandten Psychologie" läge, seinem „Streben nach Nebenerwerb aus dem Ausland" (durch Patentlizenzen und
Verlegerhonorare), sowie sein „Interesse an technischen Erfindungen".[13] Thirring
beschäftigte sich mit Verbesserungen der Produktion von Selenzellen und eine
weitere Ablenkung boten experimentelle Untersuchungen auf dem Gebiet der Pa-
rapsychologie (1924) zusammen mit Wiener Kollegen, unter ihnen auch der Mathematiker und Mitbegründer des „Wiener Kreises" Hans Hahn (1879-1934). In
der Zeit 1918 bis 1937 meldete er insgesamt 22 Patente an, darunter 1922 eines
für eine Lichtschranke mit Wechsellicht, das von Zeiss und Siemens weiterentwickelt wurde, sowie 1928 ein technisch und kommerziell durchaus erfolgreiches
Tonfilm-System auf Grundlage der von ihm verbesserten Selenzellen, das sich allerdings gegen die US-amerikanische Konkurrenz nicht durchzusetzen vermochte.

## 8.4    Die 1930er Jahre an der Universität Wien

Keinem kritischen Beobachter der politischen Verhältnisse in Europa konnte die
ab dem Beginn der 1930er Jahre wachsende Bedrohung des innerstaatlichen sozialen Friedens, die Aufhebung von Grund- und Freiheitsrechten nach der Macht-
übernahme Hitlers und der Nationalsozialisten im Januar 1933 in Deutschland, die
zunehmende Militarisierung zwischenstaatlicher Beziehungen, die Ausschaltung
des österreichischen Parlaments und die Errichtung eines diktatorischen autoritär-

---

11  Wissenschaftlicher Nachlass Hans Thirring. Zentralbibliothek für Physik in Wien. Zit. in Zimmel
    und Kerber, Hrsg., *Hans Thirring. Ein Leben für Physik und Frieden*, 21.
12  Peter Havas, „Einstein, Relativity and Gravitation Research in Vienna before 1938", in *The Ex-
    panding Worlds of General Relativity: 4th International Conference on the History of General
    Relativity*, hg. von Hubert Gönner, Jürgen Renn, Jim Ritter und Tilmann Sauer (Boston, Basel,
    Berlin, 1998), 161-206. Hier nebenbei sei hier im Zusammenhang mit Arbeiten zur allgemeinen
    Relativitätstheorie vermerkt, dass von 1897 bis 1898 Karl Schwarzschild (1873-1916) als Assis-
    tent an der Kuffner-Sternwarte in Wien an der Photometrie von Sternhaufen arbeitete.
13  Zimmel und Kerber, Hrsg., *Hans Thirring. Ein Leben für Physik und Frieden*, 22.

faschistischen Regimes im eigenen Land im März 1933 – gestützt vom faschistischen Italien, der verstärkte nationalsozialistische Terror in Österreich und eine erste Welle der politischen Emigration von Intellektuellen aus Österreich unberührt lassen. Ein ab den mittleren 1920er Jahren zunehmend rabiater Antisemitismus an den österreichischen Hohen Schulen, die systematische Hintertreibung und Verweigerung der Habilitation von jüdischen Nachwuchsforschern und die ab den späten 1920er Jahren verstärkten gewalttätigen Manifestationen nationalsozialistischer Studenten und von diesen geführten blutigen Schlägereien an der Universität Wien polarisierten das universitäre Leben bis an den Rand des Zusammenbruchs. Thirring war einer der wenigen Universitätslehrer, die dem gegen jüdische und linke Studierende gerichteten Nazi-Terror und den Parolen „Juden raus", „Rote raus" in den Hörsälen der Wiener Universität mit Abscheu begegnete und sich nicht daran hindern ließ, seine Vorlesungen abzuhalten. Im Falle des Habilitationsverfahrens seines Assistenten Otto Halpern (1899-1982), das dieser 1925 anstrengte und das sich bis 1932 als Hürdenlauf zwischen Entscheidungen der Universität, des Unterrichtsministerium und des Verwaltungsgerichtshof erwies und schließlich gegen Halpern entschieden wurde, zählt zu den skandalösesten Verfahren der österreichischen Universitätsgeschichte.[14] Thirring machte sich keine Illusionen über die Chancen seines Assistenten auf Habilitation, als er 1926 an Schrödinger schrieb, dass die Habilitation Halperns „einerseits von [seinen] ‚Freunden' hier im Haus und andererseits den tonangebenden Hackenkreuzlern [sic!] unserer Fakultät hintertrieben werden könnte."[15] Entschieden bekundete hier Thirring gegenüber Schrödinger seine antifaschistische Haltung im Wissen um die antisemitischen und nationalsozialistischen Kollegen an den Physikalischen Instituten und der philosophischen Fakultät seiner Universität. Für die „Ergebnisse der exakten Naturwissenschaften" verfasste Thirring zusammen mit Otto Halpern 1929 die Abhandlung „Die Grundgedanken der neueren Quantentheorie. Zweiter Teil: Die Weiterentwicklung seit 1926" im Anschluss an die im Vorjahr von Thirring alleine verantwortete Arbeit zur Entwicklung der Quantentheorie bis 1926.[16] Mit diesen beiden umfangreichen Arbeiten spielte Thirring seine umfassende

14  Klaus Taschwer, *Hochburg des Antisemitismus. Der Niedergang der Universität Wien im 20. Jahrhundert* (Wien, 2015), 116. Zu Otto Halpern ausführlich in: Klaus Taschwer, „Der verlorene Schlüssel des Otto Halpern", *Der Standard*, 31. Oktober 2012.
15  Klaus Taschwer, *Hochburg des Antisemitismus*, 117.
16  Hans Thirring, „Die Grundgedanken der neueren Quantentheorie. Erster Teil: Die Entwicklung bis 1926", *Ergebnisse der exakten Naturwissenschaften* 7 (1928): 384-431. Otto Halpern und Hans Thirring, „Die Grundgedanken der neueren Quantentheorie. Zweiter Teil: Die Weiterentwicklung seit 1926", *Ergebnisse der exakten Naturwissenschaften* 8 (1928), 368-508.

Kenntnis der neueren Entwicklung der Quantentheorie didaktisch meisterlich aus
und zeigte auch, dass der rezeptiv auf der Höhe der wissenschaftlichen Entwicklung stand, wenn er diese auch nicht produktiv begleitete.

In Thirring fand Einstein, mit dem er seit 1917 in engem fachlichen Austausch
stand, einen Gleichgesinnten im Kampf gegen Antisemitismus und Faschismus.
Aus Le Coq sur Mer in Belgien, wo Einstein nach seiner Flucht aus Deutschland
sechs Monate lebte, richtete er am 3. März 1933 die folgenden Zeilen an Thirring:

> Es gehört heute viel Mut dazu, das Selbstverständliche zu sagen und zu thun, und es sind
> wahrhaft wenige, die diesen Mut aufbringen. Sie gehören zu diesen wenigen und ich
> drücke Ihnen die Hand als einem, der mir in der ganzen Sinnesart nahesteht. Unseres-
> gleichen gehört die Zukunft oder die Völkerwanderung von unten wird alles Geistige
> zerstören.

> Es handelt sich hier nämlich um viel mehr als die Juden. Diese fallen nur als exponierte
> Position des Geistigen, des Individuellen. Unsere Vertreter der Wissenschaft versagen
> in ihrer Pflicht, für das Geistige einzustehen, [...]

> Noch ist es nicht überall so. Aber wir sehen mit erschreckender Deutlichkeit, dass wir
> kämpfen müssen, [...].[17]

Ab Mitte der 1930er Jahre engagierte sich Thirring aktiv in der Friedensbewegung.

## 8.5  Die Friedensbewegung

Im September 1935 wurde das *Rassemblement Universel pour la Paix* (R. U. P)
gegründet. Die Initiative dazu kam vom britischen Konservativen Edgar Algernon
Robert Viscout Cecil of Chelwood (1864-1958) und vom französischen radikal-
sozialistischen Abgeordneten Pierre Cot (1895-1977), dem späteren (1936) Minister für Luftfahrt in der Volksfrontregierung Léon Blums (1872-1950), als Reaktion
auf die Annexion Abessiniens durch das faschistische Italien. R. U. P. war eine
politisch heterogene Koalition von Antikriegsorganisationen aus Frankreich und
Großbritannien zur öffentlichen Unterstützung friedenserhaltender Maßnahmen
mit Verbindung zur Komintern. Thirring nahm als Vertreter der *Österreichischen
Friedensvereinigung* an einer Sitzung des Hauptausschusses des R. U. P. teil, der
vom 12. bis 13. Juni 1936 unter Vorsitz von Cecil und Cot in Paris tagte. Insgesamt
waren Vertreter aus sechzehn Ländern vertreten, u. a. der französische Physiker

---

17  Zimmel und Kerber, Hrsg., *Hans Thirring. Ein Leben für Physik und Frieden*, 29.

Paul Langevin (1872-1946), der für die intellektuellen Vereinigungen sprach. Die Veranstaltung solle der Vorbereitung des Weltkongresses des R. U. P. dienen, der für 3. bis 6. September 1936 in Genf anberaumt war.[18] Es war Thirrings erster Auftritt als Pazifist und Antifaschist in der Öffentlichkeit.

Thirrings Friedensaktivitäten und seine Mitwirkung bei der Initiative der Frauen-rechtlerin und Pazifistin Marianne Hainisch (1939-1936), Mutter des ersten, 1920 gewählten Bundespräsidenten der Republik Österreich, Michael Hainisch (1858-1940), die noch kurz vor ihrem Ableben ein österreichisches Komitte des R. U. P. gründete, blieben den Sicherheitsbehörden des Ständestaates nicht verborgen, die diese Aktivitäten als zumindest krypto-sozialistisch einstuften. Thirrings Engage-ment war darin sowohl dem Friedensprojekt von Berta von Suttner (1843-1914) als auch der Frauenbewegung verbunden. Einen vor den „Akademikerinnen der Frauenschaft" am Institut für theoretische Physik für Februar 1937 geplanten Vor-trag zum Thema „Die Krise der Kultur und der Wissenschaft" musste Thirring nach einer Intervention von Rektor Leopold Arzt (1883-1955, Rektor der Univer-sität Wien 1936/37) absagen. Arzt, ein Parteigänger der Austrofaschisten, ließ ihn wissen,

> dass die sozialistische Studentenschaft diesen Vortrag geradezu als in den Rahmen der sozialistischen Friedenspropaganda gehörig betrachtet und daher ihre Gesinnungsgenos-sen zu zahlreichem Besuch Ihres Vortrags einlädt. Dabei wird an die Besucher die Auf-forderung gerichtet, in einer Wechselrede, die sich an den Vortrag anschließen soll, vor allen auf die ‚faschistische Kriegsgefahr' hinzuweisen [...] überlasse es Ihrer Wohlmei-nung, ob Sie unter diesen Umständen Ihren Vortrag halten wollen [...]. Schließlich müss-ten Herr Kollege für die gesamte Veranstaltung und deren allfällige Folgen die volle Verantwortung übernehmen.[19]

Die unverhohlene Drohung des Rektors mit der persönlichen Verantwortung für „allfällige Folgen" zeigten Thirring deutlich die Grenzen der vorgeblichen akade-mischen Freiheit. Ein von den Nazihorden zertrümmertes Hörsaalmobiliar konnte teuer zu stehen kommen! Um die Aufmerksamkeit der Sicherheitsbehörden nicht weiter auf sich zu lenken, sagte er auch seine Teilnahme an den Feierlichkeiten anlässlich der Verleihung des Friedensnobelpreises an Cecil, dem Präsidenten des R. U. P., im Herbst 1937 ab und ersuchte den Linkskatholiken, Volksbildner und damaligen Bildungsreferenten der von den Austrofaschisten gleichgeschalteten

---

18   Hans Thirring, „Eine Konferenz für den Frieden", *Neue freie Presse*, 25780 vom 18. Juni 1936, 2.
19   Kerber, Smola und Zimmel, Hrsg., *Hans Thirring – ein homo sapiens*, 35.

Arbeiterkammer Wien, Viktor Matejka (1901-1993), die Leitung der österreichischen Delegation zu übernehmen.

In diese Zeit fällt eine weitere Erfindung des begeisterten Schifahrers Thirring, die öffentliches Aufsehen erregte: ein Segelmantel, der bei raschen Schussfahrten talwärts einen Schwebelauf (wie – neben zahlreichen Einzelpublikationen dazu – Thirrings gleichnamiges Buch betitelt ist) ermöglichte.[20] Im April 1937 meldete er den „Flattermantel" als österreichisches Patent an. Wenn Thirring auch spektakulär die Hahnenkammabfahrt in Kitzbühel mit dem Flattermantel im „Schwebelauf" bewältigte, Breitenwirksamkeit im zunehmend populären Wintersport gewann der Schilauf mit Luftbremse nicht; die Zukunft galt eher dem Rasen und dem Kampf um Sekundenbruchteile.

## 8.6 Innere Emigration und Kriegsarbeit

Nach der Besetzung Österreichs durch das Deutsche Reich am 13. März 1938 wurde Thirring mit Erlass des Österreichischen Unterrichtsministeriums von 22. April 1938 mit sofortiger Wirkung beurlaubt und im Dezember 1938 pensioniert.[21] Am 24. April musste er die Leitung des Instituts für theoretische Physik an seinen Freund Ludwig Flamm, Professor für Physik an der Technischen Hochschule Wien, übergeben. Thirring war – wie auch Schrödinger – einer der wenigen Naturwissenschaftler, die aus politischen Gründen der „Säuberung" der Universitäten durch die Nazis zum Opfer fielen. Wenn er auch sofort seine Dienstwohnung räumen musste, gehörte Thirring unter den *politisch Belasteten* insofern zu den Privilegierten, als er weiterhin an seinem Institut ein, später zwei und drei Räume für sich und seine Mitarbeiter nutzen konnte. „Über das Verhalten meiner Kollegen im physikalischen Institut kann ich mich in keiner Weise beklagen", bekundete Thirring in seinen Aufzeichnungen über die Zeit seiner Pensionierung.[22] Bis zum Ende des Krieges arbeitete er zuerst als wissenschaftlicher Berater, später als Mitarbeiter bei der Firma Elin, wo er mit dem Entwurf und den Berechnungen von

20 Hans Thirring, *Der Schwebelauf* (Wien, Leipzig, 1939). Dies ist Thirrings letzte monographische Publikation vor 1946.
21 Wolfgang L. Reiter, „Das Jahr 1938 und seine Folgen für die Naturwissenschaften an Österreichs Universitäten", in *Vertriebene Vernunft II. Emigration und Exil österreichischer Wissenschaft. Intern. Symposion 19. bis 23. Oktober 1987 in Wien*, hg. von Friedrich Stadler (Wien, München, 1988), 664 - 680. (Unveränderte Neuauflage: Teilband 1, Münster: LIT Verlag, 2004.)
22 Zimmel und Kerber, Hrsg., *Hans Thirring. Ein Leben für Physik und Frieden*, 32.

Zyklotronmagneten sowie von Spezialmagneten für Massenspektrographen beschäftigt war, beides Entwicklungen, die mittelbar im Zusammenhang mit der
deutschen Kernforschung (Reaktor/Atombombe) und des im Rahmen des deutschen „Uranvereins" 1942/43 gegründeten und vom Reichsamt für Wirtschafts-
ausbau finanzierten „Vierjahresplaninstituts für Neutronenforschung" des II. Physikalischen Instituts der Universität Wien unter der Leitung von Georg Stetter
(1895-1988) standen. Ab 1942 war Thirring bei Siemens und Halske Wien im
Röhrenlaboratorium in der Abteilung für Zentimeterwellen mit der Weiterentwicklung der Radartechnik beschäftigt.[23]

Das von Thirring als sein Hauptwerk bezeichnete Buch „Homo Sapiens. Psychologie der menschlichen Beziehungen" entstand als Manuskript ab 1942. Da die
Gestapo seit 1938 mehrmals Hausdurchsuchungen in seiner Wohnung vorgenommen hatte und wie Thirring vermeinte „eine Auffindung des Homo Sapiens-Ma-
nuskripts mich zumindest in ein Konzentrationslager [...] gebracht hätte", galt alle
seine Vorsicht der Sicherheit der Entwürfe des in Arbeit befindlichen Buchs. 1944
gelang es ihm mit Hilfe des schwedischen Vizekonsuls die fertig gestellten Teile
der Entwürfe „nach Schweden zu schmuggeln und einige Zeit später auch dem
Secret Intelligence Service bei der Britischen Legation in Stockholm in die Hände
zu spielen, sodass auf alle Fälle die hauptsächlichsten Ideen auch dann erhalten
geblieben wären, wenn ich das Kriegsende nicht mehr erlebt hätte."[24] Hier wird
deutlich, welche Bedeutung er diesem in Entstehen begriffenen im weitesten Sinne
kulturpsychologischen Werk zumaß, das heute so gut wie vergessen ist und auch
zum Zeitpunkt seines Erscheinens 1947 nicht das erwartete Echo fand. In diesem
zweibändigen Werk stellt Thirring seine Vorstellungen zu einer Psychologie der
kulturellen Entartungserscheinungen (Band 1) und die Probleme des Nationalismus und Weltbürgertums (Band 2) mit pädagogischem Impetus im historischen
Kontext dar.[25] Sein persönliches politisches Programm – quasi die Kurzfassung
seines *Homo Sapiens* – für die Zeit nach 1945 lautete:

> Ich betrachte die Beseitigung der Entartungserscheinungen unserer Kultur, die zwar in
> der Kriegsideologie des Faschismus einen Höhepunkt erreichten, aber keineswegs auf
> die faschistischen Staaten allein beschränkt sind, sondern in anderer Form mehr oder

---

23  Zimmel und Kerber, Hrsg., *Hans Thirring. Ein Leben für Physik und Friede*, 29-32.
24  Ebd., 32.
25  Hans Thirring, *Homo Sapiens. Psychologie der menschlichen Beziehungen. Erster Band: Grund-
    lagen einer Psychologie der kulturellen Entartungserschienungen, Zweiter Band: Vom Natio-
    nalismus zum Weltbürgertum* (Wien, 1947).

minder überall in der Welt auftreten, als die Kulturaufgabe Nummer **eins** der Menschheit und beabsichtige, meine ganze Arbeitskraft in den Dienst dieser Aufgabe zu stellen.[26]

## 8.7   Nachkriegszeit - Kalter Krieg

Im Juli 1945 wurde Thirring rehabilitiert und wieder in seine Funktionen an der Universität Wien eingesetzt, nachdem der bisherige Direktor des Instituts für theoretische Physik, der Sommerfeld-Schüler und Nationalsozialist Erwin Richard Fues (1893-1970) als „Reichsdeutscher" den neuen gesetzlichen Regelungen entsprechend im Mai 1945 „entbehrlich" geworden war.[27] Thirring begann seine akademische Lehrtätigkeit fernab vom vierfach besetzten Wien und nahe zu seiner langjährigen Sommerresidenz in Kitzbühel im Herbst 1945 als Gastprofessor an der Universität Innsbruck mit einer Vorlesung zum Thema „Weltfriede als psychologisches Problem". Ein erster Kontakt zum physikalischen Chemiker und späteren Weggenossen in der Friedensbewegung auf kommunistischer Seite Engelbert Broda (1910-1983) in dessen englischem Exil ergab sich 1947 durch Brodas Initiative „*British Books for Austria*", die durch Geld- und Sachspenden den Mangel an wissenschaftlicher Literatur aus dem angelsächsischen Raum beheben wollte, wie er an den österreichischen Hochschulen während der Nazizeit entstanden war.[28]

Thirring antwortete auf die Atombombenabwürfe über Hiroshima und Nagasaki vom 6. und 9. August 1945 mit einer Einführung in die Atomphysik unter dem Titel „Die Geschichte der Atombombe". In diesem 1946 erschienen Buch beschrieb Thirring erstmals in der öffentlich zugänglichen Literatur die Möglichkeit des Baues einer „Superatombombe", also einer Wasserstoffbombe, wie sie dann 1952 von den USA erstmals zur Explosion gebracht wurde.[29] Thirring gab das Prinzip des Zündmechanismus durch eine Kernspaltungsbombe korrekt an und

---

26  Kerber, Smola und Zimmel, Hrsg., *Hans Thirring – ein homo sapiens*, 40. Vgl. dazu auch: Zimmel und Kerber, Hrsg., *Hans Thirring. Ein Leben für Physik und Frieden*, 32.
27  Hans Thirring. Österreichisches Staatsarchiv, Archiv der Republik, BMU, GZ. 4111/III/4-45 vom 22. August 1945.
28  Hans Thirring, „Bericht über die Notlage der österreichischen Hochschulbibliotheken", Dokumentationsarchiv des österreichischen Widerstands, Wien, 6504. Vgl. dazu auch Wolfgang L. Reiter, „Wissenschaft im Exil: Die *Association of Austrian Engineers, Chemists and Scientific Workers in Great Britain*", in *Political Exile and Exile Politics in Britain after 1933*, hg. von Anthony Grenville und Andrea Reiter (= *The Yearbook of the Research Centre for German and Austrian Exile Studies, Vol. 12*) (Amsterdam, New York, 2011), 21-46.
29  Hans Thirring, *Die Geschichte der Atombombe. Mit einer elementaren Einführung in die Atomphysik auf Grund der Originalliteratur gemeinverständlich dargestellt* (Wien, 1946).

machte numerische Abschätzungen der energetischen Wirkung einer Wasserstoffbombe, die – im Gegensatz zur Atombombe – im Prinzip nach oben nicht begrenzt
ist, wie er feststellte. Er schloss seine Darstellung mit dem Kapitel „Atombombe
und Weltfrieden", das beherrschende Thema der nächsten drei Jahrzehnte seiner
öffentlichen Aktivitäten. Das Buch erstaunt den Leser auch heute noch durch seine
überaus gekonnte pädagogische und didaktische Darstellung komplexer kernphysikalischer Tatsachen und zeigt einmal mehr, dass sich Thirring durchaus auch auf
der Höhe des damaligen Wissens in der Kernphysik bewegte. Das Erscheinen dieses Buches erregte beträchtliches Aufsehen, v. a. auch in den USA, und trug ihm
den Verdacht des Krypto-Kommunismus ein.

Als Dekan der philosophischen Fakultät im Studienjahr 1946/47 war Thirring auch
in die Entnazifizierung der Universität Wien involviert und damit auch in die Ent-
lassung des Mathematikers und NSDAP-Mitglieds Anton Huber (1897-1975),
„ein Mann unbekannter wissenschaftlicher Meriten", wie Walter Thirring sarkas-
tisch anmerkt, der unter die Fittiche des US-amerikanischen Geheimdienstes CIC
schlüpfen konnte und Thirring als Kommunisten denunzierte.[30] Seit dem Erscheinen seines Bomben-Buches hatte Thirring lange Zeit Schwierigkeiten, ein US-
Visum zu bekommen. Bei seiner ersten Amerikareise 1911 mit dem Akademischen Gesangsverein waren Reisedokumente noch nicht nötig gewesen.

Wenn Thirring unmittelbar nach Kriegsende im Juni 1946 zum korrespondieren-
den Mitglied der mathematisch-naturwissenschaftlichen Klasse der Österreichischen Akademie der Wissenschaften (ÖAW) gewählt wurde, so mag man darin
über die wissenschaftliche Anerkennung hinaus auch einen Akt der Rehabilitie-
rung sehen; die Wahl zum wirklichen Mitglied blieb ihm allerdings verwehrt. Es
ist nicht allzu weit hergeholt, darin den Einfluss jener wahlberechtigten Mitglieder
der Akademie, die zwischen 1938 und 1945 aufgenommen worden waren und
nach 1945 weiter Mitglieder der ÖAW verblieben, zu vermuten, für die Thirring
politisch mehr als suspekt sein musste, sowie jener dominanten klerikal-konserva-
tiven Kreise unter den wirklichen Mitgliedern der Akademie, für die er den Geruch
des *fellow travellers* der Kommunisten verströmte.[31] Thirring selbst hatte ausreichende Einsicht in die politische und menschenrechtliche Situation in der Sowjetunion, nicht zuletzt durch Informationen, die Friedrich Houtermans (1903-1966)
bei einem Besuch während des Krieges bei den Thirrings in Wien geben konnte,

---

30    Hans Thirring, *Ein Leben für Physik und Frieden*, 47. Walter Thirring, *Lust am Forschen. Lebens-
      weg und Begegnungen* (Wien, 2008), 24.
31    Walter Thirring, „Erinnerungen an meinen Vater", in *Hans Thirring – ein homo sapiens*, 48.

der zwischen Dezember 1937 und April 1940 in diversen sowjetischen Gefängnissen inhaftiert war, 1940 aufgrund einer Absprache der sowjetischen und der deutschen Stellen über die Auslieferung politischer Emigranten und technischer Spezialisten, die in der Sowjetunion inhaftiert waren, vom NKWD an die Gestapo ausgeliefert wurde und aus der folgenden Gestapo-Haft in Berlin auf Betreiben von Max von Laue (1879-1960) hin entlassen wurde und wieder als Physiker arbeiten konnte.[32] Man kann nur darüber spekulieren, ob die beiden in Wien auch über die Physik der Atombombe gesprochen haben.

Thirring entfaltete ab 1948 eine intensive Vortrags- und Reisetätigkeit im Dienste der Völkerverständigung und der Friedenserziehung, schrieb eine Vielzahl von Artikel in österreichischen, schweizerischen und deutschen Zeitungen über eine neue Friedenspolitik und warnte eindringlich vor der globalen Bedrohung durch Atomwaffen. Über ideologische Differenzen hinweg fand er dabei in Broda einen Partner im Kampf gegen das nukleare Wettrüsten.

Mit der Gründung einer Reihe von Zeitschriften in Deutschland (*Der Monat*), Frankreich (*Preuves*), Grossbritannien (*Encounter*) und Österreich (*Forum*), mitfinanziert von der CIA und unterstützt durch renommierte Schriftsteller und Publizisten als Autoren,[33] begann 1948/50 der „Kalte Krieg der Literatur" im Kampf um die kulturelle und psychologische Hegemonie gegenüber der Sowjetunion. Von dem Publizisten und früheren Kulturoffizier an der US-amerikanischen Kommandantur in Berlin, Melvin J. Lasky (1920-2004), dem Initiator und Mitbegründer des *Monats,* wurde auf Basis der breiten Unterstützung durch die – in überwiegenden Ausmaß eher linksliberalen – Autoren der neu gegründeten Zeitschriften 1950 der *Congress for Cultural Freedom* gegründet, der zusammen mit dem Netzwerk der Publikationsorgane von Michael Josselson (1908-1978), ein CIA-Agent, operativ gemanagt und auf Umwegen durch die CIA finanziert wurde.

Thirring nahm als einer von 200 Delegierten am *Kongress für kulturelle Freiheit* teil, der in Berlin im Titania-Palast vom 26. bis 27 Juni 1950 stattfand. Thirring wollte sich in einem für den 27. Juni geplanten Referat in scharfen Worten gegen

32 Mikhail Shifman, *Physics in a Mad World: Houtermans, Golfand* (Minnesota, 2015). Viktor J. Frenkel, *Professor Friedrich Houtermans - Arbeit, Leben, Schicksal. Biographie eines Physikers des zwanzigsten Jahrhunderts*, herausgegeben und ergänzt von Dieter Hoffmann unter Mitwirkung von Mary Beer. Preprint 414. Max-Planck-Institut für Wissenschaftsgeschichte 2011.
33 U. a. Theodor W. Adorno, Hannah Arendt, Raymond Aron, Margarete Buber-Neumann, Franz Borkenau, Albert Camus, Benedetto Croce, Milovan Djilas, François Furet, Francois Fetjö, Sidney Hook, Karl Jaspers, Eugen Kogon, Arthur Koestler, Golo Mann, Czeslaw Milosz, George Orwell, Jules Romains, David Rousset, Bertrand Russell, Ignazio Silone, Manès Sperber.

alle „Kriegstreiber" an allen Fronten wenden, insbesondere aber die USA attackieren. Die allerjüngsten Ereignisse in Korea - einen Tag vor Beginn des Kongresses, am 25. Juni 1950, hatten nordkoreanische Truppen Südkorea angegriffen - ließen Thirrings Annahme, dass die politische Aggressivität der Sowjetunion nicht in eine militärische umschlagen werde, in sich zusammenfallen. Thirring zog sein Referat zurück, in dem er für eine neutrale Haltung in der Auseinandersetzung zwischen Ost und West, die am Kongress u. a. von Arthur Koestler (1905-1983) scharf kritisiert worden war, werben wollte. Allerdings lag die schriftliche Fassung seines Referats den Teilnehmern der Konferenz sowie auch der Presse bereits vor. Thirrings Rückzug war somit öffentlich und dieser zog eine intensive und delikate Debatte über mögliche Repressalien gegen Andersdenkende nach sich, die es auszuschließen galt.[34]

Thirrings Rückzieher wurde sogar in der fernen Studentenzeitung *The Daily Illini* kommentiert:

> BERLIN— Austria's atomic physicist Hans Thirring suddenly called off a prepared speech blasting at American „war psychosis" yesterday.
>
> He told the Congress for Cultural Freedom in West Berlin that because of developments in the Far East he was scrapping his speech.
>
> As issued in advance, it said Russia pursued peaceful aims and that any who thought Stalin will act like Hitler are wrong. The congress is sponsored by a non-communist intellectual group. Prof. G. A. Borgese of the University of Chicago told the delegates men of letters „even in our enlightened Atlantic community" must guard their freedoms. He said the American Postmaster General can sentence literature to „virtual death" by banning it from the mails and that „much of the motion picture world has been pushed to the verge of stupidity" by censorship or boycotts.[35]

Zum Zeitpunkt des Berliner Kongresses war die Friedensbewegung längst integraler Teil der seit 1948 sich zunehmend verschärfenden, vorerst lediglich ideologischen und politischen Auseinandersetzung zwischen Ost und West geworden. So konstituierte sich am 28. November 1949 in Österreich auf vorerst provisorischer Grundlage ein von der Kommunistischen Partei Österreichs (KPÖ) organi-

---

34  Sven Hanuschek, Therese Hoernigk und Christine Malende, Hrsg., *Schriftsteller als Intellektuelle: Politik und Literatur im Kalten Krieg* (Tübingen, 2000).
35  „Physicist Cancels ‚Psychosis' Talk", in *The Daily Illini* (University of Illinois at Urbana-Champaign), 28. Juni 1950, 6.

sierter *Friedensrat*, der bei der ersten Tagung des *Österreichischen Friedenskon-gresses*, am 10./11. Juni 1950 in Wien einen *Österreichischen Friedensrat* grün-dete, dem unter anderen neben dem Schriftsteller und Ehrenpräsidenten der Öster-reichischen Friedensgesellschaft Franz Theodor Czokor (1885-1969), dem Nationalökonomen Josef Dobretsberger (1903-1970), dem Publizisten Edwin Rol-lett ((1889-1964), dem Schriftsteller und KPÖ-Politiker Ernst Fischer (1899-1972) auch Thirring angehörte.[36] Der Friedensrat zielte als „überparteiliche" Organisa-tion auf jene Kulturschaffenden und Intellektuellen, die gewillt waren, im Rahmen der international koordinierten Friedensbewegung mit der KPÖ zu kooperieren.[37] Dass diese vom politischen Gegner als „fünfte Kolonne" oder „Kryptokommunis-ten" abgekanzelt wurden, war Teil der Rhetorik des Kalten Kriegs. Und Thirring hatte sich mit seiner Teilnahme an einer verdeckten KP-Aktion ins Räderwerk des Kalten Kriegs verstrickt.

Nach der Invasion Südkoreas durch nordkoreanische Truppen kehrte Thirring dem *Österreichischen Friedensrat* den Rücken. Die politischen Realitäten und nicht zuletzt die Erfahrung mit dem für den Berliner Kongress geplanten Referat ließen keine andere Wahl, wollte er seinen Kampf für Frieden und Abrüstung nicht selbst beschädigen. Die von ihm imaginierte Haltung einer „Neutralität" in der Beurtei-lung des Ost-West-Konflikts war am Kalten Krieg gescheitert.

Die Hamburger *Zeit* vom 24. August 1950 berichtete unter dem Titel *Krieg im Friedensrat. Auch in Wien wendet sich die Intelligenz von den Kommunisten ab* über den Exodus von Mitgliedern des Friedensrates mit unverhohlener Häme. Hier folgt ein Stück Prosa *à la* Kalter Krieg:

> Der „österreichische Friedensrat" war eine Blume mit dunkelrotem Fruchtgrund und ro-saroten Blütenblättern. Der Fruchtgrund, das war die KPÖ, die Blütenblätter jene Pro-minenten, die, ohne Kommunisten zu sein, doch die kommunistische Forderung unter-stützten, die einzige Waffe zu bannen, in der die atlantische Gemeinschaft die Überlegenheit besitzt.

---

36  Thirring war Mitglied des Ende März 1949 in Wien gegründeten Delegiertenkomitees für die Vor-bereitungen des Pariser Weltfriedenskongresses (20. bis 25. April 1949). Vgl. dazu: Gerhard Ober-kofler, *Georg Fuchs. Ein Wiener Volksarzt im Kampf gegen den Imperialismus* (Innsbruck, Wien, Bozen, 2011), 112. Josef Dobretsberger (1903-1970), von seinen politischen Gegnern „Sowjets-berger" genannt, Kelsen-Schüler und Linkskatholik, ab 1934 Ordinarius für politische Ökonomie an der Universität Graz, ab 1935 Sozialminister der Ständestaat-Regierung, nach 1938 Emigration in die Türkei und Ägypten, Rückkehr nach Österreich 1946.
37  Ausgangspunkt der Aktivitäten war der Pariser Weltfriedenskongress, für den Pablo Picasso die Friedenstaube als Symbol schuf.

Es fiel ein koreanischer Reif in der Frühlingsnacht ... die Blume verlor ihre Blütenblätter, und es erwies sich, daß keine Frucht sich hatte bilden können. Als erstes müdes Blatt schwebte der Atomphysiker Hans Thirring hernieder auf den Boden politischer Realitäten. In seiner Kampfansage an den Friedensrat schrieb er, daß er weder an einem südkoreanischen Überfall noch an eine innere Auseinandersetzung glauben könnte. Er fügte hinzu: „Lassen wir diese Argumentation zu, dann werden eines Tages zehn motorisierte und zehn Infanteriedivisionen der deutschen Ostpolizei mit Panzern und Geschützen von der Elbe bis zum Rhein vordringen, und das Ganze wird den Titel tragen: ‚Säuberung Deutschlands von den Lakaien der Bourgeoisie‘." Bravo, Thirring! Besser spät als gar nicht.

Dem Physiker folgte der Poet: Franz Theodor Czokor, seines Zeichens Schriftsteller und Präsident des PEN-Clubs, letzter Repräsentant eines kraftgenialischen Caféhaus-Künstlertyps. Eine gewisse innere Unruhe hatte ihn in die Ferne getrieben, aus der er 1945 in englischer Uniform nach Wien zurückgekehrt war, um alsobald eine Art „innere Emigration" in die „Heimat aller Werktätigen" anzutreten, aus der er nun ebenfalls heimgekehrt ist. „Wir wußten es immer", sagen seine Freunde. „Er ist hier allzusehr verwurzelt ... hat er es nicht auch fertiggebracht, selbst in englischer Uniform stets so auszusehen, als hätte er die Nacht auf einer österreichischen Almhütte verbracht?"

Der Versuch, eine nichtkommunistische Intelligenzgruppe vor den Kominformwagen zu spannen, ist damit in Österreich gescheitert.[38]

Zu klären bleibt, ob Thirring am prominent besetzten Treffen des vom Weltfriedensrates organisierten *Völkerkongress für den Frieden in der Welt* im Dezember 1952 in Wien noch teilgenommen hat.[39]

Zog sich Thirring auch von den Friedensaktivitäten im Vorfeld kommunistisch gesteuerter Bewegungen zurück und musste ab Beginn des Koreakriegs seiner neutralistischen Haltung im Ost-West-Konflikt absagen, so verlor er das Ziel einer aktiven Friedenspolitik keinesfalls aus den Augen. Dieser Kampf gewann für Thirring ab Mitte der 1950er Jahre unversehens eine neue und nunmehr internationale Dimension.

---

38  „Krieg im Friedensrat", http://www.zeit.de/1950/34/krieg-im-friedensrat, eingesehen am 18.3.2016.
39  Vgl. dazu: Gerhard Oberkofler, *Georg Fuchs*, 115-116. Christian Fleck, *Der Fall Brandweiner. Universität im Kalten Krieg* (Wien, 1987), 31, Fn. 65.

## 8.8 Pugwash und die Weltkraftkonferenz

Mit der Gründung der Pugwash-Bewegung in Verfolg des Russell-Einstein-Manifestes vom Juli 1955 erhielt dieser Kampf eine internationale Plattform und Thirring war der einzige Teilnehmer der ersten Pugwash-Konferenz 1957 aus einem deutschsprachigen Land, nachdem Wissenschaftler aus der Bundesrepublik Deutschland, unter ihnen Otto Hahn und Werner Heisenberg, die Einladung zur Teilnahme ausgeschlagen hatten.[40] Auf Thirrings Initiative hin fand die dritte Pugwash-Konferenz 1958 in Kitzbühel und Wien statt, an deren Zustandekommen und Finanzierung Bruno Kreisky (1911-1990) als damaliger Direktor der Theodor-Körner-Stiftung maßgeblich beteiligt war. Der „*Vereinigung Österreichischer Wissenschaftler*" (VÖW), der 1960 am Physikalischen Institut gegründete lokalen Zweig der Pugwash-Bewegung, diente Broda ab 1969 als geschäftsführender Vizepräsident; Gründungspräsident war der Physiker Karl Przibram (1878-1973, Präsident der VÖW bis ungefähr Februar 1969) mit Thirring als Vizepräsidenten. Eine unmittelbare organisatorische und inhaltliche Zusammenarbeit zwischen Thirring und Broda ergab sich im Rahmen der Pugwash-Bewegung und der Organisation von Konferenzen in Österreich: 1959 in Baden bei Wien (mit Thirring als Präsidenten und Broda als geschäftsführenden Vizepräsidenten). Eine Konferenz 1980 in Bad Deutsch-Altenburg warnte davor, dass es keinen begrenzten Atomkrieg geben könne, ganz im Sinne des schon verstorbenen Friedenskämpfers Hans Thirring.

Bemerkenswert ist die Konstellation von Akteuren bei der Vorbereitung und Organisation der Fünften Weltkraftkonferenz (heute Weltenergiekonferenz) in Wien 1956, dessen Programmkomitee mit Hans Thirring und Wilhelm Frank (1916-1999 ein Physiker und ein Mathematiker – der eine 1938 entlassen, der andere 1938 emigriert – angehörten. Die Wiener Weltkraftkonferenz, die vom 17. bis 23. Juni 1956 mit über 2000 aktiven Teilnehmern und bis zu fünf Parallelsessionen tagte, war die erste große internationale Konferenz, die nach 1945 in Österreich stattfand. Im Zuge der Vorbereitungen der Konferenz war für die beiden Organisatoren, Thirring und Frank, ein heikles Problem zu lösen: Für die Eröffnungsansprache musste eine Persönlichkeit in Österreich gewonnen werden, die unangefochtenes Ansehen in der ganzen Welt und hohe wissenschaftliche Reputation in

---

40 Carola Sachse, „Die Max-Planck-Gesellschaft und die Pugwash Conferences on Science and World Affairs (1955–1984)", Max-Planck-Institut für Wissenschaftsgeschichte, Preprint 479/2016.

sich vereinigte. Das war im Jahre 1956 in Österreich eine durchaus delikate politische Aufgabe. Mit Erwin Schrödinger, der im April 1956 nach Österreich zurückgekehrt war und an der Universität Wien eine *ad personam* Professur angenommen hatte, gelang es, diese unbestrittene Persönlichkeit als Festredner zu gewinnen.[41] Schrödinger wählte als Thema seiner Festrede die Frage, „welche materiellen Vorgänge […] direkt mit dem Bewußtsein verknüpft" sind und erweiterte seine Überlegungen mit evolutionären Ansätzen und skizzierte „eine Theorie der Bewußtheit", die „den Weg zu einem naturwissenschaftlichen Verständnis der Ethik […] eröffnen" sollte. „Schrödingers Festansprache hat in der Tat einen wichtigen Beitrag zum Erfolg der fünften – der ‚Wiener' – Weltkraftkonferenz geleistet […]", kommentierte Frank retrospektiv.[42] Schrödinger war nach langem Zögern, diese Aufgabe zu übernehmen, von seinem alten Freund Thirring schließlich dazu überredet worden.[43]

Thirring und Broda verband eine intensive Beschäftigung mit Fragen der Energiegewinnung. Schon anlässlich der von Thirring mitorganisierten 5. *Weltkraftkonferenz* übernahm er den Generalbericht für die Sektion „*Andere Energiequellen und Sonderverfahren zur Nutzbarmachung von Energiequellen*" und setzte sich publizistisch für die Nutzung der Sonnenenergie ein, für die Erforschung deren Potentials auch Broda eintrat. Das energiepolitische Engagement Brodas, das ihn mit seinem Auftreten gegen den geplanten Bau eines Wasserkraftwerks in der Wachau ab 1973 zur öffentlichen Figur und entschiedenen Vorkämpfer für den Umweltschutz und den Erhalt der Kulturlandschaft werden ließ, machte ihn im Zuge der Debatten um die Inbetriebnahme des österreichischen Kernkraftwerks Zwentendorf (1978) als Naturwissenschaftler zum Warner vor den mit der Kerntechnologie verbundenen Gefahren, durchaus zur Verwunderung mancher seiner politischen Freunde. Friedenspolitik und Energiepolitik waren für beide, Thirring und Broda, im atomaren Zeitalter eng verzahnte Zwillinge des politischen und wissenschaftlichen Diskurses auf der internationalen Bühne.

41  Erwin Schrödinger, „Festrede, gehalten bei der Eröffnung der fünften Weltkraftkonferenz, Wien 1956", in Erwin Schrödinger, *Gesammelte Abhandlungen, Band 4, Allgemeine wissenschaftliche und populäre Aufsätze* (Braunschweig, Wiesbaden, Wien, 1984), 585-591.
42  Wilhelm Frank, „Die fünfte Weltkraftkonferenz in Wien 1956", in *Dokumente, Materialien und Bilder zur 100. Wiederkehr des Geburtstages von Erwin Schrödinger*, hg. von Gabriele Kerber, Auguste Dick und Wolfgang Kerber (Wien, 1987), 140-141.
43  Wolfgang L. Reiter, „Die Fünfte Weltkraftkonferenz Wien 1956 – ein erster Schritt Österreichs nach 1945 in die Internationalität", in *Wissenschaft, Technologie und industrielle Entwicklung in Zentraleuropa im Kalten Krieg*, hg. von Wolfgang L. Reiter, Juliane Mikoletzky, Herbert Matis und Mitchell G. Ash (Wien, 2017), 314-338.

## 8.9   Der Politiker

Eine unmittelbar politische Tätigkeit übernahm Thirring als von der Sozialistischen Partei Österreichs entsandtes Mitglied des Bundesrates, der Länderkammer des österreichischen Parlaments, in der Zeit von 1957 bis 1963, die ihm über die Arbeit im Parlament hinaus Möglichkeiten einer breiteren öffentlichen Wirksamkeit für seinen Einsatz zur Sicherung des Friedens und für eine allgemeine Abrüstung bot. In seinem Memorandum vom Dezember 1963 „*Mehr Sicherheit ohne Waffen*", bekannt als *Thirring-Plan*, unterbreitete er den Vorschlag einer vollständigen Abrüstung des neutralen Österreichs, damit der Abschaffung des Bundesheeres und der mit den Nachbarstaaten vertraglich zu sichernden Einrichtung von demilitarisierten Zonen an den Landesgrenzen unter Gewährleistung durch die UNO.[44] Die Reaktionen auf Thirrings Vorschlag reichten von zurückhaltender, manchmal ironisierender bis empörter Ablehnung; obwohl der *Thirring-Plan* von den Medien aufgegriffen wurde, kam es zu keiner breiten, von ihm erhofften politischen Diskussion seiner Vorschläge. Er geriet mit seinem Plan nicht zuletzt in das polarisierende Spannungsfeld zwischen Ost und West, eine Konstellation, in der die Annahme und Praktikabilität von vertrauensbildenden Maßnahmen, wie er sie für Österreich mit seinem Plan vorschlug, als realitätsfremd galten. An seinen vielfältigen Aktivitäten für den Frieden hielt Thirring bis zu seinem Tod am 22. März 1976, einen Tag vor seinem 88. Geburtstag, unbeirrt fest.

Vom *Lense-Thirring-Effekt* bis zum *Thirring-Plan* spannt sich das Lebenswerk Thirrings, der sich selbst eher als Psychologe denn als Physiker und Techniker verstand; ein unermüdlich Schreibender, dessen Werkverzeichnis 25 Monographien, 515 unselbständige Arbeiten und 23 Patente aufweist.[45] „Mein Vater verstand sich stets als Philosoph, als Weiser, [...]", schreibt sein Sohn Walter in seinen biographischen Aufzeichnungen und charakterisiert ihn damit als einen Forscher jenseits enger fachlicher und weltanschaulicher Verbindlichkeiten, als eine Figur, die als Wissenschaftler, als Lehrer, Publizist und Politiker weit hinausdachte und hinauswirkte in den öffentlichen Raum der Gesellschaft, deren Verbesserung er sich verpflichtet fühlte.[46]

---

44  Hans Thirring, *Mehr Sicherheit ohne Waffen* (Wien, 1963).
45  Zimmel und Kerber, Hrsg., *Hans Thirring. Ein Leben für Physik und Frieden*, 143-202.
46  Walter Thirring, *Lust am Forschen*, 20.

# 9 Die Genfer Atomkonferenz von 1955 und die Anfänge der Pugwash Conferences on Science and World Affairs: Zwei diplomatische Handlungsebenen US-amerikanischer Kernphysiker im Kalten Krieg

*Ulrike Wunderle*

Im August 1955 kamen erstmals Wissenschaftlerinnen und Wissenschaftler[1] aus Ost und West zusammen, um gemeinsam über die zivile Nutzung der Atomenergie zu diskutieren. Die zweiwöchige „International Conference on the Peaceful Uses of Atomic Energy" (8.-20. August 1955) fand unter der Ägide der Vereinten Nationen im Völkerbundpalast in Genf statt. Dort widmeten sich über 1.400 Atomforscher aus 73 Nationen Fragen des Weltenergiebedarfs und der Bedeutung der Atomenergie für die Energieversorgen ebenso, wie konkreten Fortschritten in der Reaktortechnologie. Auch den Lebenswissenschaften und dem Nutzen von Radioisotopen wurde Beachtung geschenkt.[2] Die Themen, aber auch die wissenschaftliche Prominenz, die sich zum blockübergreifenden Austausch zusammenfand, zogen die Aufmerksamkeit der Weltöffentlichkeit auf das wissenschaftliche Großereignis.[3] Der US-amerikanische Kernphysiker Isidor Isaac Rabi, wissenschaftli-

---

1 Zwar waren nicht alle Konferenzteilnehmer, aber doch fast alle Personen, die im Untersuchungszeitraum in leitender Funktion an den beschriebenen Prozessen beteiligt waren, männlich. Die folgende Nutzung des entsprechenden Genus spiegelt dies wider.

2 Vereinte Nationen, Hrsg., *Proceedings of the International Conferences on the Peaceful Uses of Atomic Energy, Geneva, 8. August – 20. August 1955*, 16 Bände (New York, 1956). Zu den Zahlen: „Seventy-three States and 8 specialised agencies of the United Nations sent delegations to the Conference, the total number of delegates being 1428." Ebd. Bd. 16, x.

3 Die Nationen waren durch ihre Top-Wissenschaftler in den konferenzrelevanten Gebieten vertreten, so zählten u.a. Hans Bethe, Ernest O. Lawrence und Isidor I. Rabi für die USA, Andrei Kursanow, Igor Tamm und Wladimir Weksler für die Sowjetunion, John Cockroft und Rudolf Peierls für Großbritannien zu den Teilnehmern. Otto Hahn leitete die Delegation der Bundesrepublik Deutschland. Alle Teilnehmer sind aufgelistet in: *Proceedings of the International Conferences on the Peaceful Uses of Atomic Energy, Geneva, 8. August - 20. August 1955*, Bd.16. Zur Interpretation der Konferenz im Kontext wissenschaftlicher Kriegserfahrungen und Friedenskon-

cher Initiator und Co-Präsident der Konferenz, erkannte eine wesentliche langfristige Bedeutung der Veranstaltung in der blockübergreifenden (Re)Internationalisierung der Community und den daraus resultierenden Beratungsmöglichkeiten wissenschaftlicher Experten gegenüber ihren Regierungen:

> [this conference] introduced a human as well as a scientific connection (…). The scientists met, they got to know one another, and in this way they were able to influence their own governments. I think it changed the whole direction of things.[4]

Blickt man auf die Konferenz in ihrem weiteren zeithistorischen Kontext, treten andere Aspekte der wissenschaftsdiplomatischen Aktivität in den Vordergrund.[5] Die erste Genfer Atomkonferenz war vorrangig eine amerikanische Initiative, basierend auf der US-amerikanischen Atoms-for-Peace-Strategie, initiiert zur Kontrolle nuklearer Ängste sowie zur Eindämmung des sowjetischen Einflusses in Europa und der blockfreien Welt.[6] Die Interpretation der wissenschaftlichen Zusammenkunft als Schaukampf um kulturelle Hegemonie vor der Weltöffentlichkeit im Namen des „Friedens", eines der heiß umkämpften Begriffe des Ost-

---

zeptionen der US-amerikanischen Kernphysikerelite, siehe ausführlich: Ulrike Wunderle, *Experten im Kalten Krieg. Kriegserfahrungen und Friedenskonzeptionen US-amerikanischer Kernphysiker 1920-1963* (Paderborn, 2015).

4    Rabi zitiert in: John S. Rigden, *Rabi: Scientist and Citizen* (New York, 1987), 244.

5    Wissenschaftsdiplomatie verwendet wissenschaftliche Kooperationen und Partnerschaften in sehr unterschiedlichen formellen und informellen Ausprägungen zur Lösung politischer Probleme, oder wie Tim Flink und Ulrich Schreiterer hervorheben: „Apart from strengthening a nation's knowledge and innovation base, international scientific cooperation comes to be seen as an effective agent to manage conflicts, improve global understanding, lay grounds for mutual respect and contribute to capacity-building in deprived world regions." (Tim Flink und Ulrich Schreiterer, „Science diplomacy at the intersection of S&T policies and foreign affairs: toward a topology of national approaches", *Science and Public Policy* 37(9) (2010): 665.) Zugleich geht es freilich immer auch um Werbung für die eigenen kulturellen Leistungen, die Attraktivität für ausländische Talente und Investoren sowie um Einfluss auf die öffentliche Meinung, auf Politik und Wirtschaft in anderen Staaten: „Soft power" – durch Wissenschaftsdiplomatie – „has been defined as a nation's ability to attract sympathy, talents, capital, and political support to improve both its leverage and international standing" (Joseph Nye 1990, zitiert in: ebd.: 669). Diese zwei Facetten der Wissenschaftsdiplomatie zur Problemlösung einerseits und zur Einflussnahme andererseits sind für die Einschätzung des internationalen Wissenschaftsaustauschs im Kalten Krieg wesentlich.

6    Aufgrund dieses Zusammenhangs wäre es präziser, von einer Atoms-for-Peace-Konferenz zu sprechen. Hier wird jedoch der in der deutschen Übersetzung übliche Begriff der Genfer Atomkonferenz genutzt. Zu den angeführten Interpretationen, siehe: Michael Eckert, „,Atoms for Peace' – eine Waffe im Kalten Krieg", *bild der wissenschaft* 5 (1987): 65-74; Frank Schumacher, „,Atomkraft für den Frieden': Eine amerikanische Kampagne zur emotionalen Kontrolle nuklearer Ängste", *SOWI – Sozialwissenschaftliche Informationen* 3 (2001): 63-71; Victor Rosenberg, *Soviet-American Relations, 1953-1960. Diplomatic and Cultural exchange during the Eisenhower Presidency* (Jefferson, N.C. und London, 2005).

West-Konflikts, scheint daher durchaus naheliegend – oder zumindest ebenso plausibel wie die von Rabi geäußerte Sichtweise. Die vermutete enge Anbindung der wissenschaftlichen Akteure an die politischen und ideologischen Leitlinien ihrer Regierung, hier der US-amerikanischen, wirft die Frage nach der Rolle der Wissenschaft im Kalten Krieg auf: Waren die Kernphysiker einzig Ausführende politischer Vorgaben auf wissenschaftlichem Parkett? Waren Eigeninitiativen im Rahmen der Politik möglich – oder gar unabhängige Initiativen? Was waren die Motive der handelnden Wissenschaftler?

Um diese Fragen zu untersuchen, wird die erste Genfer Atomkonferenz als Beispiel für die Einbindung der internationalen Kernphysikerelite in die offizielle Wissenschaftsdiplomatie einer sehr anders gearteten Form diplomatischer Beteiligung gegenübergestellt, den Pugwash Conferences on Science and World Affairs.[7] Denn auch die Teilnehmer dieser Konferenzen nahmen für sich in Anspruch, als Wissenschaftler eine Brücke zwischen Ost und West bilden zu können, wählten aber ganz andere Formate und Kommunikationswege mit dem Ziel, die Bedeutung von Atomwaffen in der internationalen Politik zu reduzieren, bzw. diese Waffen ganz abzuschaffen.[8]

Mit Blick auf die Kernphysiker der führenden Welt- und Atommacht des Westens, den USA, wird im ersten Teil des Beitrags anhand der ersten Genfer Atomkonferenz untersucht, wie Wissenschaftler sich über die Blockgrenzen am Kampf um kulturelle Hegemonie im Namen des „Friedens" beteiligten und ihrerseits Nutzen aus diesem Bündnis mit der US-Politik zogen. Im zweiten Teil werden die Aktionsformen der Pugwash-Bewegung genauer betrachtet, um schließlich zu eruieren, inwiefern und auf welcher Grundlage beide Handlungsebenen der Wissenschaftsdiplomatie einander in der Praxis zugutekamen.

## 9.1 Die Genfer Atomkonferenz von 1955: Einbindung in die offizielle Wissenschaftsdiplomatie

Um sich die Rolle der US-amerikanischen Physikerelite im Rahmen der Genfer Atomkonferenz zu erschließen, lohnt ein Blick auf ihre Ursprünge. Am 8. Dezember 1953 hatte der US-amerikanische Präsident Dwight D. Eisenhower vor der

---

7 Siehe zur diplomatischen Einbindung der US-amerikanischen Wissenschaftselite: Wunderle, *Experten im Kalten Krieg*, Kap. 11-14.

8 „The Pugwash Conferences on Science and World Affairs. The Nobel Prize 1995", https://pugwash.org/1955/07/09/statement-manifesto/, eingesehen am 07.04.2017.

UN-Generalversammlung das Konzept der „Atomkraft für den Frieden" als eine Maßnahme gegen die Gefahren des atomaren Rüstungswettlaufs präsentiert, der nicht nur den Frieden, sondern alles Leben auf der Welt überschattete.[9] Ausgehend vom Nutzen der zivilen Atomforschung für die Menschheit schlug er als konkrete Maßnahme die Errichtung einer internationalen Atomenergiebehörde vor, die spaltbares Material der Atommächte – vorrangig der USA und der Sowjetunion – verwalten und für zivile Forschungszwecke an Drittstaaten weiterleiten sollte.[10] Die Initiative wurde in den Medien sehr positiv aufgenommen und entfachte in Politik und Öffentlichkeit neue Hoffnungen auf die ungekannten Möglichkeiten der nationalen und internationalen Atomforschung zum Wohle der Menschheit einschließlich der damit verbundenen wissenschaftlichen, wirtschaftlichen und friedenspolitischen Impulse.[11]

Der Wert eines positiven, friedensorientierten Images war für die USA nicht zu unterschätzen: Seit 1952 führte die Regierung ein intensives Programm atomarer Testserien durch. Die aggressiv vorangetriebene atomare Aufrüstung und die Abschreckungsrhetorik, mit der die USA auf die Zündung der ersten sowjetischen Wasserstoffbombe im August 1953 antworteten, befeuerten v.a. in der europäischen Öffentlichkeit die Angst vor einem Atomkrieg. Die neue sowjetische Führung hingegen lancierte nach dem Tode Stalins im März desselben Jahres eine „Friedensoffensive" gen Westen und präsentierte sich gleichsam als Gegenpol zur politischen Führung der USA, die ihrerseits der neuen Linie der Sowjetunion stark misstraute. Die Atoms-for-Peace-Rede des Präsidenten barg folglich das Potential, der sowjetischen „Friedensoffensive" mit einem überzeugenden Angebot entge-

---

9    Dwight D. Eisenhower, „Address Before the General Assembly oft he United Nations on Peaceful Uses of Atomic Energy, New York City. December 8, 1953", *Public Papers of the President of the United States: Dwight D. Eisenhower (1953-1961)*, Band 1, 819.

10   Der Vorschlag erwies sich in seiner präsentierten Form als unrealistisches Unterfangen, mündete aber in der Errichtung der Internationalen Atomenergie-Organisation (engl. International Atomic Energy Agency) der Vereinten Nationen im Jahr 1957 mit Sitz in Wien.

11   Diese Hoffnungen gehen zurück auf den Acheson-Lilienthal-Plan, veröffentlicht im März 1946, der in der US-amerikanischen und internationalen Wissenschaft, Politik und Öffentlichkeit große Aufmerksamkeit fand, zumal über die internationale Zusammenarbeit im Rahmen einer UN-Atomenergiebehörde regulierende und damit friedensfördernde Impulse erwartet wurden. Die Verhandlungen zu den abgeänderten Vorschlägen der USA, die schließlich von Bernard Baruch gegenüber den Vereinten Nationen vertreten wurden, scheiterten Ende 1946. Siehe hierzu im Bezug auf die Positionen innerhalb der amerikanischen Physiker-Community: Joseph Manzione, „‚Amusing and Amazing and Practical and Military': The Legacy of Scientific Internationalism in America Foreign Policy, 1945-1963", *Diplomatic History* 24 (2000): 21-55, hier 36ff.

genzutreten und selbst die Führung im Werben für den „Frieden" vor der internationalen Öffentlichkeit zu übernehmen.[12] Kein Wunder also, dass es im Interesse der US-Regierung lag, den Anspruch, den der Präsident vor der UN-Generalversammlung erhob, in vollem Umfang politisch zu nutzen.

Die Idee einer internationalen Wissenschaftskonferenz war nicht von Beginn an Bestandteil der Initiative des Präsidenten, wurde aber in den Wochen nach der Rede innerhalb der US-amerikanischen Regierungsbürokratie intensiv diskutiert. Schließlich beinhaltete sie jene Ansatzpunkte, die den politischen Interessen der US-Regierung dienten: In einem blockübergreifenden wissenschaftlichen Austausch konnten die eigenen Leistungen zum Wohle der Menschheit und damit zum Frieden demonstriert werden. Zugleich waren Einblicke in den Stand der sowjetischen Grundlagen- und zivilen angewandten Forschung zu erwarten – vor allem im Bereich der Reaktortechnologie, in dem es galt, neue Märkte für die US-amerikanische Technologie zu erschließen und die Forschung in einzelnen Staaten eng und dauerhaft an die USA zu binden.[13] Auf der Ebene der ideologischen Konfrontation konnten herausragende wissenschaftliche Leistungen dazu beitragen, die öffentliche Meinung vor allem in Westeuropa für die USA zu gewinnen und somit deren Einfluss und weltanschaulichen Führungsanspruch innerhalb des Westens zu stärken: Exzellente Forschung war ideal geeignet, um auf der Grundlage des Vergleichs eine kulturelle und vor dem Hintergrund des Ost-West-Konflikts eine daraus abgeleitete Überlegenheit des westlichen Systems zu bezeugen.[14] Der Teilchenphysik als Leitwissenschaft der 50er und 60er Jahre und ihren imposanten Forschungsanlagen – Teilchenbeschleunigern und Forschungsreaktoren – kam hierbei eine besondere öffentliche Aufmerksamkeit und Wertschätzung zu.

Für die Konzeption und Umsetzung eines solchen Konferenzvorhabens war die aktive Beteiligung der internationalen Wissenschafts-Community notwendig. Lewis L. Strauss, der Leiter der US-amerikanischen Atomenergiekommission (AEC), hatte den Vorschlag einer Konferenz bereits in der Entstehungsphase der Atoms-for-Peace-Rede gegenüber dem Wissenschaftsberater Winston Churchills, Lord Cherwell, angesprochen, stieß jedoch bei dem britischen Physiker auf wenig

---

12 Victor Rosenberg, *Soviet-American Relations, 1953-1960*.
13 Michael Eckert, „,Atoms for Peace' – eine Waffe im Kalten Krieg".
14 Daphné Josselin und William Wallace fassen die Bedeutung der kulturellen Hegemonie sehr teffend zusammen: „West European Elites were encouraged to look to Boston and New York rather than to Warsaw and Prague [for cultural orientation, U.W.]", in Daphné Josselin und William Wallace, Hrsg., *Non-State Actors in World Politics* (New York, 2001), 7.

Begeisterung und ließ vorerst von der Idee ab. Den zweiten Versuch lancierte er innerhalb des engsten Kreises der amerikanischen Physiker- und Beratungselite.[15] Der Vorsitzende des Science Advisory Committee der AEC, Isidor Isaac Rabi, war hierbei frühzeitig eingebunden. Der Nobelpreisträger bekleidete seit mehr als einem Jahrzehnt Beratungspositionen innerhalb der Regierungsbürokratie und hatte mit dem Aufbau des Brookhaven National Laboratory (BNL) und bei der Entstehung des Centre Européen de Recherche Nucléaire (CERN) seine Fertigkeiten als Wissenschaftsmanager innerhalb der nationalen und internationalen Community unter Beweis gestellt.[16] Als Kenner beider Sphären, der wissenschaftlichen und politischen, erkannte er sogleich das Potential der Idee für die Interessen der US-amerikanischen Physiker-Community: Auch für diese war es angesichts des Schreckens, den die atomare Gefahr weltweit verbreitete, ein Anliegen, die wissenschaftliche Forschung zum Nutzen der Menschheit hervorzuheben und dieses Ziel gegenüber ihrer militärischen Ausprägung erkennbar zu machen, auf der das Wettrüsten seit den Bomben auf Hiroshima und Nagasaki am Ende des Zweiten Weltkriegs basierte. Rabi selbst hatte bereits in der unmittelbaren Nachkriegszeit davor gewarnt, dass die militärische Forschung in ihrer Bedeutung für die US-amerikanische Sicherheitsstrategie zu einer Kluft zwischen der gesellschaftlichen Wahrnehmung und ihrem eigenen Selbstverständnis als Forschende führen könnte:

> If we take the stand that our objective is merely to see that the next war is bigger and better, we will ultimately lose the respect of the public. In popular demagogy we [will] become the unpaid servants of the ‚munitions makers‘ and mere technicians rather than the self-sacrificing public-spirited citizens which we feel ourselves to be.[17]

Angesichts der groß angelegten thermonuklearen Testserien, welche die USA seit 1952 durchführte und die spätestens seit der größten und zugleich fehl eingeschätzten „Bravo"-Testexplosion auf dem Bikini-Atoll im März 1954 in der amerikanischen und westlichen Öffentlichkeit kritisch hinterfragt wurden, ja genau jene Ängste freisetzten, die Eisenhower mit seiner Atoms-for-Peace-Rede versucht hatte, zu kontrollieren, standen die amerikanischen Kernphysiker in der öffentlichen Wahrnehmung tatsächlich den „munition makers" näher als dass ihre

---

15  Ulrike Wunderle, *Experten im Kalten Krieg*, 321.
16  John Krige, „I.I. Rabi and the birth of CERN", *Physics today* 57(9) (2004): 44-48.
17  Rabi 1945, zitiert in Daniel J. Kevles, *The Physicists. The History of a Scientific Community in Modern America*, (Fünfte Auflage mit Vorwort des Autors) (New York, 1997), 335.

Forschung im Lichte einer am Gemeinwohl orientierten wissenschaftlichen Errungenschaft gesehen wurde. Hinzu kam Mitte der 1950er Jahre, dass das Vertrauen in wissenschaftliche Lösungen, das dieses Zeitalter prägte, nicht unbedingt mit dem Vertrauen in die Vertreter der Community einherging. Nicht zuletzt der Spionagefall um Klaus Fuchs, der in den USA aufmerksam rezipiert wurde, hatte einer breiten Öffentlichkeit die sicherheitspolitische Abhängigkeit von ihrer Loyalität vor Augen geführt. Die Angst vor kommunistischer Unterwanderung und die von Richard Hofstadter identifizierte grundlegende Skepsis innerhalb der amerikanischen Gesellschaft gegenüber Intellektuellen trugen dazu bei, dass Wissenschaftler – und vor allem politisch bewusste und aktive Physiker – seit Ende der 1940er Jahre zu einer naheliegenden Zielscheibe antikommunistischer Verdächtigungen wurden.[18] Dabei stand das Misstrauen der Gesellschaft in klarem Gegensatz zum Selbstverständnis der amerikanischen Physiker-Community, die ihre gesellschaftliche Rolle aus der Einbindung in den liberal-demokratischen Konsens auf der Basis ihres Kriegsbeitrags im Zweiten Weltkrieg verstand und ihre Tätigkeit im Einklang mit und als Beitrag zum Schutz der demokratischen Gesellschaftsordnung sah.[19] Eine Atomkonferenz eröffnete daher auch die willkommene Chance, die Wissenschafts-Community als Partner der amerikanischen Friedensinitiative zu positionieren und damit einer negativen Wahrnehmung entgegenzuwirken.

Darüber hinaus barg eine internationale Konferenz neue Möglichkeiten des fachspezifischen Austauschs, der wissenschaftlichen Vernetzung und des nationalen Prestigegewinns, der entsprechend ihrer Forschungsleistungen in beträchtlichem Maße auch der amerikanischen Kernphysik zugutekommen würde: Die Sicherheitsbestimmungen des Atomic Energy Acts von 1946 hatten den freien Austausch wissenschaftlichen Wissens im Bereich der Grundlagen- und zivilen Kernforschung stark beeinträchtigt und gefährdeten die Führungsrolle der USA auf diesen Gebieten. Der offenere Umgang mit Informationen in bestimmten Bereichen der zivilen Kernforschung konnte schließlich, so Rabis Einschätzung, die paranoide

---

18  Zur These des „Anti-intellectualism in American Life" siehe: Richard Hofstadter, *Anti-intellectualism in American Life* (New York, 1974), 33f; über amerikanische Wissenschaftler in der Hochphase der Angst vor kommunistischer Unterwanderung, siehe: Jessica Wang, *American Scientists in the Age of Anxiety: Scientists, Anticommunists, & the Cold War* (Chapel Hill und London, 1999).
19  David Hollinger, „The Defense of Democracy and Robert K. Merton's Formulation of the Scientific Ethos", in David Hollinger, *Science, Jews and Secular Culture. Studies in Mid-Twentieth-Century American Intellectual History* (Princeton, N.J., 1996), 82ff.

Unsicherheit der Führungsmächte im Umgang miteinander durch ein solides Urteil ersetzen und dazu führen, dass sich die internationale Politik auf Wissen anstatt auf Annahmen stützte.[20] Die Logik, dass Kooperation im Bereich der Nuklearforschung als Weg zum Frieden dienen und zugleich den internationalen Wettstreit um wissenschaftliche Bestleistungen beleben könnte, ohne dass das staatliche Interesse – und damit die notwendige Forschungsförderung – erlosch, musste einen erfahrenen Wissenschaftsmanager ansprechen.

Rabi signalisierte deutliches Interesse und wurde schließlich zum Vorsitzenden des nationalen Planungsausschusses für die Atomkonferenz ernannt. Fortan war es seine Aufgabe, die amerikanische, westliche und schließlich internationale Kernphysiker-Community zu gewinnen – und der amerikanischen Regierung aufzuzeigen, welche Schritte notwendig seien, um dieses Ziel zu erreichen. Der Austausch mit leitenden Physikern in den USA und Europa zeigte, dass unlösbare Probleme in den US-Geheimhaltungsbestimmungen gesehen wurden, in einem möglichen Fernbleiben sowjetischer Physiker und in der Garantie des wissenschaftlichen Charakters der Veranstaltung allgemein.[21] Die nächsten Monate waren wesentlich davon geprägt, genau diese Fragen zu klären. Mit dem Atomic Energy Act von 1954 wurden in den USA die rechtlichen Voraussetzungen geschaffen, um in einem klar definierten Bereich über zivile Atomforschung auf internationaler Ebene sprechen zu können und auch in den anderen Atommächten blieben entsprechende Prozesse der Informationsfreigabe nicht aus.[22] Sowjetische Wissenschaftler wurden als Repräsentanten Ihrer Regierung frühzeitig in die Konzeption und Organisation der Konferenz eingebunden. Doch wie sollte es gelingen, den politischen und wissenschaftlichen Bereich klar zu trennen? Schließlich wurde die Konferenz von Staaten organisiert, nicht von wissenschaftlichen Institutionen, und doch sollte sie nach wissenschaftlichen Maßstäben – also vor allem ohne politische Einflüsse – durchgeführt werden.[23] Unbedingt notwendig war es

---

20   Rabi nach John S. Rigden, *Rabi: Scientist and Citizen*, 139.
21   „There was a hopeless feeling that the Conference could not succeed, that it would be regarded as a propaganda stunt, that the Soviets would not join, that the papers presented at the Conference would be of inferior quality because of atomic secrecy, and that in general more harm than good would come of it." Isidor Isaac Rabi, „International Cooperation in Science", *Physics today* 9 (1956): 15-19, hier 16f.
22   Siehe hierzu u.a.: Richard G. Holl und Jack M. Holl, *Atoms for Peace and War, 1953-1961. Eisenhower and the Atomic Energy Comission*, mit einem Vorwort von Richard S. Kirkendall und einem Aufsatz zu den Quellen von Roger M. Anders (Berkeley u.a., 1989), 119ff.
23   „We had to have a conference that was run by countries, but with a kind of agreement that nothing political would enter the rules of procedure. That was a terrific thing to arrange. It took a full week

folglich, wissenschaftliche Standards als Richtlinien der Konferenz einzufordern und deutlich gegen politische Interessen und Erwartungen abzugrenzen. Nichts weniger verkündete der UN-Generalsekretär Dag Hammarskjöld in seiner Eröffnungsrede am 8. August 1955, als er den wissenschaftlichen Charakter der Zusammenkunft herausstellte:

> In its conception, its purpose and its approach, this Conference is as non-political as a conference of this nature should be. The personalities that we see around us are not concerned with expediency, with strategy or with tactics of any kind, but with the search for truth and with the idea of brotherhood based on the concept that all knowledge is universal.[24]

Zugleich verwies der Generalsekretär auf die Bedeutung der Zusammenkunft in ihrem politischen Kontext: „I am sure that their co-operation will ease tensions. I am sure that their exchange of scientific data will turn men's thoughts away from war to peace."[25] Die klare Trennung von Wissenschaft und Politik – bei gleichzeitiger Annahme einer positiven Wirkung wissenschaftlicher Kooperation auf die internationale Politik – war das Konzept der Konferenz. Es entsprach der politisch erwünschten Wahrnehmung internationaler Wissenschaft und fügte sich in den „Geist von Genf" ein, der im Sommer 1955 im direkten zeitlichen und räumlichen Umfeld der Vier-Mächte-Konferenz der ehemaligen Alliierten des Zweiten Weltkrieges die öffentliche Meinung bestimmte.[26] Darin lagen die Friedenshoffnungen vieler aufmerksamer Zeitgenossen in Europa und dies war das Selbstverständnis, das die meisten wissenschaftlichen Delegierten aus den verschiedenen Nationen, die in Genf zusammenkamen, teilten. Auf der Basis universeller Werte sahen sie als Wissenschaftler einen Weg, die ideologische Kluft zwischen Ost und West zu überbrücken. Zugleich war auf der Basis wissenschaftlicher Neutralität die politi-

---

for twenty-two simple rules of procedure to be agreed." (Rabi, zit. in Rigden, *Rabi: Scientist and Citizen*, 243).

24  Hammarskjöld, zit. in: Vereinte Nationen, Hrsg., *Proceedings on the Peaceful Uses of Atomic Energy*, Bd. 16, 29.

25  Ebd.

26  Als „Geist von Genf" wurden die Hoffnungen des Sommers 1955 auf eine gemeinsame Lösung der ehemaligen Alliierten des Zweiten Weltkriegs in den bislang ungeklärten Fragen der Wiedervereinigung Deutschlands, der europäischen Sicherheit sowie der Abrüstung und Entspannung bezeichnet. Grundlage für diese Hoffnungen war die Gipfeldiplomatie, die am 18. Juli 1955 die Regierungschefs Frankreichs, Großbritanniens, der USA und der Sowjetunion in Genf zusammenbrachte. Siehe zum „Geist von Genf" und zur Gipfeldiplomatie als „public relations exercise": Ira Chernus, *Apocalypse Management. Eisenhower and the Discourse of National Insecurity* (Stanford, Cal., 2008), 140 ff.

sche Interpretation der Ergebnisse in der Auseinandersetzung um kulturelle Vorherrschaft zwischen Ost und West möglich. Letzterer Aspekt gehörte jedoch nicht in den wissenschaftlichen Diskussionsrahmen selbst, sondern in jenen der nichtwissenschaftlichen Interpreten der Konferenzergebnisse vor der Weltöffentlichkeit.

Diese Interpreten waren vor Ort zahlreich vertreten: Etwa 900 Medienvertreter und fast 1.350 Beobachter sowie Regierungsvertreter der beteiligten Nationen standen zur unmittelbaren Kommentierung der Konferenzinhalte zur Verfügung.[27] Jede Sitzung der Konferenz wurde der Presse zugänglich gemacht und jeder Vortrag mit Diskussion im Konferenzbericht dokumentiert und publiziert. Dem Diktum der Transparenz stand jedoch ein engmaschiges Netz der Kontrolle gegenüber. Für die US-Regierung war die Zusammenarbeit mit Vertretern der Wissenschaft vor der Weltöffentlichkeit ein diplomatisches Experiment. Umso wichtiger erschien es ihr, den Informationsfluss weitestgehend zu kontrollieren. Bereits Wochen vor Beginn der Konferenz wurden die teilnehmenden Wissenschaftler auf ihre Verantwortung bezüglich sicherheitsrelevanter Standards aufgeklärt und erhielten vor Ort eine Einführung in den korrekten Umgang mit geheimen Informationen in der bevorstehenden Konferenzsituation.[28] Jegliche unbedachte Freigabe von Geheiminformationen würde geahndet werden; Befragungen in diese Richtung seitens anderer nationaler Vertreter mussten gemeldet und die Inhalte informeller Zusammenkünfte dokumentiert werden. Unter diesen Voraussetzungen engmaschiger Kontrolle einerseits und medialer Transparenz andererseits war ein tatsächlicher Austausch kaum möglich. Die mediale Präsenz bot den beteiligten Wissenschaftlern jedoch ungeahnte Möglichkeiten, eigene Interessen zu kommunizieren, so die Bedeutung der Forschung zum Wohle der Menschheit, der friedenspolitische Beitrag internationaler Wissenschaft oder die nationale wissenschaftliche Exzellenz, die schließlich ihre eigene war.

## 9.2   Der Kampf um Zahlen vor der Weltöffentlichkeit

Die Nähe zwischen wissenschaftlicher Diskussion und ideologischer Vereinnahmung sei hier an ausgewählten Beispielen aufgezeigt. Übersteigerte Hoffnungen auf die Möglichkeiten ziviler Atomforschung in Wissenschaft und Öffentlichkeit

---

27  Zu den Zahlen: *Proceedings of the International Conferences on the Peaceful Uses of Atomic Energy, Geneva, 8. August - 20. August 1955*, Bd. 16, x.
28  Ulrike Wunderle, *Experten im Kalten Krieg*, 303ff.

spielten dabei eine nicht unwesentliche Rolle. Dem zur Leitlinie erhobenen Forschungsoptimismus entsprach die beginnende Atomeuphorie in der Öffentlichkeit. Erwartet wurden spektakuläre Leistungen der Wissenschaftler, die längerfristig einen konkreten Nutzen für die Gesellschaft versprachen. Einen Höhepunkt bildete die Vorstellung eines sowjetischen und eines amerikanischen Atomreaktors, die im Konferenzbericht der populären Wissenschaftszeitschrift „Scientific American" als „the first central station reactors in the world designed and built to deliver useful quantities of electricity" vorgestellt wurden.[29] Die amerikanische Delegation veröffentliche Preislisten für jene Materialien, die zur Energiegewinnung notwendig seien, und demonstrierte hierdurch medienwirksam, dass die Produktion von Atomenergie auch finanziell attraktiv sei und eine realistische Alternative zu herkömmlichen Energiequellen darstelle. Mit dieser Information stellten die USA nicht nur ihre Kompetenz in der Energiegewinnung unter Beweis, sondern zeigten auch ihre Kooperationsbereitschaft in einem zukünftig relevanten Energiesektor.

Die Öffentlichkeit nahm einen regen Anteil an den Geschehnissen in Genf. Mehr noch als die Konferenz selbst, deren Inhalte im Detail der breiten Öffentlichkeit unverständlich blieben, richtete sich die begleitende Atomausstellung an diesen Adressaten. Die technischen Exponate zogen in den zwei Wochen der Konferenz 60.000 Besucher an. Während andere Aussteller, so England und die Sowjetunion, an Modellen ihre Errungenschaften in der Reaktortechnologie präsentierten, bildete der Leichtwasser-Forschungsreaktor, der im Oak Ridge National Laboratory entwickelt worden war und in Funktion gezeigt wurde, das Kernstück und den Höhepunkt der Ausstellung. Das helle blaue Leuchten am Grund des Leichtwasserpools faszinierte die Besucher und glänzte – zumindest im Westen – als Abbildung neben zahlreichen Artikeln zu den Geschehnissen in Genf. Die Besucher konnten sich dem Forschungsreaktor bis zum Geländer über dem Wasserbecken nähern und sich den Betrieb am Objekt erklären lassen. Mehr als jedes Modell oder jeder Film brachte der Reaktor dem interessierten Publikum die amerikanische wissenschaftliche Exzellenz zum Greifen nahe. Präsident Eisenhower ließ es sich nicht nehmen, den Beleg amerikanischer Forschungsleistung persönlich in Genf zu besichtigen, wobei er betonte, dass der Reaktor als Prototyp eines Forschungsreaktors von jeder Nation mit einer Zuteilung spaltbaren Materials aus

---

29  Robert Charpie, „The Geneva Conference", in *Scientific America* 19 (1955): 27-33, hier 30.

dem zur Verfügung gestellten Vorrat gebaut werden könne.[30] Der Forschungsreaktor sollte nach der Konferenz in der Schweiz verbleiben. Musste das Angebot nicht auch andere Staaten beeindrucken und dazu führen, dass die Eliten Westeuropas nach Boston und New York blickten und nicht nach Warschau, Prag oder Moskau?[31] Mit dem Forschungsreaktor war den USA ein kaum zu überbietender Propaganda-Erfolg im Kampf um kulturelle Anerkennung vor der Weltöffentlichkeit gelungen.

Die sowjetische Revanche kam mit den offiziellen Abendvorträgen der Konferenz. Diese richteten sich an ein größeres Publikum als die Forschungsbeiträge der einzelnen Sektionen und boten weltweit anerkannten Wissenschaftlern die Chance, ihre Themen von allgemeinem Interesse auf der Konferenz zu präsentieren. Die Redner wurden von Dag Hammarskjöld persönlich eingeladen, unter ihnen Niels Bohr aus Dänemark, Hans Bethe und Ernest O. Lawrence aus den USA, Andrei Kursanow und Wladimir Weksler aus der Sowjetunion. Den Eröffnungsvortrag über die philosophischen Grundlagen der modernen Physik hielt Niels Bohr. Für alle weiteren Abendvorträge wurden immer zwei Experten aus unterschiedlichen Ländern zu einem Thema eingeladen. Eine Abendveranstaltung war dem Bereich der Teilchenbeschleuniger gewidmet und Ernest O. Lawrence, Direktor des Radiation Laboratory an der University of California at Berkeley, sowie Wladimir Weksler, Experte auf diesem Gebiet am Lebedev Physical Institute in Moskau, wurden als Redner angefragt. Damit standen die amerikanischen und sowjetischen Leistungen in einem seit den 1930er-Jahren renommierten Bereich der Experimentalphysik einander gegenüber. Die Teilchenbeschleuniger beeindruckten durch ihre Ausmaße und die erreichbaren Teilchenenergien.

Im Rahmen der Konferenz lernten sich beide Physiker bei einem informellen Abendessen persönlich kennen. Lawrence berichtete später über sein Gespräch mit Weksler, in dem dieser kurz die Inhalte seines Vortrags skizzierte und Lawrence mit dem sowjetischen Joker überraschte:

> He told me that he was among other things going to describe and show pictures of their new synchro-phasetron (which is Russian for bevatron). (...) He said it could produce 10

---

30  Ebd., 33.
31  Siehe das Zitat von Josselin und Wallace, in diesem Beitrag Anm. 13.

billion volt protons (ours produces 6.2 billion volt protons), and that the magnet has 36.000 tons of steel (ours has 9.000 tons).[32]

Dies war freilich eine besondere Situation für Lawrence selbst, der als Begründer der Beschleunigertechnologie galt und als Garant für die amerikanische Exzellenz in diesem Bereich. Schon in den 1930er-Jahren, als die USA erste Großbauprojekte förderten, konnte auch Lawrence seine Forschung in den Förderprogrammen positionieren. In den 1950er-Jahren baute er mit immenser staatlicher Förderung immer größere und immer teurere Beschleuniger, die bereits aufgrund ihrer Kapazitäten zu wissenschaftlichen Prestigeobjekten auf internationaler Ebene wurden. In Genf wollte Lawrence den neuen Bevatron der University of California at Berkeley vorstellen. Doch nun standen die Zahlen gegen ihn. Konsterniert berichtete er über den Abendvortrag: „When we gave our evening lectures, I spoke first and showed slides of our bevatron and was followed by Veksler and he showed slides of theirs, which looked very much like ours only it was bigger."[33] Die Wirkung in Presse und Öffentlichkeit war enorm. Offensichtlich hatte die Sowjetunion die Vereinigten Staaten in Zahlen und Größe ihrer wissenschaftlich-technologischen Leistungen überholt. Die Zeitungen stellten die bisher angenommene amerikanische Überlegenheit sofort infrage, und Lawrence musste öffentlich verkünden, dass die USA ebenfalls an einem Bevatron arbeiteten, der die Größe des sowjetischen noch überstieg.

Die Diskussion hatte bald den wissenschaftlichen Kommunikationsbereich verlassen: Als gefordert wurde, dass die Sowjetunion die Türen der Einrichtung für wissenschaftliche Besucher öffnen sollte, lehnte diese mit der Begründung erwarteter wissenschaftlicher Spionage den Vorschlag ab. Westliche Zeitungen bezichtigten die Sowjetunion übermäßiger Geheimhaltung, wobei auf die amerikanische Politik der Transparenz verwiesen wurde.[34] Damit war die Ebene einer direkten politisch-ideologischen Auseinandersetzung zwischen den Blockführungsmächten erreicht. Die USA beriefen sich auf die Transparenz im Umgang mit Forschungsergebnissen im Bereich der Reaktortechnologie, was von den Medien westlicher Verbündeter aufgegriffen wurde, während die Sowjetunion ihre Befürchtung westlicher Spionage in der Presse der Ostblockstaaten präsentierte.

---

32 Memo ohne Datum, Ernest O. Lawrence Papers, The Bancroft Library at the University of California at Berkeley -3 Manuscript Collections, Bd 58.
33 Ebd.
34 Ernest O. Lawrence Papers, The Bancroft Library at the University of California at Berkeley - Manuscript Collections, Bd. 58.

Der Zwischenfall hätte den dünnen Boden aufzeigen müssen, auf dem die wissenschaftliche Praxis der Kommunikation, Kooperation und Kontrolle im Kalten Krieg basierte. Doch an einer Diskussion über die Instrumentalisierung der Wissenschaft für die Zwecke der Blockführungsmächte hatten weder die Wissenschaftler noch die politischen Meinungsführer in Ost und West ein Interesse. Vielmehr gab es einen allgemeinen Konsens über den Sinn und Nutzen dieser neuen Plattform im Kampf um Zahlen vor der Weltöffentlichkeit. Er wurde von beiden Blockführungsmächten auf der Basis ihrer spezifischen Argumentationen vor der jeweils eigenen Öffentlichkeit gewonnen. Damit war die Konferenz für beide Seiten ein Erfolg.

Der Leiter der amerikanischen Delegation Lewis L. Strauss wies noch vor dem Ende der Genfer Atomkonferenz darauf hin, dass Präsident Eisenhower eine Folgekonferenz befürwortete. Der Vorschlag wurde sofort von den Delegierten anderer Nationen, einschließlich der Sowjetunion, aufgegriffen.[35] Damit war nicht nur der Erfolg der Konferenz offiziell bestätigt, sondern auch der Tenor für die folgende Auswertung in den Medien vorgegeben, an der sich auch Vertreter der nationalen Wissenschaftseliten beteiligten. Wladimir Weksler fand – nicht zuletzt vor dem Hintergrund seines eigenen Vortrags – klare Worte zum Stand der Forschung in der Sowjetunion. Mit Bezug auf die Meinung eines westeuropäischen Physikers stellte er fest:

> In the United States certain circles had believed that with the isolation of the USSR, the development of science and technology there would be prevented. The Geneva Conference showed, however, that the USSR is very successfully advancing along its own road and has achieved great results both in science and technology.[36]

So klar wurde der „Sieg" in Genf als Sieg im Kalten Krieg selten formuliert – außer gegebenenfalls von Isidor Isaak Rabi mit Blick auf den Erfolg internationaler Wissenschaftskommunikation, als er seinerseits in der amerikanischen Wissenschaftszeitschrift „Physics Today" die Radioansprache Wekslers zitierte. „If this speech delivered as propaganda to Hungary is representative of the impression of the Russian scientists, as I know it is of ours, I am quite satisfied with the results of this conference in re-establishing the world-wide community and communion of scientists."[37] Rabi unterstrich mit dem Bezug auf seinen sowjetischen Kollegen

---

35  Weitere Atomkonferenzen dieses Formats fanden 1958, 1964 und 1971 ebenfalls in Genf statt.
36  USSR International Service, 8.9.1955, Ernest O. Lawrence Papers, The Bancroft Library at the University of California at Berkeley - Manuscript Collections, Bd. 58.
37  Isidor Isaak Rabi, „International Cooperation in Science", 18.

nichts weniger als die Umsetzung der offiziellen Konferenzziele, die er selbst wesentlich mitbestimmt hatte.

Zu diesem Erfolg auf internationaler Ebene gesellte sich eine neue Wahrnehmung der amerikanischen Wissenschaftselite im eigenen Land: In den USA hatte die Genfer Atomkonferenz zur Öffnung verschiedener Forschungsbereiche der zivilen Atomforschung geführt oder diese zumindest beschleunigt – in jedem Fall hatte sie die Bemühungen um internationale Kooperation und das Engagement der Wissenschaft für die zivile Nutzung der Atomforschung publik gemacht. Damit stieg ihr gesellschaftliches Ansehen in den USA zu einer Zeit, als die Anfeindungen im Zuge des McCarthyism ihren Zenit längst überschritten hatten. Die Wissenschaftselite richtete sich mit der Forderung internationaler Wissenschaft nicht gegen die offizielle Sicherheitspolitik, sondern reihte sich in die Initiative des amerikanischen Präsidenten ein. Dies bedeutete nicht, dass die Wissenschaftselite in den USA ihre Positionen geändert hätte. Vielmehr war ihre Argumentation an die neuen Chancen der Mitgestaltung internationaler Beziehungen angepasst. Mit den Angeboten der zivilen Atomforschung an die Gesellschaften der Welt und überzeugt von dem Wert internationaler wissenschaftlicher Kommunikation für den „Weltfrieden" stand sie nun – aus der Perspektive der Regierung – auf der „richtigen" Seite.[38] Der Interessengleichklang zwischen Wissenschaft und Politik kann daher als Ergebnis einer Neuausrichtung der politischen Strategie seitens der amerikanischen Regierungsadministration verstanden werden, die sich auf eine Zusammenarbeit mit der Wissenschaftsgemeinschaft auf diplomatischer Ebene einließ – und deren Kommunikationsformate für ihre Zwecke nutzte. Für die Wissenschaft war dies in zweifacher Hinsicht vorteilhaft: Die nun einsetzende Atomeuphorie, zu der die Konferenz wesentlich beigetragen hatte, wirkte sich erstens positiv auf das Image der Wissenschafts-Community vor der nationalen und internationalen Öffentlichkeit aus. Atomforschung wurde nun nicht mehr vorrangig mit Atomwaffen in Verbindung gebracht, sondern auch mit dem Nutzen der Forschung für den Menschen. Die Wissenschaftler waren folglich nicht nur die mehr oder weniger vertrauenswürdigen Hüter nuklearer Geheimnisse in dem als Bedrohung empfundenen Rüstungswettlauf, sondern Hoffnungsträger in Fragen des energietechnischen und medizinischen Fortschritts, der die Menschheit in eine bessere, friedlichere Welt führen sollte. Diese positive Wahrnehmung der Wissenschaftler hielt zweitens dem politischen Establishment deutlich vor Augen, wie

---

38 Siehe hierzu auch die Argumentation von: Joseph Manzione, „‚Amusing and Amazing and Practical and Military'", 54.

effektvoll die enge Zusammenarbeit mit der Wissenschaftselite für die eigene Politik genutzt werden konnte. Besonders für Präsident Eisenhower war die Genfer Atomkonferenz mit einem großen Prestigegewinn verbunden. Die Umfragewerte in der amerikanischen Öffentlichkeit zu seiner Person und Politik stiegen in dieser Zeit auf 80 Prozent an – der höchste Wert in Eisenhowers achtjähriger Amtszeit überhaupt.[39]

Eisenhower reagierte auf den Prestigegewinn, indem er sich demonstrativ mit einem Kreis von Experten umgab, als erneut, wenn auch unter anderen Vorzeichen, ein wissenschaftlich-technologischer Wettstreit zwischen Ost und West anstand, und es galt, das Vertrauen der Bevölkerung in die Problemlösungskompetenz der Regierung zu stärken: Als die Sowjetunion am 4. Oktober 1957 den ersten Satelliten „Sputnik" auf eine Erdumlaufbahn brachte, reagierte die amerikanische Öffentlichkeit zutiefst verunsichert über die wissenschaftliche und technologische Führungsposition der USA. Bereits zwei Tage nach dem Ereignis, am 7. Oktober 1957, verkündete Eisenhower die Ernennung eines wissenschaftlichen Beraters, der durch einen Beratungsausschuss, das Presidential Scientific Advisory Committee (PSAC) unterstützt werden sollte. James R. Killian, der Präsident des Massachusetts Institute of Technology (MIT) in Cambridge, USA, wurde der erste Special Assistant to the President for Science and Technology und damit Vorsitzender des PSAC. Den Beratungsausschuss besetzte der Präsident mit Physikern wie Hans Bethe, Isidor Isaac Rabi, Robert Bacher, Jerome Wiesner, George Kistiakowsky und Jerrold Zacharias. Damit gehörten der Special Assistant wie auch die bestimmende Mehrzahl des PSAC der Los-Alamos-Generation an, also jener Generation von Wissenschaftlern, die zwar für eine starke nationale Verteidigung eintraten, sich zugleich aber für eine Regulierung des Rüstungswettlaufs einsetzten.[40]

Das Engagement der amerikanischen Wissenschaftselite in der Atoms-for-Peace-Initiative des Präsidenten bereitete in gewisser Weise die neue Nähe zwischen Beratungselite und Regierung vor. Zugleich gelang es, die transnationalen, blockübergreifenden Beziehungen im Bereich der Teilchenphysik auszuweiten. Nach

---

39  Michael Jochum, *Eisenhower und Chruschtschow: Gipfeldiplomatie im Kalten Krieg 1955-1960* (Paderborn, 1996), 90.

40  Daniel Kevles bezieht sich in dieser Beschreibung auf Jerome Wiesner als Vertreter der so genannten Los Alamos Generation: „Like most of the nation's leading physicists he combined a vigorous commitment to a strong national defense with an equally vigorous advocacy of arms control." (Daniel J. Kevles, *The Physicists*, 389)

der Öffnung der Wissenschaftskommunikation im Rahmen der Genfer Atomkonferenz erkannte die US-amerikanische Physiker-Community zunehmend ihre Chancen, der Regierungsadministration Zugeständnisse bezüglich der Teilnahme sowjetischer Wissenschaftler an amerikanischen Konferenzen abzuringen und bevorzugten, wie im Falle der Rochester Conferences on High Energy Physics, die Konferenzen ins Ausland zu verlegen, als den internationalen, blockübergreifenden Charakter des Austauschs zu gefährden.[41] Mit Eisenhowers Atoms-for-Peace-Rede und der Genfer Atomkonferenz zeichnete sich schließlich eine neue Verbindung von Wissenschaft und „Frieden" im Kalten Krieg ab. Nicht nur trafen Forschende aus aller Welt im Namen des „Weltfriedens" zusammen. Der Austausch im Bereich der zivilen Atomforschung wurde gerade unter den Bedingungen des atomaren Rüstungswettlaufs zum allseits verkündeten politischen Konzept. Angesichts der offiziellen Wissenschaftsdiplomatie öffnete sich nun, nach der Erfahrung von Verdächtigung und Einschüchterung während der McCarthy-Ära, auch in den USA die Chance, als Wissenschaftler (wieder) öffentlich über die eigene Aufgabe für Sicherheit und Frieden zu reflektieren, ohne sich dem Generalverdacht auszusetzen, die gemeinsame Basis der liberalen Demokratie mit sowjetischer Friedenspropaganda unterwandern zu wollen. Freilich blieb ein erhebliches Misstrauen seitens der Öffentlichkeit und der Regierungsadministration gegen neue, regierungsunabhängige Formen wissenschaftlicher Betätigung in der internationalen Politik bestehen. Götz Neuneck verweist in seinem Beitrag zur Geschichte und Methode der Pugwash-Konferenzen als Beispiel erfolgreicher Track-II-Diplomacy auf die Zivilcourage jener Wissenschaftler, die in den Hochzeiten des Kalten Krieges 1957 in der ersten Conference on Science and World Affairs zusammenkamen, um direkt mit dem vermeintlichen Gegner über Sicherheit und Frieden zu reden. Joseph Rotblat, der an dem Zustandekommen jener Konferenz wesentlich beteiligt war, erinnerte sich 40 Jahre später an das Klima der Angst und des Misstrauens, das jene Zeit prägte: „Jeder im Westen, der zu solch einem Treffen kam, der über Frieden mit den Russen sprach, wurde als ein Kommunisten-Tölpel angesehen."[42] Und auch die Sicherheitsdienste blieben nicht inaktiv.

---

41  Ulrike Wunderle, *Experten im Kalten Krieg*, 331ff; Robert E. Marshak, „Scientific and Sociological Contributions of the First Decade of the Rochester Conferences of the Restructuring of Particle Physics (1950-1960) ", in *The Restructuring of Physical Sciences in Europe and the United States, 1945-1960*, hg. von Michelangelo De Maria, Mario Grill und Fabio Sebastian (Singapur, 1989), 745-786, hier 745ff.

42  Rotblat, zit. in Neuneck, „Die Pugwash Conferences on Science and World Affairs. Ein Beispiel für efolgreiche ‚Track-II-Diplomacy' der Naturwissenschaft im Kalten Krieg", in *Physik im Kalten Krieg*, hg. von Christian Forstner und Dieter Hoffmann (Wiesbaden, 2013), 243-263, hier 246f.

Matthew Evangelista, der in seiner Studie „Unarmed Forces" die Rolle informeller transnationaler Netzwerke u.a. beim Zustandekommen des Begrenzten Teststopp-vertrags von 1963 aufzeigt, kommt zu dem Schluss:

> Only with difficulty, as the high tensions of the first Cold War subsided, could such expert groups as Pugwash establish a degree of credibility, and of autonomy from the interventions of suspicious security services.[43]

Die Pugwash-Bewegung wird hier als zivilgesellschaftliche Initiative der offiziellen Wissenschaftsdiplomatie, wie sie in der Genfer Atomkonferenz zum Ausdruck kommt, gegenübergestellt. Ganz offensichtlich trafen die beteiligten Akteure Mitte der 1950er Jahre auf schwierige Bedingungen für einen transnationalen, blockübergreifenden Wissenschaftsdialog. Ihr Ansatz, um sicherheitspolitisch wirksam zu werden, und ihre Strategien, dieses Ziel zu erreichen, sollen hier genauer betrachtet werden.

## 9.3   Zu den Anfängen der Pugwash Conferences on Science and World Affairs

Die Initiative zur ersten International Conference on Science and World Affairs kam vonseiten der Federation of American Scientists (FAS) und ihrem britischen Pendant, der Atomic Scientists' Association (ASA).[44] Zwei Personen, Eugene Rabinowitch, führender Kopf der FAS und langjähriger Herausgeber des Bulletin of Atomic Scientists, und Joseph Rotblat, aktives Mitglied der ASA und der einzige Physiker, der das alliierte Atombombenprojekt vorzeitig aus Gewissensgründen verlassen hatte, waren in dem Entstehungsprozess wesentlich. Bereits im Jahr 1954, angeregt von einem Aufruf des indischen Präsidenten Jawaharlal Nehru, erfragten Eugene Rabinowitch und Joseph Rotblat die Haltung namhafter Mitglieder der jeweiligen Organisationen hinsichtlich einer „International Conference on Science and World Affairs". Getragen vom Zuspruch der Befragten und im Bewusstsein der Dringlichkeit ihres Anliegens angesichts der thermonuklearen Gefahr, die mit der „Bravo"-Testexplosion desselben Jahres weithin sichtbar geworden war, trafen sich Rabinowitch und Rotblat mehrmals in den Jahren 1954 und

---

43   Evangelista, zit. in Daphné Josselin und William Wallace, Hrsg., *None-State Actors in World Politics* (2001, New York), 6.
44   Zur Entstehung der Pugwash Conferences on Science and World Affairs und des Russell-Einstein-Manifests ist die Studie von Sandra I. Butcher grundlegend. Siehe hierzu und zum Folgenden: Sandra Butcher, „The Origins of the Russell-Einstein Manifesto", in *Pugwash History Series* 1 (2005), 1-35.

1955, um ein mögliches Treffen mit russischen Wissenschaftlern zu aktuellen Themen der internationalen Sicherheit zu diskutieren. Dies war nicht der erste Vorstoß zu einem solchen Unterfangen. Bereits in der zweiten Hälfte der 1940er Jahre sah Leo Szilard die Wissenschaft in der Verantwortung, mit einer internationalen Konferenz den Dialog zwischen Ost und West über die internationale Kontrolle der Atomenergie dort fortzusetzen, wo der diplomatische Weg abgebrochen war. Den Hintergrund bildeten die Ende 1946 gescheiterten Verhandlungen zur Umsetzung einer internationalen Atomenergiekommission unter der Ägide der Vereinten Nationen, die enthusiastisch vonseiten der FAS und ASA unterstützt wurde.[45] Szilards Vorstoß hatte angesichts des erstarkenden Kalten Krieges und dem Primat der atomaren Aufrüstung in der US-amerikanischen Politik geringe Chancen auf Erfolg. Die sowjetischen Wissenschaftler sagten ihre Teilnahme an der Konferenz ab und auch einflussreiche Vertreter der US-amerikanischen Physikerelite, so Hans Bethe, Robert Oppenheimer und Victor Weisskopf, standen der Idee einer blockübergreifenden Konferenz kritisch gegenüber: In der aktuellen Situation könne nichts Hilfreiches vonseiten der Wissenschaftler kommen und eine Betonung der Atomenergie werde den internationalen Konflikt nur verschärfen, argumentierte Hans Bethe im April 1948 gegenüber Rudolf Peierls, dem Vorsitzenden der ASA.[46]

Mitte der 1950er Jahre herrschten andere Voraussetzungen für einen transnationalen Wissenschaftsdialog über Fragen der internationalen Sicherheit: Präsident Eisenhower hatte mit seiner Atoms-for-Peace-Rede große Hoffnungen auf kooperative Formen der Konfliktregulierung geweckt und den gesellschaftlichen atompolitischen Diskurs über Kooperation und Kontrolle, aber auch über die Gefahren der nuklearen Aufrüstung im Kalten Krieg belebt. Im Zentrum der öffentlichen Diskussion standen aktuelle Themen, so die neue US-Strategie der „Massiven Vergeltung", die Außenminister John Foster Dulles im Januar 1954 verkündete und vor allem in Europa die Angst vor einem Atomkrieg schürte, sowie die Bravo-Testexplosion, welche die Öffentlichkeit im März 1954 mit den Gefahren des radioaktiven Niederschlags konfrontierte. Die nationalen Wissenschaftsbewegungen FAS und ASA widmeten sich der öffentlichen Aufklärung,

---

45  Zum Acheson-Lilienthal-Plan, siehe Fußnote 11.
46  Ulrike Wunderle, *Experten im Kalten Krieg*, 20.

informierten über die Gefahren des radioaktiven Niederschlags und brachten alternatives Fachwissen in die Diskussionen über ein mögliches Teststoppabkommen ein.[47]

Angesichts des wachsenden öffentlichen Bewusstseins über die thermonukleare Bedrohung weckte die anstehende Genfer Viermächte-Konferenz im Frühjahr und Sommer 1955 die Hoffnungen auf neue Impulse zu Sicherheit und Frieden.[48] Die Genfer Atomkonferenz flankierte das politische Großereignis auf wissenschaftlicher Ebene. Eine kleine internationale Gruppe renommierter Wissenschaftler hingegen gab den Regierungschefs eine deutliche Warnung mit in die Verhandlungen. Am 8. Juli 1955, eine Woche vor dem Viermächte-Gipfel wandten sich Bertrand Russell, Albert Einstein und neun weitere, meist mit dem Nobelpreis ausgezeichnete Wissenschaftler in einem Aufruf an die Weltöffentlichkeit, internationale Konflikte angesichts der atomaren Gefahr friedlich zu lösen:

> We appeal as human beings to human beings: Remember your humanity and forget the rest. If you can do so, the way lies open to a new Paradise; if you cannot, there lies before you the risk of universal death.[49]

Die Warnung und die geforderte Lösung - die Abschaffung des Krieges – konnten radikaler nicht formuliert sein. Der gewählte Zeitpunkt und das Renommée der Verfasser garantierte eine große öffentliche Resonanz.[50] Zugleich enthielt das Manifest auch eine Selbstverpflichtung als Wissenschaftler: „Scientists should assemble in conference to appraise the perils that have arisen as a result of the development of weapons of mass destruction". Dies war der Appell, den sich die Organisatoren der International Conference on Science and World Affairs im Rah-

---

47  Gute Quellen hierfür sind die Atomic Scientists' News der ASA und das Bulletin of American Scientists der FAS, wobei letztere mit ausgewählten Artikeln die Ausgaben der Atomic Scientists' News ergänzte.

48  Siehe Fußnote 26 zur Gipfeldiplomatie und zum „Geist von Genf".

49  Die weiteren neuen Wissenschaftler waren: Max Born, Percy W. Bridgeman, Leopold Infeld, Frédéric Joliot-Curie, Hermann J. Muller, Linus C. Pauling, Cecil Powell, Joseph Rotblat und Hideki Yukawa. Der Text des Manifests findet sich bei: Butcher, „The Origins of the Russell-Einstein Manifesto", 25-26.

50  Zur öffentlichen Resonanz, siehe: Butcher, „The Origins of the Russell-Einstein Manifesto", 18ff. Butcher zeichnet sehr schlüssig die Entstehung des Russell-Einstein-Manifests auf der Grundlage der Korrespondenzen der beteiligten Wissenschaftler nach. Somit wird deutlich, wie Bertrand Russell im Austausch mit Albert Einstein die Ideen von Max Born zu einem Wissenschaftler-Aufruf und von Frédéric Joliot-Curie zu einer blockübergreifenden Konferenz im Manifest zusammenführte (ebd., 8ff). Zu den Bezügen und dem Vergleich zwischen dem Russell-Einstein-Manifest und der Mainauer Erklärung, siehe ebd.

men der FAS und ASA zu eigen machten. Das Manifest kam für sie nicht überraschend oder gar zufällig: Joseph Rotblat war als jüngster Unterzeichner die personelle Brücke zwischen dem Manifest und den nationalen Vereinigungen bezüglich einer internationalen Konferenz. Bereits zwei Jahre später fand eine solche in einem kleinen Ort in Kanada, in Pugwash, mit 22 Teilnehmern aus 10 Nationen statt. In der Überzeugung, als Wissenschaftler auf der Basis gemeinsamer Werte von Neutralität und Humanität und einer gemeinsamen Sprache ideologische Gräben überwinden zu können, beschäftigten sich die Versammelten fernab von Presse und Öffentlichkeit mit der gesellschaftlichen Verantwortung der Wissenschaftler, mit den Gefahren der zivilen und militärischen Nutzung der Atomenergie und mit der Kontrolle von Nuklearwaffen.[51] Am Ende der Tagung wurde ein Ausschuss gebildet mit dem Auftrag, in Zukunft für die Organisation ähnlicher Konferenzen zu sorgen.[52] Damit war der Grundstein für einen kontinuierlichen transnationalen Ost-West-Dialog zu Fragen der internationalen Sicherheit gelegt. Doch wie konnte der Austausch über die Blockgrenzen hinweg zu Fragen der nuklearen Sicherheit und des Friedens beitragen?

Damit der diplomatische Ansatz auch tatsächlich politisch relevant werden konnte, d.h., dass der informelle Austausch und seine spezifischen Möglichkeiten der Erarbeitung neuer Ideen vonseiten der politischen Entscheider wahrgenommen und als Kommunikationsform genutzt oder zumindest toleriert wurden, bestanden die Herausforderungen der ersten Jahre vor allem darin, ein System von Regeln und Praktiken zu etablieren, das die Vertrauensbildung zwischen den Akteuren jenseits der politischen und ideologischen Vereinnahmung ermöglichte. Dies war weitgehend die Aufgabe der Organisatoren der geplanten Diskussionsformate.[53] Neben den jährlich stattfindenden und an Teilnehmern wachsenden Jahrestagungen gewannen lösungsorientierte ein- bis zweitägiger Workshops zunehmend an Bedeutung, um einen weitgehend offenen Austausch über konkrete sicherheitspolitische

---

51 Joseph Rotblat, *Scientist in the Quest of Peace: A History of the Pugwash Conferences* (Cambridge, Mass., 1972), 4ff.
52 Unter dem Vorsitz Bertrand Russells gehörten zwei weitere Briten, sowie ein amerikanischer und ein sowjetischer Wissenschaftler dem „continuing committee" an.
53 Götz Neuneck hat die Pugwash-Bewegung unlängst als Beispiel für erfolgreiche „Track-II-Diplomacy" der Wissenschaftler im Kalten Krieg untersucht (Götz Neuneck, „Die Pugwash Conferences on Science and World Affairs"; zur Definition und Theorie auch: Peter Jones, *Track Two Diplomacy in Theory and Practice* (Stanford, 2015)). Er identifiziert Konfliktvorbeugung, Transparenzbildung und das Austesten neuer Ideen als wesentliche Ziele der Bewegung (Götz Neuneck, „Die Pugwash Conferences on Science and World Affairs", 247).

Fragestellungen zwischen zivilgesellschaftlichen und vorrangig wissenschaftlichen Vertretern aus Ost und West zu ermöglichen. Die Teilnehmer sollten einzig ihre persönliche Meinung vertreten, die gemäß der Chatham-House-Rules nicht zitiert oder als Position einer bestimmten Person zugeordnet werden durfte. Auf diese Weise war es möglich, zwischen den teilnehmenden Wissenschaftlern, Experten und zumeist ehemaligen Diplomaten eine gemeinsame Basis zu etablieren, die tragfähig genug war, um dazu beizutragen, im sicherheitspolitischen Diskurs mehr Transparenz zu schaffen, neue Ideen auszutesten und damit zur Konfliktvorbeugung beizutragen.[54]

Schließlich war die Rückkoppelung der Diskussionsinhalte an die jeweils nationalen politischen Entscheidungszentren zentral.[55] Schließlich konnte der Ansatz nur funktionieren, wenn Top-Wissenschaftler vom Sinn eines transnationalen Austauschs zu Sicherheitsfragen überzeugt werden konnten und diese zugleich über einen Zugang zu politischen Akteuren auf nationaler Ebene verfügten. Dies sicherzustellen lag nicht in den Möglichkeiten der Organisatoren selbst. Sie benötigten die Kooperation ebendieser Elite. Und tatsächlich gelang es in der zweiten Hälfte der 1950er Jahre, die Vernetzung der Wissenschaftseliten auf transnationaler Ebene voranzubringen und Top-Wissenschaftler auf nationaler Ebene einzubinden. Betrachtet man die Pugwash-Konferenzen der späten 1950er- und frühen 1960er-Jahre, so ist auffällig, dass aus den beteiligten Ländern ein oder zwei Physiker teilnahmen. Aus den USA und der Sowjetunion war eine zweistellige Anzahl von Wissenschaftlern zugegen. Auf der sechsten internationalen Pugwash-Konferenz von 1960 zum Thema Abrüstung und Weltsicherheit („Disarmament and World Security") nahmen beispielsweise 75 Teilnehmer aus 15 Staaten teil, davon 23 offizielle Teilnehmer aus den USA und 21 aus der Sowjetunion.[56] Die Zahlen belegen, dass die Pugwash-Konferenzen nur wenige Jahre nach der ersten Zusammenkunft ein Forum zum Austausch zwischen amerikanischen und sowjetischen Wissenschaftlern geworden waren.

---

54  Ebd, 247.
55  Aufgrund der besonderen Bestimmungen des Formats und den informellen Charakter bleibt die Einschätzung unmittelbarer Resultate schwierig. In einzelnen Studien wurde die friedenspolitische Bedeutung der Pugwash-Bewegung bereits erarbeitet (Matthew Evangelista, *Unarmed Forces: Transnational Movement to End the Cold War* (Ithaca, N.Y., 1999)). Als Anerkennung für ihr Engagement zur Bekämpfung des atomaren Rüstungswettlaufs in der Zeit des Kalten Kriegs erhielt die Wissenschaftsbewegung 1995 den Friedensnobelpreis.
56  Joseph Rotblat, *Scientists in the Quest for Peace. A History of the Pugwash Conferences* (Cambridge, Mass, 1972), Appendix 7, 168f.

Die Kommunikation zwischen den Wissenschaftlern auf den Konferenzen und ihre Rückkoppelung an die Politik waren wesentlich von den unterschiedlichen Gesellschaftssystemen geprägt, denen sie entstammten. Die spezifischen Voraussetzungen für den blockübergreifenden Dialog mussten von der jungen Pugwash-Bewegung ausgehalten werden.[57] Die Vertreter der Sowjetunion, entsandt mit dem Placet der politischen Führung, hatten wenig eigenen Handlungsspielraum, präsentierten in vielen Fällen die Positionen ihrer Regierung und leiteten die Argumentation ihres Gegenübers an höhere Stellen im politischen System weiter.[58] Die Kommunikation der Konferenzinhalte zwischen Wissenschaft und Politik gestaltete sich im demokratischen System der USA anders: Die Wissenschaftler mussten ihre Erkenntnisse aus dem Dialog – und im Wettstreit mit anderen Beratermeinungen – aktiv gegenüber der Politik vertreten. Ein erster Schritt der Pugwash-Bewegung war es demnach, die Beratungselite auf die Konferenzen aufmerksam zu machen und die damit verbundenen Chancen internationaler Kommunikation aufzuzeigen. Hierfür nutzten die ersten „Pugwashites" sehr geschickt das Kommunikationsnetzwerk der amerikanischen Physiker-Community. Eugene Rabinowitch befragte 250 Mitglieder der National Academy of Sciences, darunter alle Mitglieder der Abteilungen für Mathematik, Astronomie, Physik und Chemie sowie 33 Council-Mitglieder der FAS und die Mitglieder des Board of the Bulletin of the Atomic Scientists über ihre Meinung zur Gestaltung des transnationalen Dialogs. Damit war wenige Monate nach der ersten Pugwash-Konferenz im Juli 1957 nicht nur die Information über die neue Bewegung gestreut, sondern auch die Aufmerksamkeit der Elite geweckt. Rabinowitch erhielt deren Ratschläge, konnte aber zugleich auf aktive Unterstützung hoffen.[59] J. Robert Oppenheimer nahm beispielsweise nie an einer Pugwash-Konferenz teil, beantwortete aber dennoch die an ihn gestellte Anfrage:

> If there are to be new meetings in which scientists gather to discuss general problems of science, war, and international relations, I would hope that they would be: 1.) Informal, representing to the maximum extent possible the views and interests of individuals rather than the positions of governments; 2.) private and off-the-record, not committed to the

---

57 Klaus Gottstein, „Pugwash und die VDW", in *Forschen in Freiheit und Verantwortung – 25 Jahre Vereinigung Deutscher Wissenschaftler e.V.* (Bochum, 1984): 6-8, hier 7.
58 Matthew Evangelista, *Unarmed Forces*, 33f.
59 Rabinowitch in: Julius Robert Oppenheimer Papers, The Library of Congress, Washington D.C. - Manuscript Division, Box 60.

promulgation of statements and positions; and 3.) broad enough to include serious students outside the natural sciences.[60]

Der Ansatz der Pugwashites stand damit weitgehend in Einklang mit den Interessen und Anliegen führender Vertreter der Community. Neben Eugene Rabinowitch informierte auch Victor Weisskopf einflussreiche Kollegen über die Aktivitäten der Pugwash-Bewegung. Ende 1958 berichtete er dem soeben ernannten Wissenschaftsberater des Präsidenten, James Killian, von den aktuellen Entwicklungen im transnationalen Wissenschaftsdialog. Der Brief an Killian landete auch bei Isidor Isaac Rabi, einem der einflussreichsten Vertreter der US-amerikanischen Wissenschafts- und Beraterelite, auf dem Schreibtisch.[61] Die Beispiele zeigen, dass das neue Projekt eines Ost-West-Dialogs bereits 1958, gut ein Jahr nach der ersten Konferenz, die amerikanische Beraterelite erreicht hatte. Und diese rezipierte die neuen Aktivitäten nicht nur, sie nahm das Angebot bereitwillig an. Dies war die Voraussetzung dafür, dass renommierte Wissenschaftler aus anderen Nationen an den Konferenzen teilnahmen – und besonders die Beteiligung sowjetischer Wissenschaftler erhöhte wiederum das Interesse der amerikanischen Beratungselite an dem Austausch. Sie sicherte das Ansehen und den Einfluss der noch jungen Bewegung ab und profitierte in ihrer Beratungstätigkeit von den Einblicken, die sie aus der Arbeit des transnationalen Netzwerks entnehmen konnten: Von amerikanischer Seite nahmen zwischen 1958 und 1963 mehrere Mitglieder des neu gegründeten PSAC an Pugwash-Konferenzen teil, unter ihnen Hans Bethe, George Kistiakowsky und Jerrold Zacharias, die jeweils nur eine Konferenz in diesem Zeitraum besuchten. Freeman Dyson, Isidor Isaac Rabi und Jerome Wiesner nahmen an mindestens zwei oder mehr Konferenzen in diesen Jahren teil.[62] Jerome Wiesner war Kennedys Wissenschaftsberater zur Zeit der Verhandlungen über das begrenzte Teststoppabkommen Anfang der 1960er-Jahre. Er besuchte erstmals eine Pugwash-Konferenz im Frühjahr 1958 und war folglich mit der Gesprächskultur vertraut, lange bevor er das hohe Beratungsamt übernahm. Isidor Isaac Rabi vertrat 1963 gegenüber der Ford Foundation, bei der die Bewegung eine finanzielle Unterstützung anfragte, folgende Ansicht:

60  Ebd.
61  Isidor Isaac Rabi Papers, The Library of Congress, Washington D.C. - Manuscript Division, Box 45.
62  James R. Killian Jr., *Sputnik, Scientists, and Eisenhower: A Memoir of the First Special Assistant to the President for Science and Technology* (Cambridge, Mass. und London, 1977), o.S.; Joseph Rotblat, *Scientists in the Quest of Peace*, 85ff.

These conferences have become a continuing part of the international political land-scape. (...) [They] serve a very useful purpose in the informal interchange of ideas, the assessment of climate, and the development of a continuously tested relationship among scientists from the East and West. A substantial opportunity will be lost if we do not utilize fully the potentialities of this situation.[63]

Zu dieser Zeit hatten Wissenschaftler aus Ost und West die Pugwash Conferences als eine funktionierende, vertrauensbildende Maßnahme schätzen gelernt. Die eigentliche Arbeit fand in kleinen, thematisch klar umgrenzten, lösungsorientierten Workshops und Studiengruppen fernab der Öffentlichkeit statt.[64] Hier war ein Expertennetzwerk entstanden, das sich in einem Jahrzehnt als tragfähig erwies, als die Kuba-Krise die Weltmächte an den Rand eines Atomkrieges führte und unter dem Eindruck dieses Fast-Krieges tatsächlich erste Schritte zur Rüstungskontrolle möglich wurden.[65]

Anfang der 1970er Jahre endete die Genfer Atomkonferenz-Reihe mit der letzten Tagung im Jahr 1971. Eine Fortsetzung war nicht geplant, auch aufgrund der Tatsache, dass die Voraussetzungen, die zu ihrer Initiierung in den 1950er Jahren geführt hatten, nicht mehr gegeben waren. In diesen Jahren weitete die Pugwash-Bewegung ihr Themenspektrum auf weitere Konfliktfelder und sicherheitspolitische Fragestellungen aus.

## 9.4 Zwei komplementäre Handlungsebenen der Wissenschaftsdiplomatie

Die Genfer Atomkonferenz 1955 und die International Conferences on Science and World Affairs zeigen sich als zwei unterschiedliche Formate der Diplomatie, in welchen Wissenschaftler aktiv wurden. Die Gruppen der Handelnden sind nicht identisch, doch gibt es eine Schnittmenge, die sich mit Blick auf die US-amerikanische Physiker-Community vor allem in der Top-Beratungselite findet. Dies ist nicht verwunderlich, da sie die logischen Partner der Regierung in der offiziellen Wissenschaftsdiplomatie (Atoms for Peace) waren und zugleich die Zielgruppe,

---

63 Isidor Isaac Rabi Papers, The Library of Congress, Washington D.C. - Manuscript Division, Box 49.
64 Bis 1990, also in einer Zeitspanne von über 30 Jahren hatten ca. 8.000 Wissenschaftler und Fachleute aus über 100 Ländern an über 350 Konferenzen, Workshops und Studiengruppen teilgenommen. Hellmut Glubrecht zitiert in: Götz Neuneck, „Die Pugwash Conferences on Science and World Affairs", 249.
65 Ebd.; Matthew Evangelista, *Unarmed Forces*.

welche die Organisatoren der Pugwash-Konferenzen aus dem Umfeld der Federation of American Scientists und der Atomic Scientists' Association erreichen wollten und mussten, um den Konferenzen die erhoffte politische Relevanz zu verleihen. Nur auf diese Weise war es möglich, entsprechend hochkarätige Wissenschaftler aus der Sowjetunion für die Konferenzen zu gewinnen und die Nähe zu politischen Entscheidungsträgern auf nationaler Ebene zu gewährleisten.

Wie konnte diese Expertenelite in ihrem Selbstverständnis als Wissenschaftler beide Handlungsebenen mit Überzeugung nutzen und vertreten? Vermutet wird die Antwort auf diese Frage in dem Bezugspunkt ihres wissenschaftlichen Handelns, dem Verständnis von Wissenschaft und ihren zugrundeliegenden Werten.

Erkennt man in der Genfer Atomkonferenz von 1955 eine Plattform der Weltmächte, um unter der Firmierung des „Weltfriedens" ihren Konkurrenzkampf um kulturelle Vorherrschaft auszufechten, so öffnet die Konferenz den Blick für die ideologische Einbindung der Wissenschaftler in den Konflikt, der dem Kalten Krieg zugrunde lag. Als Plattform des Vergleichs konnte sie freilich nur herangezogen werden, da beide Systeme einen entscheidenden Zusammenhang zwischen wissenschaftlichem Fortschritt und gesellschaftlicher Entwicklung für sich beanspruchten. Bezüglich der wechselseitigen Bedeutung von Wissenschaft und liberal-demokratischer Gesellschaftsordnung lässt sich die Erkenntnis von Brigitte Schröder-Gudehus über die Einbindung der Wissenschaft in die kulturelle Konfrontation während des Ersten Weltkriegs auf die Situation von 1955 übertragen: „Scientists in all countries at war alligned themselves very much in the same way as the educated [western] population in general."[66] Tatsächlich währte die ideologische Mobilisierung – die Einbindung in den liberal-demokratischen Konsens – aus dem Zweiten Weltkrieg in die Zeit des Kalten Krieges bruchlos fort. Robert Mertons's „Scientific Ethos" von 1942, „one of the most robust and firmly grounded of its era's contributions to the intellectual defense of science and democracy"[67], hatte auch zehn Jahre später seine Bedeutung nicht eingebüßt. In der Praxis internationaler Wissenschaft knüpfte die Genfer Atomkonferenz an die etablierte Tradition internationaler Kongresse ebenso an, wie auch an jene, Forschungserfolge einzelner Wissenschaftler als kulturelle Leistungen in den Status vorrangig nationaler Errungenschaften zu erheben. Damit fügt sich die Konferenz

---

66  Brigitte Schröder-Gudehus, „Nationalism and Internationalism", in *Companion to the History of Modern Science*, hg. von Robert C. Olby u.a. (London und New York, 1990), 909-919, hier 917.
67  David Hollinger, „The Defense of Democracy", 82ff.

zur zivilen Atomforschung (wie auch die Folgekonferenzen) in eine Reihe sym-
bolträchtiger Konkurrenzsituationen des Kalten Krieges ein, die ihre Fortsetzung
im Wettlauf zum Mond fand.

Versteht man die Pugwash-Konferenzen als den Versuch, auf der Basis einer gemeinsamen Sprache Vertrauen zwischen Akteuren vermeintlich verfeindeter
Gruppierungen oder Staaten zu generieren und einen Dialog über Sicherheit und
Frieden vor allem dann voranzubringen, wenn die offizielle Diplomatie an den
ideologischen Verwerfungen zu scheitern droht, so liegen hier Denkhaltungen zugrunde, die es ermöglichen, diese Konfliktlinien zu überbrücken. Ausgehend von
den gemeinsamen Werten und der Neutralität wissenschaftlicher Forschung wie
auch in der Überzeugung, dass Wissen und Bildung zum Fortschritt der Gesellschaften und schließlich zum Frieden beitragen werde, konnte eine neue politische
Aktivität angesichts der atomaren Herausforderung entstehen. Der Bezug auf die
„Einheit der Wissenschaft" – „the brotherhood of scientists" oder „the notion that
science is one" – der aus den Erfahrungen der atomaren Zerstörung am Ende des
Zweiten Weltkriegs rührte, wurde zum Ansatz eines eigenen Beitrags als Wissenschaftler zur Lösung der politischen Herausforderungen des Wettrüstens und zum
Ankerpunkt des transnationalen Wissenschaftsaustauschs im Rahmen der Pugwash-Konferenzen. Die Handlungsmotivation herausragender Vertreter der Bewegung, so beispielsweise von Joseph Rotblat, lässt sich in diesem zugrundeliegenden Wissenschaftsverständnis erkennen:

> science, the exercise of the supreme power of the human intellect, was always linked in
> my mind with benefit to people. I saw science as being in harmony with humanity. I did
> not imagine that the second half of my life would be spent on efforts to avert a mortal
> danger to humanity created by science.[68]

Der Ansatz der Pugwash-Konferenzen findet freilich seine Bewährungsprobe immer wieder bei den Wissenschaftlerinnen und Wissenschaftlern selbst, die heraus-
gefordert sind, ihre politischen und ideologischen Gegensätze zu überwinden, um
in konkreten inhaltlichen Fragen der Konfliktregulierung voranzukommen.

Beide Ansätze entstanden vor dem Hintergrund der Gefahr thermonuklearer Zerstörung, als die US-Administration mit dem Vorstoß der Atoms-for-Peace-Initiative Wissenschaftlern die Chance eröffnete, diplomatische Räume – in Richtung

---

68  Joseph Rotblat, „Remember Your Humanity", Rede zur Verleihung des Friedensnobelpreises
    (Oslo,      10.12.1995),     http://www.nobelprize.org/nobel_prizes/peace/laureates/1995/rotblat-
    lecture.html, eingesehen am 10.04.2017.

offizieller Wissenschaftsdiplomatie als auch in Richtung transnationaler informeller Track-II-Diplomatie – zu erobern, was sie auch taten. Blickt man auf die Akteure, so wird ein Zusammenspiel unterschiedlicher Handlungsmöglichkeiten in einer politisch sensiblen und ideologisch konfrontativen Situation auf der Grundlage sichtbar, die diesen Ansätzen wissenschaftlicher Diplomatie gemein und für ihren Erfolg notwendig war: der konsequente Bezug auf die Werte und die Praxis internationaler Wissenschaft.

# 10 Bewehrte Kooperation(en) –
## friedliche Atome, pazifistische Physiker und Friedenspartisanen zu Beginn des Kalten Krieges (1947-1957)

*Stefano Salvia*

## 10.1 „Cominform Sets the Stage": der Weltfriedensrat

Am 1. April 1951 veröffentlichte das *Committee on Un-American Activities* einen detaillierten, unter anonymer Autorenschaft herausgegebenen *Report on the Communist „Peace" Offensive. A Campaign to Disarm and Defeat the United States*[1]. Dieser buchartige Bericht, geschrieben während des sogenannten „Second Red Scare" (1950-1956) unter dem politischen Einfluss des Senators John McCarthy, spiegelt die nationale Sicherheitspolitik John Edgar Hoovers gegenüber ‚fellow travellers' und ‚pro-communist activists' in den USA wider. Der Bericht sollte als Handbuch des Kulturkriegs gegen jegliches politisches Engagement zugunsten des Weltfriedens und der nuklearen Abrüstung dienen. Von diesem nahm man an, dass es von den Sowjets inspiriert und gefördert sei.

Zur gleichen Zeit, in einer Periode höchster Anspannung zwischen Ost und West, waren sowohl amerikanische als auch britische Geheimdienste mit dem sowjetischen Atom(spioange-)programm und der Wasserstoffbombenentwicklung in der UdSSR beschäftigt, besonders nach dem Fall Klaus Fuchs (1911-1988) im Jahr 1948 und dem wahrscheinlichen Überlaufen von Bruno Pontecorvo (1913-1993) zu Russland 1950. In einem früheren Beitrag[2], der sich ausschließlich mit der Pontecorvo-Affäre beschäftigte, bezog ich mich nebenbei auf die Verbindung zwischen italienischen Nuklearphysikern und einer international(istisch)en Bewe-

---

1   *Report on the Communist „Peace" Offensive. A Campaign to Disarm and Defeat the United States*, hg. von Committee on Un-American Activities (Washington DC, 1951), https://archive.org/details/reportoncommunis00unit/, eingesehen am 30.06.2016.
2   Stefano Salvia, „From Russia with Love: Die Pontecorvo-Affäre", in *Physik im Kalten Krieg. Beiträge zur Physikgeschichte während des Ost-West-Konflikts*, hg. von Christian Forstner and Dieter Hoffmann (Berlin, 2013), 149-161.

gung, „Partisans of Peace" genannt: eine Organisation pazifistischer Wissenschaftler, Gelehrter, und Künstler, die sich aus einem kommunistisch-geführten *World Congress of Intellectuals for Peace* entwickelte, der im August 1948 in Breslau stattfand.

Bei dieser Gelegenheit wurde ein dauerhaftes *International Committee of Intellectuals in Defence of Peace* gewählt, das seinen Sitz in Paris haben sollte und zur Einrichtung von nationalen Ablegern und Versammlungen nach dem Vorbild des World Congress aufrief. Auf einem sich anschließenden Kongress, der 1949 in Paris und Prag stattfand, wurde ein *World Committee of Partisans of Peace* eingerichtet, wobei sich die Partisanen auf einem Kongress in Warschau 1950 unter dem umfassenderen Namen *World Peace Council* (WPC) erneut konstituierten. Die eigentliche Intention der Organisatoren, angefangen bei Frédéric Joliot-Curie (1900-1958) und John Desmond Bernal (1901-1971) – der erste und der zweite Präsident des Rats – sowohl von 1949 als auch von 1950 war es, die Trennung der beiden Blöcke durch die Bildung eines weltweiten, linksgerichteten Kooperationsnetzwerkes zu überwinden. Joliot-Curie war zusätzlich noch Präsident der linksgerichteten *World Federation of Scientific Workers* (WFSW), die 1946 in London gegründet wurde. Jedoch verwährten die französischen und britischen Regierungen den meisten Delegierten aus sozialistisch regierten Ländern Visa und zwangen somit den Kongress zu einem Umzug in den Osten. Pablo Picassos berühmte Lithographie *La Colombe* (Die Taube) wurde als Emblem des Kongresses gewählt und in der Folgezeit zum offiziellen Symbol des WPC.[3]

Seinen Ursprung hatte der WPC im Kommunistichen Informationsbüro, dem früheren Komintern, das 1947 in Kominform umbenannt wurde. Der Internationalen Abteilung des Zentralkomitees der Kommunistischen Partei der Sowjetunion zufolge, die effektiv den WPC durch das Sowjetische Friedenskomitee unterstützte, war die Welt in friedensliebende, progressive Kräfte, angeführt von der UdSSR, und kriegstreibende, kapitalistische Staaten, allen voran die USA, gespalten. 1948 hatten die Amerikaner noch einen strategischen Vorteil gegenüber dem sowjetischen Nuklearprogramm, was die Angst vor einem Präventivschlag gegen die UdSSR nährte. In einem Bericht, geschrieben von Mikhail Suslov und Palmiro Togliatti (Generalsektretär der Kommunistischen Partei Italiens), aus dem Jahr

---

3   Milorad Popov, „The World Council of Peace", in *World Communism: A Handbook, 1918-1965*, hg. von Witold S. Sworakowski (Stanford, 1973), 488. Philip Deer, „The Dove Flies East: Whitehall, Warsaw and the 1950 World Peace Congress", *Australian Journal of Politics and History* 48(4) (2002), 449-468.

1950 erklärte das Kominform offiziell, „the Communist and Workers' Parties must utilise all means of struggle to secure a stable and lasting peace, subordinating their entire activity to this" und „particular attention should be devoted to drawing into the peace movement trade unions, women's, youth, cooperative, sport, cultural, education, religious and other organisations, and also scientists, writers, journalists, cultural workers, parliamentary and other political and public leaders who act in defence of peace and against war"[4].

Für die anonymen Autoren des bereits genannten Berichts von 1951 war es offensichtlich, dass Pazifismus, in seiner linksgerichteten und antikapitalistischen Version, eine machtvolle ideologische Waffe werden könnte, um viele westliche Wissenschaftler und Intellektuelle auf die Seite des Sozialismus zu ziehen. Der Bericht bezieht sich explizit auf Senator Emilio Sereni (1907-1977),[5] ein bekanntes Mitglied der Kommunistischen Partei Italiens, der seinem Cousin Bruno Pontecorvo durch seine „Rote Verbindung" auf beiden Seiten des Eisernen Vorhangs dabei half, in die UdSSR zu fliehen.[6] Er war weiterhin Präsident der *Partisans of Peace* Italiens und, von 1947 bis 1956, nationaler Beauftragter des Kominform.

Im ersten Jahrzehnt nach dem Zweiten Weltkrieg führte der WPC die internationale Friedensbewegung an und konnte viele berühmte Befürworter rekrutieren. Darunter waren unter anderem Bertolt Brecht, Pablo Neruda, György Lukács, Renato Guttuso, Jean-Paul Sartre, und Diego Rivera: die meisten waren Marxisten oder „fellow travellers". Mit dem Ziel, eine durch den WPC geförderte Veranstaltung in den USA abzuhalten, fand im Februar 1949 eine *Cultural and Scientific Conference for World Peace* in New York statt. Nachdem John Bernal 1948 einen Brief an den *New Statesman* schickte, in dem er davor warnte, dass die USA „a war for complete world domination"[7] vorbereiten, wurde sein Visum von den US-Behörden abgelehnt.

Eine weitere Konferenz, von Joliot-Curie unterstützt und am 15. März 1950 im neutralen Schweden abgehalten, stimmte dem *Stockholm Appeal* mit einem Aufruf zum absoluten Verbot nuklearer Waffen zu, der unter anderem von Picasso, Marc

---

4   Mikhail Suslov, *The Defense of Peace and the Struggle Against the Warmongers* (Cominform, 1950), ch. 3, https://www.marxists.org/archive/suslov/1949/11/x01.htm/, eingesehen am 24.05.2016.

5   *Report on the Communist „Peace" Offensive*, 113.

6   Simone Turchetti, *The Pontecorvo Affair. A Cold War Defection and Nuclear Physics* (Chicago, 2012).

7   John Desmond Bernal, „Letter", *New Statesman* 36 (1948): 238-239. Zit. in Andrew Brown und J. D. Bernal, *The Sage of Science* (Oxford, 2005), 325.

Chagall, Thomas Mann, Yves Montand, Jacques Prévert und Dimitri Shostako-
vich unterzeichnet wurde. Als der Korea Krieg im Juni 1950 ausbrach, war die
Petition immer noch im Umlauf und wurde selbst zu einer Waffe im Kalten Krieg.

Ganz auf der Linie des Kominform empfahl der WPC die Gründung nationaler
Friedenskomitees in allen Staaten und sprach sich damit gegen blockfreie pazifistische Organisationen aus, wie der *Campaign for Nuclear Disarmament* (CND),
die 1957 in London gegründet wurde. Bertrand Russell (1872-1970) war deren
erster Präsident und Joseph Rotblat (1908-2005) eines der prominenteren Mitglieder. Der WPC ging sogar soweit, dem CND vorzuwerfen, durch ihre Arbeit zugunsten des Westens die Friedensbewegung zu spalten. Indes verpasste es der
WPC, sich gegen das sowjetische Wettrüsten und die blutige Niederschlagung des
ungarischen Aufstands von 1956 durch die Rote Armee auszusprechen. Albert
Einstein (1879-1955), der 1948 noch eine ermutigende Nachricht an den Kongress
in Breslau schickte, verweigerte jeder Folgesitzung des Rates seine Unterstützung.
In seinen Augen waren die früheren *Partisans of Peace* eigentlich „partisan paci-
fists": sie griffen die westliche Nuklearpolitik und die antikommunistische Hyste-
rie zwar an, neigten allerdings dazu, den sowjetischen Militarismus und das Atomprogramm der UdSSR als unausweichliche Reaktion auf und als Selbstschutz
gegen die westliche Politik zu verteidigen. Im Gegensatz dazu rief Einsteins ur-
sprünglicher Brief zur Etablierung einer Weltregierung auf, die die Nutzung von
Nuklearenergie absichern und so die Konfrontation der beiden Blocks überwinden
würde.[8]

## 10.2 „Against the dark background of the atomic bomb": das „Atoms for Peace" Programm

Am 8. Dezember 1953 hielt der damalige US-Präsident Dwight D. Eisenhower
eine Rede vor der *UN General Assembly* in New York, die heute Berühmtheit erlangt hat. Ihr Titel war *Atoms for Peace*. Am 12. August desselben Jahres wurde
der erste Wasserstoffbombentest der Sowjets erfolgreich durchgeführt. Eisenhowers „friedlicher" Rede ging ein Treffen mit Winston Churchill und dem französischen Premier Joseph Laniel in Bermuda (4. bis 6. Dezember 1953) umittelbar
voraus. Dort wurde die westliche Reaktion auf das sowjetische Atomprogramm

---

8    Albert Einstein, „F. Wroclaw Conference 1948 – Einstein on Peace". Manuscript, 4 pages in German (undated). Archival location: Vassar College Library, Poughkepsie, NY. Archival call number: 87-45, http://alberteinstein.info/vufind1/Record/EAR000065599, eingesehen am 30.06.2016.

diskutiert. Die Rede war Teil einer sorgfältig ausgearbeiteten diplomatischen und medialen Kampagne mit dem Namen „Operation Candor". Offiziell diente sie der Aufklärung der amerikanischen und westlichen Öffentlichkeit über die Risiken und Hoffnungen des nuklearen Zeitalters sowie über die vielen friedlichen Anwendungen der Atomenergie und Radioaktivität, neben (und trotz) dem militärischen Einsatz derselben. Tatsächlich war dies eine wesentliche Komponente der Propaganda der Kalten Kriegs Strategie des *Containment and Deterrence*.

Die jetzt zugänglichen Dokumente in den Eisenhower Archives in Abilence (Kansas)[9] zeigen deutlich den Drang der US-Administration, auf die Herausforderung und Bedrohung zu reagieren, die das Erreichen des Ziels einer eigenen Wasserstoffbombe der Sowjets darstellte, zusammen mit allen Spionagebedenken, die sich daran anschlossen. Während sich der Bericht von 1951 des *Committee on Un-American Activites* auf die kommunistische „peace offensive" konzentriert hatte, war es nun an der Zeit, die Voraussetzungen für antikommunistische „deeds of peace" zu schaffen, die fähig seien „[to] speak more loudly than promises or protestations of peaceful intent", so Eisenhower.[10]

„Operation Candor" war schon ihrem Namen nach eine durch den Krieg angetriebene Bestrebung, dem unausweichlichen Ende der Überlegenheit des US Militärs gegenüber der UdSSR durch die Offenlegung zuvor streng geheimer Nukleartechnologie entgegenzuwirken. Dies geschah auf Basis ihrer zivilen Anwendungen (Reaktordesign und –sicherheit, atomare Antriebssysteme, Radioaktivitätsmessung und nukleares Prospektieren, Strahlentherapie, usw.). Die Addressaten waren vor allem die Verbündeten in Westeuropa, um sicherzugehen, dass diese sich dem Schritt der NATO-Strategie von konventionellen zu nuklearen Waffen anschlossen. Zur gleichen Zeit mussten die Westeuropäer in dem Glauben bestärkt werden, dass die USA keinen nuklearen Krieg auf dem gespaltenen Kontinent provozieren wollten.

Eisenhowers Rede, die an ihren sensibelsten Passagen sorgfältig überarbeitet wurde, stand am Anfang einer internationalen Medienkampagne, die noch Jahre

9    Dwight D. Eisenhower Presidential Library, Museum, and Boyhood Home (Abilene, KS), *„Atoms for Peace" draft speech, memoranda, and related documents*, https://www.eisenhower.archives.gov/research/online_documents/atoms_for_peace.html, eingesehen am 30.06.2016.
10   International Atomic Energy Agency (IAEA), historical archive, *President Dwight D. Eisenhower's „Atoms for Peace" Speech (470th Plenary Meeting of the United Nations General Assembly in New York, December 8, 1953)*, https://www.iaea.org/about/history/atoms-for-peace-speech/, eingesehen am 30.06.2016.

andauern sollte. Sie zielte auf ein „emotion management" ab, das die Angst vor der fortwährenden atomaren Aufrüstung mit dem Versprechen der Förderung und Entwicklung friedlicher Nukleartechnologie zu kompensieren versuchte. Die Rede rief zur Gründung einer *International Atomic Energy Agency* (IAEA) unter der Aufsicht der UN in Genf auf, warnte aber gleichzeitig die UdSSR vor den schrecklichen Konsequenzen für beiden Seiten, sollte es zu einem atomaren Schlag gegen die USA oder einen ihrer Alliierten kommen.

Wie durch einen freigegebenen Bericht an Eisenhower bezeugt ist, waren die offiziellen sowjetischen Reaktionen auf die Rede von Anfang an lau und misstrauisch. Die Kominform konstatierte, dass Eisenhowers Sprache tatsächlich „the language of war" sei und dass der Präsident nicht seine Einstellung gegenüber dem Verbot nuklearer Waffen darlege. Radio Moskau fügte hinzu, dass Eisenhower versuche seine Zuhörer zu verängstigen, anstatt ihnen Hoffnung zu machen. Die sowjetische Regierung erklärte lediglich, dass sie Eisenhowers Vorschlag „serious consideration" zukommen lassen würden; weitere Kommentare wurden unterlassen.[11]

Die „Atoms for Peace" Rede lieferte den ideologischen Hintergrund für die 1955 in Genf unter der offiziellen Patenschaft der USA (aber eigentlich durch den Westen geführte) abgehaltene *Conference on Peaceful Uses of Atomic Energy*. Die Verhandlungen führten zu der Grundlegung der IAEA im Jahr 1957, die auch als „world nuclear bank" agierte und somit die Kontrolle von spaltbarem Material übernahm. Die UdSSR lehnte die internationale Aufsicht über ihr spaltbares Material ab (was offensichtlich im Interesse der NATO gelägen hätte), aber lies die Mögichkeit eines „clearing house" für nukleare Transaktionen offen.[12]

„Atoms for Peace" war auch der Name eines umfangreichen, durch die USA angeführten Programms des technologischen Transfers und der finanziellen Unterstützung, um die Nuklearforschung der Zivilbevölkerung im Westen und anderen Ländern zur Verfügung zu stellen, die bisher noch nicht im Besitz von Nukleartechnologie waren. Tatsächlich war es eine Art Marshall Plan für die friedliche

---

11  Dwight D. Eisenhower Presidential Library, Museum, and Boyhood Home (Abilene, KS), *Press Wire, Chronology of Soviet Bloc Reaction to Eisenhower's U.N. Speech, December 14, 1953*, https://www.eisenhower.archives.gov/research/online_documents/atoms_for_peace/ Binder15.pdf, eingesehen am 30.06.2016.

12  David Fischer, *History of the International Atomic Energy Agency: The First Forty Years* (Wien, 1997), http://www-pub.iaea.org/MTCD/publications/PDF/Pub1032_web.pdf, eingesehen am 30.06.2016.

Nutzung atomarer Energie: auf der einen Seite sollte es die technologischen, ökonomischen, und militärischen Beziehungen der USA mit ihren westlichen Verbündeten stärken; auf der anderen sollte es dem zunehmenden Einfluss der Sowjet Union auf blockfreie Staaten entgegenwirken. Tatsächlich diente „Operation Candor" als politischer Deckmantel für die nukleare Aufrüstung der USA und für den Rüstungswettlauf im Kalten Krieg. Während des „Atoms for Peace" Programms exportierten die USA über 25 Tonnen hoch angereicherten Urans in 30 Länder, meist um Forschungsreaktoren anzutreiben, die auch als Einrichtungen zur Militärforschung dienen konnten. Unter einem ähnlichen Programm exportierte die UdSSR ebenso über elf Tonnen spaltbares Material an Comecon und prosowietische Länder.[13]

## 10.3 „Remember your humanity, and forget the rest": das Russell-Einstein Manifest

Am 9. Juli 1955 kündigte Bertrand Russell in dramatischer Weise einen der letzten öffentlichen Auftritte Einsteins vor seinem Tod an: eine von elf bedeutenden Wissenschaftlern unterzeichnete Warnung zur Notwendigkeit, einen Krieg im nuklearen Zeitalter zu vermeiden, um so die Menschheit vor der totalen Auslöschung zu bewahren und den Planeten Erde davor zu schützen, eine post-atomare Wüste zu werden, die sich als ungeeignet für jegliche Form von Leben erweisen sollte. Auch wenn dies zur Zeit eine von vielen Erklärungen gegen die Bedrohung eines weltumspannenden nuklearen Krieges und für die Abrüstung war, erhielt sie unmittelbar weltweite Aufmerksamkeit.

Der Grund dafür, dass die Russell-Einstein Petition genug Aufmerksamkeit auf sich zog, um 1957 das offizielle Manifest der in Pugwash (Canada) abgehalten ersten *Conference on Science and World Affairs* zu werden, lag nicht einfach am Fakt, dass sie von Leuten wie Einstein und Russell selbst, Joseph Rotblat, Max Born (1882-1970), Linus Pauling (1901-1994) oder Frédéric Joliot-Curie unterzeichnet wurde. Der *Stockholm Appeal* von 1950 wurde von ähnlich berühmten Wissenschaftlern, Intellektuellen und Künstlern unterzeichnet. Dennoch befasste sich die Zusammenarbeit von Russell, Rotblat und Einstein, welche durch ihre Korrespondenz festgehalten ist und im Endeffekt zum Manifest von 1955 führte,

---

13  David Albright und Kimberly Kramer, „Civil HEU Watch: Tracking Inventories of Civil Highly Enriched Uranium", in *Global Stocks of Nuclear Explosive Materials* (International Institute for Science and International Security, February 2005), http://isis-online.org/uploads/ isis-reports/documents/civil_heu_watch2005.pdf, eingesehen am 30.06.2016.

**Abbildung 1:** Bertrand Russells Pressekonferenz in der Caxton Hall, London (July 9, 1955). Aus: https://pugwashconferences.files.wordpress.com/2014/02/ 1955_london_manifestopressconf.jpg, eingesehen am 16.06.2017.

von Beginn an mit der Notwendigkeit, nationale, kulturelle, politische, ideologische und sogar religiöse Differenzen zu überwinden. Diese würden verhindern, dass die gesamte Menschheit realisiert, was eigentlich nach Hiroshima und Nagasaki, geschweige der Wasserstoffbombe und den möglichen Kosequenzen ihrer Verbreitung, auf dem Spiel stand.[14] In der Tat, die Russell-Einstein Erklärung konnte schwerlich von beiden Seiten des Kalten Krieges aufgegriffen werden, nachdem sie von Spitzenkandidaten der Gegnerseite verfasst wurde; sie konnte

---

14  Bertrand Russell, *The Selected Letters of Bertrand Russell, vol. 2. The Public Years 1914-1970*, hg. von Nicholas Griffin (London-New York, 2001), 486-487. Otto Nathan und Heinz Norden, Hrsg., *Einstein on Peace. With a foreword by Bertrand Russell* (New York, 1960), 623-631, https://pugwashconferences.files.wordpress.com/2014/02/2005_history_origins_of_ manifesto3.pdf, eingesehen am 30.06.2016.

auch nur schwer als „peace offensive" des Gegners eingefärbt werden, so der amerikanische Bericht von 1951.

Most of us are not neutral in feeling, but, as human beings, we have to remember that, if the issues between East and West are to be decided in any manner that can give any possible satisfaction to anybody, whether Communist or anti-Communist, whether Asian or European or American, whether White or Black, then these issues must not be decided by war. We should wish this to be understood, both in the East and in the West.

There lies before us, if we choose, continual progress in happiness, knowledge, and wisdom. Shall we, instead, choose death, because we cannot forget our quarrels? We appeal as human beings to human beings: Remember your humanity, and forget the rest. If you can do so, the way lies open to a new Paradise; if you cannot, there lies before you the risk of universal death.[15]

Alle ursprünglichen Signatoren des Manifests stammten tatsächlich aus dem Westblock. Die einzige Ausnahme stellte Leopold Infeld (1898-1968) dar, Professor für theoretische Physik in Warschau und Mitglied der polnischen Akademie der Wissenschaften (dieser war allerdings zuvor in Kanada ansässig). Besonders Russell war, trotz seiner linksgerichteten Ansichten über Wissenschaft, Ethik, Politik und Gesellschaft, tatsächlich ein liberaler Denker und stand der Sozialdemokratie viel näher als dem Sozialismus. Seine CND von 1957, mitbegründet von Rotblat, distanzierte sich explizit von der sowjetisch angetriebenen Politik des WPC.

Nichtsdestotrotz verstanden Einstein und Russell ganz klar die Wichtigkeit, sowohl pro- als auch antikommunistische Intellektuelle (ebenso Wissenschaftler blockfreier Staaten) mit in die konkreten Initiativen miteinzubeziehen, die dem Manifest auf einem internationalen – wenn nicht transnationalen – Niveau folgen mussten. In diesem Sinne spielte die Unterschrift von Joliot-Curie, Präsident des WPC und bekannter Kommunist, eine strategische Rolle und wurde wärmstens von Russell, trotz deren abweichender Ansichten hinsichtlich der Friedensbewegung und wie diese umgesetzt werden sollte, unterstützt („I am an anti-communist, and it is precisely because you are a communist that I am anxious to work with you"[16]).

---

15  *The Russell-Einstein Manifesto (July 9, 1955), par. 17-18*, http://pugwash.org/1955/07/09/statement-manifesto/, eingesehen am 30.06.2016.
16  Pierre Biquard und Frédéric Joliot-Curie: *The Man and His Theories, transl. by Geoffrey Strachen* (New York, 1966), 112.

Joliot-Curie apparently pins faith to a large international conference of men of science.
I do not think this is the best way to tackle the question. Such a conference would take
a long time to organise. There would be difficulties about visas. When it met there would
be discussions and disagreements which would prevent any clear and dramatic impression upon the public. I am convinced that a very small number of very eminent men can
do much more, at any rate in the first instance.[17]

Die Russell-Einstein Petition war das Endergebnis eines schwierigen Kompromis-
ses zweier im Konflikt liegender Lager, was sich in den Briefen Russells an Einstein und Rotblat zeigt. Auf der einen Seite standen Max Born und Russell selbst.
Diese sprachen eine Einstellung an, die von einer kleinen Gruppe herausragender
Wissenschaftler und Experten geleitet wurde, vor allem von solchen, die selbst in
Nuklearprogramme involviert waren. Der Aufruf sollte zu einer weltweiten interdisziplinären Komission für atomare Belange führen, zumindest zu einem internationalen Netzwerk lokaler Arbeitsgruppen, die offen für Nichtexperten wären und
stetig mehr solcher Anhänger miteinbezögen. Die andere Seite war die von Joliot-
Curie. Dieser rief zu einer Weltkonferenz östlicher, westlicher und blockfreier pazifistischer Intellektueller (nicht nur Wissenschaftler) sowie politischer Aktivisten
auf, möglicherweise auf einem neutralen Territorium, wie der Schweiz, Skandinavien oder den Vereinten Nationen. In seinen Augen stellte besonders Borns Einstellung eine Art „wissenschaftlichen Elitismus" dar, welcher zu einer Meidung
jegliches direkten politischen Engagements tendiere, wohingegen die Wissenschaft eine gemeinsame Sprache für Wissenschaftler sein sollte, egal welcher Nationalität, Ideologie oder religiöser Ansicht sie anhingen. Für Leute wie Joliot-
Curie handelte es sich fast um das Gegenteil: Wissenschaft war als sozioökono-
misches Unterfangen an sich gegenüber der Ökonomie, Politik, bestimmten
Machtverhältnissen und Konsensentscheidungen, sowie der Zivilgesellschaft,
nicht neutral.

## 10.4  Pazifismus im Krieg in einem geteilten Land

Sowohl Ost- als auch Westdeutschland waren während des Kalten Krieges Frontstaaten (wenn nicht *die* Frontstaaten). Insbesondere die 1950er waren eine Periode
hoher Anspannung zwischen den beiden deutschen Staaten, auch dadurch bedingt,

---

17  Bertrand Russell to Albert Einstein, February 11, 1955, in *The Selected Letters of Bertrand Russell*, 489, https://pugwashconferences.files.wordpress.com/2014/02/2005_history_origins_of_
manifesto3.pdf, eingesehen am 30.06.2016.

dass sich beide noch weigerten, ihre gegenseitige Unabhängigkeit und ihr jeweiliges Existenzrecht anzuerkennen. Ihre Grenzen waren 1952 definitiv festegelegt worden. Ihre diplomatischen Beziehungen normalisierten sich erst 1973 mit dem „Grundlagenvertrag". Wie bekannt ist, war die frühere Hauptstadt Berlin in den Jahren 1948 bis 1961 der Schauplatz vier großer internationaler Krisen: die Blockade von 1948, der Aufstand in Ostberlin 1953, der die Massenimmigration von Ost nach West im gleichen Jahr mit sich zog, das sowjetische Ultimatum von 1958 und die darauffolgende Krise 1961, die im Mauerbau gipfelte.[18]

Der sowjetische Außenminister Vjačeslav Molotov drückte es wie folgt aus: „Das, was mit Berlin passiert, passiert mit Deutschland; das, was mit Deutschland passiert, passiert mit Europa".[19] Es war jedem bewusst, dass eine direkte Konfrontation der beiden Blöcke in Berlin den dritten Weltkrieg auf dem ganzen Kontinent auslösen würde. Deshalb war die Notwendigkeit, den stark abschreckenden „Frieden" zwischen West und Ost zu erhalten, ein vorrangiger politischer Belang entlang der innerdeutschen Grenze. Da verwundert es nicht, dass der Kongress des WPC, der im Jahr 1952 in Ostberlin abgehalten wurde, das Motto „Deutschland muss ein Land des Friedens werden" hatte.[20]

Dennoch rief Westdeutschland 1955, nach dem Korea Krieg (1950-1953) und der formalen Ziehung seiner Grenzen, seine eigene Armee, die Bundeswehr, unter der von den Alliierten diktierten Voraussetzung, eine eingeschränkte und rein defensiv agierende Kraft zu sein, ins Leben. Einige Monate später gründete auch Ostdeutschland unter den Bedingungen des Warschauer Pakts seine eigene Armee, die Volksarmee. In der DDR konnte die Gründung der Volksarmee leicht als unausweichliche Rekation zum Schutz des „friedlichen" sozialistischen Landes und seiner Bevölkerung gegen die Aggression der „faschistischen" BRD, die von ihren

18 Henry A. Turner, *The Two Germanies Since 1945: East and West* (Yale, 1987). Gerhard Wettig, *Chruschtschows Berlin-Krise 1958 bis 1963. Drohpolitik und Mauerbau* (München, 2006). Christian Adler, *Die Berlin-Krisen 1948 und 1961* (Norderstedt, 2007). Nicholas A. Lewkowicz, *The German Question and the Origins of the Cold War* (Milan, 2008). Matthias Uhl, *Krieg um Berlin? Die sowjetische Militär- und Sicherheitspolitik in der zweiten Berlin-Krise 1958 bis 1962* (München, 2008). Daniel F. Harrington, *Berlin on the Brink. The Blockade, the Airlift, and the Early Cold War* (Lexington, KY, 2012).
19 Dennis M. Giangreco und Robert E. Griffen, *Airbridge to Berlin: The Berlin Crisis of 1948. Its Origins and Aftermath* (New York, 1988), 54.
20 Deutscher Friedensrat (ab 1954 Friedensrat der DDR), „Deutschland muss ein Land des Friedens werden" (1952 Weltfriedensrat in Berlin), Deutsche Fotothek, https://upload.wikimedia.org/wikipedia/commons/7/78/Fotothek_df_roe-neg_0006328_003_Weltfriedensrat_in_Berlin.jpg, eingesehen am 30.06.2016.

kapitalistischen Machthabern (von denen viele auch das NS-Regime unterstützt hatten) remilitarisiert wurde, präsentiert werden. Ganz im Gegenteil gab es viele Proteste in der BRD gegen die Gründung der Bundeswehr und im Allgemeinen gegen die Remilitarisierung Westdeutschlands. Ostdeutschland konnte ebenso behaupten, dass, im Gegensatz zur Volksarmee, die Bundeswehr in perfekter Kontinuität zur früheren Reichswehr und Hitlers Wehrmacht gegründet wurde, da viele ihrer Offiziere und militärischen Berater (wie General Erich von Manstein) direkt aus der Nazizeit stammten.[21]

Am 15. Juli 1955 gab Otto Hahn (1879-1968), nebst der Protestbewegung gegen eine remilitarisierte BRD, eine Erklärung auf dem jährlichen Treffen von Nobelpreisträgern in Lindau gegen den atomaren Wettlauf ab. Die sogenannte Mainauer Deklaration wurde nur sechs Tage nach der Claxton Hall Pressekonferenz in London, wo das Russell-Einstein Manifest bekannt gegeben wurde, veröffentlicht. Obwohl sich das Russell-Einstein Manifest und die Mainauer Deklaration stark ähnelten, weigerte sich Otto Hahn, das Manifest zu unterzeichnen. Russell zufolge[22], verhielt sich Hahn nicht nur so, weil er an „seiner eigenen" Petition arbeitete, die stärker auf die europäische öffentliche Meinung ausgerichtet war. Er wollte sie auch vor jedweden „kommunistischen Einflüssen" (im speziellen vor Joliot-Curie) schützen, in der Hoffnung, dass die Erklärung so größeren politischen Einfluss hätte.[23]

Otto Hahn war ein konservativer Antikommunist und stand im totalen Widerspruch zu Russells Ziel, prokommunistische Wissenschaftler und Intellektuelle dazu zu ermutigen, sein kosmopolitisches Manifest im Namen von Einsteins Vermächtnis zu unterzeichnen. Dennoch hatten drei der insgesamt 18 Signatoren der Mainauer Deklaration auch das Russell-Einstein Manifest unterzeichnet: Max Born, Hermann Joseph Müller (1890-1967), und Hideki Yukawa (1907-1981). Besonders Born, obwohl er Hahns politische Ansichten teilte, hielt das Manifet für einen grundlegenden Durchbruch, der ähnliche Initiativen in anderen Ländern

---

21  *Die Bundeswehr 1955 bis 2005. Rückblenden – Einsichten – Perspektiven*, hg. von Frank Nägler (München, 2007), 122. Frank Pauli, *Wehrmachtsoffiziere in der Bundeswehr. Das kriegsgediente Offizierskorps der Bundeswehr und die Innere Führung 1955 bis 1970* (Paderborn 2010), 145. Wolfram Wette, *Militarismus in Deutschland. Geschichte einer kriegerischen Kultur* (Frankfurt a.M., 2011), 221. Henry Leide, *NS-Verbrecher und Staatssicherheit. Die geheime Vergangenheitspolitik der DDR* (Göttingen, 2011), 50.
22  Bertrand Russell, *The Autobiography of Bertrand Russell, vol. 3. 1944-1967* (New York, 1969), 94-95.
23  Horst Kant, *Otto Hahn and the Declarations of Mainau and Göttingen* (Berlin, 2002), 23.

befeuern könnte.[24] Tatsächlich waren die Reaktioen auf die Mainauer Deklaration begrenzt, nahezu lokal. Russell hatte eine bessere Presse- und Kommunikationsstrategie. Dadurch hatte sein Manifest unmittelbaren Erfolg und fand internationalen Anklang: die perfekte Zeitwahl seiner Erklärung, kurz nach Einsteins Tod, in einer Periode besonders hoher Anspannung zwischen Ost und West; die sorgfältige Wahl der Gruppe der elf Erstunterzeichner; der universelle Charakter seines Aufrufes, weder mit pro- noch mit antikommunistischer Neigung.[25]

Viel einflussreicher war ein anderer Aufruf, der von 18 prominenten westdeutschen Wissenschaftlern unterzeichnet wurde: die sogenannte Göttinger Erklärung vom 12. April 1957. Anders als die Mainauer Deklaration befasste sie sich explizit mit den beträchtlichen Risiken eines nuklearen Rüstungswettlaufs zwischen den zwei deutschen Staaten. Sie griffen Molotovs Erklärung, dass Frieden an der innerdeutschen Grenze, Frieden in ganz Europa und damit auf der ganzen Welt bedeute, auf: die Idee der Bewaffnung der Bundeswehr mit Atomwaffen unter der Kontrolle der NATO, wie es der Kanzler Konrad Adenauer (ebenso ein großer Befürworter des „Atoms for Peace" Programms) forderte, würde unausweichlich zu einer entsprechenden und entgegengerichteten Aufrüstung der Volksarmee unter der Aufsicht der UdSSR führen. Max Born, Otto Hahn, Max von Laue (1879-1960), Werner Heisenberg (1901-1976) und Carl Friedrich von Weizsäcker (1912-2007) waren unter den Unterzeichnern der Göttinger Erklärung, die auch die darauffolgende pazifistische Bewegung zur nuklearen Abrüstung in Westdeutschland inspirierte.[26] Der Aufruf war klar durch die antikommunistische Haltung des Großteils der 18 Förderer beeinflusst, dies war jedoch unausweichlich in einem Frontstaat wie der Bundesrepublik, wo die frühere KPD nur ein Jahr später für verfassungswidrig erklärt und verboten wurde.[27]

---

24  Nancy Thorndike Greenspan, „Max Born and the Peace Movement", *Physics World* 18(4) (2005): 37-38.
25  Sandra Ionno Butcher, „The Origins of the Russell-Einstein Manifesto", *Pugwas History Series* 1 (2005): 18-22, https://pugwashconferences.files.wordpress.com/2014/02/2005_history_origins_of_manifesto3.pdf, eingesehen am 30.06.2016.
26  *Text der Göttinger Erklärung (12. April 1957)*, Georg-August-Universität Göttingen, http://www.uni-goettingen.de/de/54319.html, http://www.uni-goettingen.de/de/54320.html, eingesehen am 08.12.2016.
27  Werner Heisenberg, *Der Teil und das Ganze: Gespräche im Umkreis der Atomphysik* (München, 1969), insbesondere das Kapitel „Auseinandersetzungen in Politik und Wissenschaft (1956 bis 1957)", 296-311. Otto Hahn, *Mein Leben – Die Erinnerungen des großen Atomforschers und Humanisten. Erweiterte Neuausgabe* (München-Zürich, 1986), 228-236. Elisabeth Kraus, „Atomwaf-

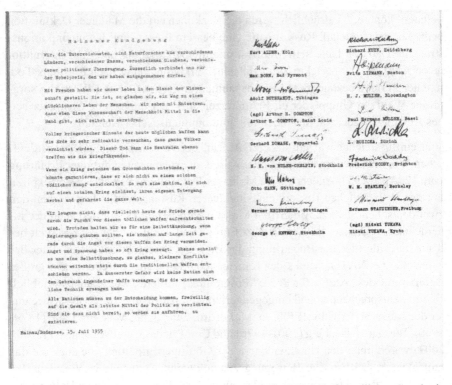

**Abbildung 2:** Die Mainauer Deklaration vom 15. Juli 1955 (Mit freundlicher Genehmigung von: Lindau Nobel Laureate Meetings / Christian Flemming). Aus: http://www.mainaudeclaration.org/gallery/.

## 10.5 Die erste *Pugwash Conference on Science and World Affairs*

Einer der Schlüssel zum Erfolg des Russell-Einstein Manifests war, dass es zum Handeln aufrief, insbesondere zu der Organisation einer internationalen Konferenz zu Frieden und nuklearer Abrüstung, wie es Joliot-Curie forderte. Das Manifest war nicht in sich selbst abgeschlossen: dies war ebenso einer der Hauptunterschiede zu anderen ähnlichen Petitionen, wie der Mainauer Deklaration. Am 13.

---

fen für die Bundeswehr?", *Physik Journal*, 6(4) (2007): 37. Robert Lorenz, *Die „Göttinger Erklärung" von 1957. Gelehrtenprotest in der Ära Adenauer*, in *Manifeste. Geschichte und Gegenwart des politischen Appells*, hg. von Johanna Klatt und Robert Lorenz (Bielefeld, 2011), 199-227.

Juli 1955, nur vier Tage nach der Veröffentlichung der Erklärung, machte der kanadische Geschäftsmann, Amateurwissenschaftler und Philanthrop Cyrus S. Eaton (1883-1979), damals schon für seine kritische Haltung gegenüber beiden Seiten des Kalten Krieges bekannt, das Angebot, die Konferenz zu finanzieren und in seinem Geburtsort Pugwash (Nova Scotia) abzuhalten.[28] Eatons langes Leben und seine lange Karriere, ebenso wie sein perönliches Engagement als „informaler Diplomat", welches ihm ermöglichte, ungeahnte weltweite Kooperationsnetzwerke zwischen Wissenschaftlern, Intellektuellen und politischen Führern zu schaffen, sollten definitiv das Thema eines historischen Romans oder sogar eines Films werden. Er war eine der einflussreichsten (und kontroversesten) Persönlichkeiten des gesamten zwanzigsten Jahrhunderts, obwohl er offensichtlich im Hintergrund agierte.[29]

Die *World Association of Parlamentarians for World Government* fing, in Verbindung mit Russell, ebenso an, eine internationale Konferenz für Wissenschaftler zu Atomwaffen und Abrüstung zu planen.[30] Drei Alternativvorschläge folgten dem Manifest:

- Joliot-Curie, der WFSW und der WPC forderten einen öffentlichen *World Peace Congress* mit dem breitesten Spektrum an eingeladenen Rednern, der in einem neutralen Land abgehalten werden sollte. Russell und Rotblat standen dem Vorschlag skeptisch gegenüber, da eine „intimere" Vortragsreihe unter Wissenchaftlern und Experten aus dem Osten, Westen und blockfreien Staaten effektiver wirkte als ein offener Weltkongress, bei dem die Anwesenheit von Militärs, Diplomaten, Politikern und Journalisen unabwendbar wäre. Noch dazu könnte eine Konferenz unter Leitung des WFSW als von der Sowjetunion gefördert dargestellt werden.[31]

- Indiens Premierminister „Pundit" Jawaharlal Nehru (1889-1964), Schüler Ghandis, der erste Premierminister Indiens nach der Unabhängigkeit des Landes und der Anführer der Bewegung der Blockfreien Staaten, rief schon 1954 zu „the setting up of a committee of scientists to explain to the world the effects a nuclear war would have on humanity" auf. Er lud Russell und Rotblat

---

28  M. Allen Gibson, *Beautiful Upon the Mountain: A portrait of Cyrus Eaton* (Windsor, Nova Scotia, 1977).
29  Marcus Gleissor, *The World of Cyrus Eaton* (Kent, Ohio, 2005).
30  Lawrence S. Wittner, *The Struggle Against the Bomb, vol. 1. One World or None: A History of the World Nuclear Disarmament Movement Through 1953* (Stanford, 1993), 33.
31  Ionno Butcher, „The Origins of the Russell-Einstein Manifesto", 22-24.

offiziell dazu ein, in Zusammenarbeit mit der *Federation of American Scientists*, der *British Atomic Scientists' Association* und der Sowjetischen Akademie der Wissenschaften, eine *International Conference on Science and World Affairs* in NeuDelhi zu organisieren. Dies war die zu Beginn bevorzugte Lösung, bis 1956 der Ausbruch der Suez Krise die indische Konferenz zum Aufschub zwang.[32]

- Der griechische Reeder Aristoteles Onassis bot stattdessen an, ein Treffen in München zu finanzieren. Allerdings wurde sein Vorschlag aufgrund der Auswirkungen und dem Schaden, den die Konferenz, wegen der antisowjetischen (und anti-DDR) Implikationen bei der Wahl des Austragungsortes in Westdeutschlands, nehmen könnte, abgelehnt.[33]

Cyrus Eatons frühere Einladung wurde am Ende angenommen. Die Konferenz fand vom 6. bis zum 10. Juli in Eatons Landhaus in Pugwash, welches als „Thinkers' Lodge" bekannt wurde, statt. 22 Wissenschaftler aus aller Welt nahmen am Ereignis teil, das später die *First Pugwash Conference on Science and World Affairs* genannt wurde: sieben stammten aus den USA, drei aus der Sowjetunion, drei aus Japan, zwei aus Großbritannien, zwei aus Kanada und jeweils ein Teilnehmer aus Australien, Österreich, China, Frankreich und Polen. Vier der Erstunterzeichner des Russell-Einstein Manifests waren anwesend: Joseph Rotblat, Cecil F. Powell (1903-1969), Hermann J. Muller und Hideki Yukawa. Russell konnte aus gesundheitlichen Gründen nicht teilnehmen.[34]

Der Konferenz ging die Einrichtung dreier Kommissionen voraus, die sich mit den folgenden Schwerpunkten beschäftigten:

1. die Abschätzung der Folgen nuklearer Waffen und der Entwicklung der Atomenergie;

2. Probleme der Abrüstung;

3. soziale Verantwortung von Wissenschaftlern.

---

32  Joseph Rotblat, „The Early Days of Pugwash", *Physics Today* 54(6) (2001): 50-55, http://dx.doi.org/10.1063/1.1387592, eingesehen am 30.06.2016.
33  John R. Lenz, „Pugwash and Russell's Legacy", *The Bertrand Russell Society Quarterly* 89 (1996): 18-24, http://www.lehman.edu/deanhum/philosophy/BRSQ/pugwash.htm, eingesehen am 30.06.2016.
34  Joseph Rotblat, *Pugwash. A History of the Conferences on Science and World Affairs* (Bratislava, 1967).

**Abbildung 3:** Teilnehmer der ersten Pugwash-Konferenz (10. Juli 1957). Aus: https://pugwashconferences.files.wordpress.com/2014/02/1957_ pugwash_group.jpg, eingesehen am 16.06.2017.

In der darauffolgenden Konferenz wurde der Pugwash-Bewegung eine formale Struktur gegeben. Diese bestand aus einem Rat, einem Präsidenten und einem Generalsekretär, nebst vier Hauptniederlassungen in Rom, London, Genf und Washington DC. Joseph Rotblat war Generalsekretär von 1957 bis 1973.[35]

Das Format der Pugwash-Konferenzen (bald von der UN als NGO anerkannt) repräsentierte eigentlich einen Kompromiss der beiden Lager, die sich schon bei der Entstehung des Russell-Einstein Manifests manifestierten: die Notwendigkeit eines internationalen Kooperationsnetzwerkes, das sich dem Weltfrieden widmete, und die gleiche Notwendigkeit, jeglichen politischen Druck oder Einfluss zu vermeiden. Sie sind heutzutage immer noch informelle Treffen, begrenzt auf Wissenschaftler, Experten und Intellektuelle, die als eben solche eingeladen werden, ohne dass sie eine Institution, Partei oder ein Land repräsentieren. Es existiert keine formelle Mitgliedschaft: die Teilnahme an einer Pugwash-Konferenz ist ausreichend, um ein „Pugwashite" zu werden. Ferner werden die Treffen privat abgehalten, um einen freien Meinungsaustausch unter Leuten, die möglicherweise zu

---

35  Joseph Rotblat, *Scientists in the Quest for Peace* (Cambridge, Massachusetts, 1972).

widerstreitenden Gruppen oder Ländern gehören, sicherzustellen und zu ermutigen.[36]

Heute existieren ungefähr 50 Pugwash Gruppen, die an sich unabhängig sind, allerdings vom Rat koordiniert werden. Das grundlegende Konzept aller Pugwash-Aktivitäten (allgemeine Konferenzen, Workshops, Treffen, spezielle Projekte, Veröffentlichungen, usw.) war von Anfang an das der „Track-II diplomacy", die aus der Errichtung einer transnationalen Gemeinschaft besteht, der es möglich ist, auf Politiker und Entscheidungsträger bei empfindlichen Themen außerhalb der offiziellen Kommunikationswege Einfluss zu nehmen. 1995 wurde Joseph Rotblat und Pugwash der Friedensnobelpreis verliehen.[37]

## 10.6  Niels Bohr: der „blockfreie" Pazifist

Sowohl Einstein als auch Russell stimmten zunächst darin über ein, dass die Beteiligung von Niels Bohr (1885-1962) essentiell für den Erfolg ihrer Initiative war: er war einer der ersten Nuklearphysiker, der vor den Herausforderungen und Gefahren atomarer Waffen warnte.Während er noch in Los Alamos arbeitete, diskutierte Bohr privat mit seinen Kollegen über diese sensiblen Themen, wobei er behauptete, dass nur durch einen offenen Umgang mit den Sowjets ein zukünftiges Wettrüsten vermieden werden könne. Er betonte ebenso die Notwendigkeit, Wissen im Bereich des Militärs und der zivilen Nukleartechnologie auf einem internationalen Level zu teilen. Dies unter der Bedingung, dass die USA und die UdSSR einer totalen Kontrolle der Atomenergie durch eine UN-Behörde zustimmen würden: etwas, das dem, was Robert Oppenheimer später unterstützen sollte, nicht sehr unähnlich ist, obwohl Bohr niemals einem US-gesteuerten „Atoms for Peace" Programm vertraut hätte. Joseph Rotblat war einer der ersten wissenschaftlichen Kollegen, denen Bohr seine Ansichten und Bedenken anvertraute.

Bereits 1944 versuchte Bohr sowohl Roosevelt als auch Churchill davon zu überzeugen, das Geheimnis der Atombombe mit den Russen zu teilen. Rotblat zufolge war Roosevelts Reaktion freundlich aber lau; Churchill wies den Vorschlag nicht

---

36  Joseph Rotblat, „Fifty Pugwash Conferences: A Tribute to Eugene Rabinowitch ". Address to the 50th Pugwash Conference on Science and World Affairs, Cambridge (UK), August 8, 2000, https://pugwash.org/history/additional-resources/, eingesehen am 30.06.2016.
37  Reiner Braun, Robert Hinde, David Krieger, Harold Kroto und Sally Milne, Hrsg., Joseph Rotblat: Visionary for Peace (Weinheim, 2007).

nur zurück, er wollte Bohr als Kriminellen inhaftieren lassen.[38] Am 9. Juni 1950 publizierte Bohr die gleichen Argumente in einem „Open Letter to the United Nations", welcher jedoch außerhalb von Skandinavien wenig rezipiert wurde.[39] Nichtsdestotrotz war Bohr davon überzeugt, dass nur die UNO dazu legitimiert wäre, ein permanentes Weltforum von Nuklearwissenschaftlern einzuberufen, sowie die Verbreitung nuklearer Technologien international zu kontrollieren und mit spaltbarem Material zu handeln.

The situation calls for the most unprejudiced attitude towards all questions of international relations. Indeed, proper appreciation of the duties and responsibilities implied in world citizenship is in our time more necessary than ever before. On the one hand, the progress of science and technology has tied the fate of all nations inseparably together, on the other hand, it is on a most different cultural background that vigorous endeavours for national self-assertion and social development are being made in the various parts of our globe. [...]

The development of technology has now reached a stage where the facilities for communication have provided the means for making all mankind a co-operating unit, and where at the same time fatal consequences to civilization may ensue unless international divergences are considered as issues to be settled by consultation based on free access to all relevant information.[40]

UN-Legitimität und „free access to all relevant information" waren zwei der wesentlichen Gründe, weshalb Bohr sich weigerte, das Russell-Einstein Manifest zu unterzeichnen, und sich später auch nicht an der Pugwash-Bewegung beteiligte, obwohl er die meisten ihrer Ansichten teilte, darunter auch das Drängen auf eine *International Atomic Energy Agency*. Der allgemeine Eindruck ist, dass für ihn jede „bottom-up" Friedensinitiative, selbst wenn sie von Leuten wie Einstein und Russell angeführt wird, die Bemühungen, um die Offenheit zwischen Regierungen und durchsichtige multilaterale Gespräche unter formeller UN-Förderung zu stärken, im Endeffekt abschwächen könnte. Aus dem selben Grund trat er nie anderen Friedensbewegungen oder -organisationen, wie dem WPC, bei.[41]

---

38  Stefan Rozental, Hrsg., *Niels Bohr: His Life and Work As Seen By His Friends and Colleagues*, (Amsterdam, 1967).

39  Niels Bohr, „Open Letter to the United Nations", *Bulletin of the Atomic Scientists* 6(7) (1950): 213-17, 219, http://www.atomicarchive.com/Docs/Deterrence/BohrUN.shtml, eingesehen am 30.06.2016.

40  Niels Bohr, „Open Letter to the United Nations", in *Niels Bohr: A Centenary Volume*, hg. von Anthony P. French und Peter J. Kennedy (Cambridge, Massachusetts, 1985), 288-296.

41  Ionno Butcher, „The Origins of the Russell-Einstein Manifesto", 15-16.

Bohr war sich wahrscheinlich bewusst, dass die UN-Generalversammlung und der UN-Sicherheitsrat sich bereits in eine geopolitische Bühne verwandelt hatten, auf der die Hauptakteure des Kalten Kriegs ihr Spiel spielten, in dem sie immer wieder ihre Züge gegenseitg neutralisierten. Jedenfalls konnte er nicht prinzipiell dem undurchsichtigen Konzept der „Track-II diplomacy", das von Pugwash entwickelt wurde, zustimmen, ganz egal wie effektiv es auch war; besonders dann nicht, wenn es von einem exklusiven „Klub" gewählter Experten durchgeführt wurde, sicherlich durch gute Intentionen beseelt, allerdings zum Großteil von privaten Spenden finanziert und mit keiner richtigen demokratischen Legitimation als „Friedenslobbyisten" zu agieren, obwohl ihnen dies offiziell zugesprochen wird. Rotblat sagte, er glaube, dass „anything of the sort of Russell's proposal should come really from the United Nations".[42]

---

42   Margaret Gowing, „Niels Bohr and Nuclear Weapons", in *Niels Bohr: A Centenary Volume*, 277.

# 11 „Suivre son propre rhythme" – Alfred Kastler zwischen Physik und Politik 1950-1960

*Eckhard Wallis*

## 11.1 Eine Schlüsselfigur in der französischen Nachkriegsphysik

„I think we have lost a poet in physics and also a man similar to those who are called in the bible ‚justs'."[1] So erinnerte Claude Cohen-Tannoudji 1984 an den kurz zuvor verstorbenen Physiker Alfred Kastler (1902-1984), in dessen Labor der spätere Physik-Nobelpreisträger von 1997 seit mehreren Jahrzehnten tätig war. Kastler, seinerseits 1966 mit dem Nobelpreis für Physik ausgezeichnet, ist heute vor allem für seine Beiträge zur Entwicklung der Quantenoptik bekannt. Neben seiner Bedeutung für das Fach verweist das Zitat Cohen-Tannoudjis, unter Verwendung biblischer Maßstäbe, aber auch auf einen zweiten Bestandteil der kollektiven Erinnerung an Kastler: Dessen politisches Engagement für Frieden und Völkerverständigung, gegen Faschismus und Aufrüstung, hinterließ bei vielen ehemaligen Weggefährten einen bleibenden Eindruck. Auf einem Symposium anlässlich des ersten Todestages Kastlers im Januar 1985 wird sein Einstehen für die eigenen moralischen und politischen Überzeugungen von zahlreichen Rednern gewürdigt.[2] Jean-Claude Peckers Beitrag etwa, eigentlich als rein physikalischer Vortrag angekündigt, ist tatsächlich zur Hälfte diesem Teil von Kastlers Wirken gewidmet.[3]

Geboren 1902 in Gebweiler im damals von Deutschland annektierten Elsass lernte Kastler erst ab 1918 in den letzten Jahren seiner Schulausbildung das französische Bildungssystem kennen. Von 1921 bis 1926 studierte er an der Ecole Normale Supérieure (ENS) in Paris. Nach Wanderjahren zwischen Colmar, Clermont-

---

1   Claude Cohen-Tannoudji, „Alfred Kastler and the Atomic Physics Group at Ecole Normale in the 1950-1960's. Personal recollections", in *Symposium Alfred Kastler*, hg. von Franck Laloë u. a. (Paris, 1985), 551.

2   Franck Laloë u. a., Hrsg., *Symposium Alfred Kastler* (Paris, 1985).

3   Jean-Claude Pecker, „Le pompage optique naturel dans le milieu astrophysique", in *Symposium Alfred Kastler*, hg. von Franck Laloë u. a. (Paris, 1985), 631-43.

Ferrand, Straßburg und Bordeaux wurde er 1941 als Physik-Professor an die ENS berufen, wo er bis zum Ende seiner Laufbahn 1972 blieb. Aus seinen Aktivitäten in der Optik, in der Zeitgenossen kurz nach 1945 wenig Zukunft gesehen hatten[4], ging eine der erfolgreichsten Strömungen in der französischen Nachkriegsphysik hervor: Drei von sieben französischen Physik-Nobelpreisen nach 1945 gingen an Kastler und ehemalige Schüler. Außerhalb Frankreichs würdigten etwa Charles Townes, einer der Erfinder des Masers, oder der polnische Physiker Tadeusz Skaliński ihre Forschungsaufenthalte in Kastlers Labor als wichtige Inspirationsquelle.[5]

In Anbetracht der großen Strahlkraft Kastlers ist seine Biografie also in doppelter Hinsicht von großem wissenschaftshistorischem Interesse: Einerseits ist seine wissenschaftliche Arbeit im Kontext der französischen Physik nach dem zweiten Weltkrieg und der Entwicklung der Quantenoptik von Bedeutung. Andererseits kann eine Fallstudie zu seinen politischen Aktivitäten einen Beitrag zum besseren Verständnis der vielfältigen Formen und Ziele des politischen Engagements von Wissenschaftlern leisten. In einer gemeinsamen Betrachtung beider Aspekte würde die Einbettung Kastlers und seiner wissenschaftlichen Arbeit im allgemeinen gesellschaftlichen Kontext seiner Zeit deutlicher hervortreten.[6]

Die Frage nach der Rolle von Kastlers pazifistischen Überzeugungen für seine wissenschaftliche Arbeit stellt sich umso dringender, wenn man den allgemeinen Wandel der Physik nach Ende des zweiten Weltkriegs berücksichtigt. In den USA orientierte sich die Organisation von Forschungsinstitutionen vermehrt an den Vorbildern des Manhattan Project oder des MIT Radiation Lab. Disziplinäre Grenzen zwischen Physikern und Ingenieuren verschwammen und die Herstellung schnell einsetzbarer Apparate rückte auch für erstere in den Vordergrund. Über die Forschungsfinanzierung wuchs der Einfluss des Militärs. Ein besonders bekanntes Beispiel für diesen neuen Stil der Physik bietet die Mikrowellen-

---

4   Yves Rocard, „Le laboratoire de physique de l'E.N.S. à l'époque de Kastler", in *Symposium Alfred Kastler*, hg. von Franck Laloë u. a. (Paris, 1985), 542.

5   T. Skaliński, „Alfred Kastler in memoriam", in *Symposium Alfred Kastler*, hg. von Franck Laloë u. a., (Paris, 1985), 603; Charles H. Townes, *How the laser happened: adventures of a scientist* (Oxford, 2002), 80-82.

6   Dass sich das politische Engagement von Physikern sehr unterschiedlich gestalten konnte und man in diesem Zusammenhang „politische" und „wissenschaftliche Sphäre" nicht immer klar voneinander abgrenzen kann, zeigt z.B. die Darstellung von Born und Jordan in der frühen Bundesrepublik in Arne Schirrmacher, „Physik und Politik in der frühen Bundesrepublik Deutschland. Max Born, Werner Heisenberg und Pascual Jordan als politische Grenzgänger", *Berichte zur Wissenschaftsgeschichte* 30, Nr. 1 (2007): 13-31.

spektroskopie und die daraus hervorgehende *Quantum Electronics*.[7] Auch in Europa und insbesondere in Frankreich machten sich diese Entwicklungen bemerkbar, teils durch eine gezielte Förderpolitik US-amerikanischer Institutionen in Europa, teils durch die Ankunft von amerikanischen Gastwissenschaftlern und europäischen Rückkehrern, die in den USA erlernte Praktiken mit nach Europa brachten.[8]

Kastler gehörte in dieser Zeit des Wandels zu einer Generation europäischer Wissenschaftler, die in der Literatur eher mit den Idealen „reiner", von Neugier getriebener Wissenschaft in Verbindung gebracht werden, und die insbesondere in einer langen Tradition gesellschaftlichen Engagements von Wissenschaftlern standen.[9] Dominique Pestre sieht in Kastler einen Physiker, der erfolgreich „seinem eigenem Rhythmus" folgte.[10] Vor diesem Hintergrund erscheint es besonders interessant, zu untersuchen, wie sich Kastler als überzeugter Pazifist in Bezug auf die wachsende Bedeutung des Militärs für die Wissenschaft verhält, und ob seine politischen Überzeugungen seinen Umgang mit der sich wandelnden Forschungslandschaft beeinflussen. Ebenso kann man fragen, ob politische Einstellungen auch durch eigene Erfahrungen mit dem veränderten Wissenschaftssystem geprägt wurden, und welche konkreten professionellen Eigeninteressen hier eine Rolle spielten.

Dennoch findet man zu Kastler bisher nur wenig Literatur. Eine ausführliche wissenschaftliche Biografie Kastlers wurde bisher nicht verfasst und auch Ar-

---

7  Vgl. z.B. Dan Kevles, „Cold War and Hot Physics: Science, Security, and the American State, 1945-56", *Historical Studies in the Physical and Biological Sciences* 20(2) (1990): 239-64; Paul Forman, „Behind Quantum Electronics: National Security as Basis for Physical Research in the United States, 1940-1960", *Historical Studies in the Physical and Biological Sciences* 18(1) (1987): 149-229; Paul Forman, „Inventing the Maser in Postwar America", *Osiris* 7 (1992): 105-34; Paul Forman, „‚Swords into ploughshares': Breaking new ground with radar hardware and technique in physical research after World War II", *Reviews of Modern Physics* 67(2) (1995): 397-455.

8  Vgl. John Krige, *American Hegemony and the Postwar Reconstruction of Science in Europe* (Cambridge, MA, 2006); Dominique Pestre, „Les physiciens dans les sociétés occidentales de l'après-guerre. Une mutation des pratiques techniques et des comportements sociaux et culturels", *Revue d'histoire moderne et contemporaine* 39(1) (1992): 56-72; Dominique Pestre, „La reconstruction des sciences physiques en France après la Seconde Guerre mondiale. Des réponses multiples à une crise d'identité", *Réseaux* 14(1) (1996): 21-42.

9  Christophe Bonneuil, „De la République des savants à la démocratie technique: conditions et transformations de l'engagement public des chercheurs", *Natures Sciences Sociétés* 14(3) (2006): 236; Pestre, „La reconstruction des sciences physiques", 27.

10  Pestre, „La reconstruction des sciences physiques", 31. Hierauf bezieht sich auch das Zitat im Titel des vorliegenden Aufsatzes.

beiten über bestimmte Themen der französischen Physikgeschichte in der Nachkriegszeit erwähnen Kastler oft nur kurz, ohne sich ausführlich mit ihm auseinanderzusetzen.[11] Die bisher ausführlichsten Darstellungen liefern Erinnerungen ehemaliger Schüler und Mitarbeiter, die aber oft nur wenig Distanz zum verehrten Lehrer oder Freund einnehmen und keinen Bezug zur bestehenden wissenschaftshistorischen Literatur herstellen.[12]

Mit dem vorliegenden Artikel möchte ich dazu beitragen, diese Lücke zu schließen und Kastlers politisches und wissenschaftliches Wirken stichprobenartig genauer untersuchen. Mein Ziel ist, auf Basis publizierter Quellen und einiger Dokumente aus Kastlers Nachlass ein genaueres Bild einiger Episoden aus den 1950er Jahren zu zeichnen und dieses vor dem Hintergrund der oben erwähnten Erinnerungen und der spärlichen Erwähnungen Kastlers in der wissenschaftshistorischen Literatur zu diskutieren. Thema des folgenden, zweiten Abschnitts sind die Schwerpunkte von Kastlers Engagement in den 1950er Jahren. Neben Mitgliedschaften in linksgerichteten Wissenschaftlerorganisationen wurde Kastler vor allem in den Jahren nach 1958 aktiv, zunächst im Zusammenhang mit der Algerien-Krise, dann mit der atomaren Bewaffnung unter De Gaulle. Im dritten Abschnitt wird ein konkretes Fallbeispiel für Kastlers wissenschaftliche Arbeit vorgestellt: Basierend auf Dokumenten aus seinem Nachlass wird ausführlich beschrieben, wie Kastler durch Arbeiten für das Internationale Geophysikalische Jahr 1957-1958 mit dem im Entstehen begriffenen französischen Raketenprogramms in Kontakt kam. Der letzte Abschnitt versucht schließlich eine Synthese dieser zwei zunächst getrennten Betrachtungen.

## 11.2 „Le Professeur face aux colonels" – Kastlers politisches Engagement

Für das Jahr 1951 plante Alfred Kastler eine Reise in die USA, um seinen ehemaligen Schüler und baldigen engen Mitarbeiter Jean Brossel von Mai bis September als Visiting Scholar am Massachusetts Institute of Technology zu besuchen. Obwohl bereits Monate zuvor Vortragstermine, Kongressteilnahmen und finanzielle Mittel fest zugesagt waren, wurde Kastler am 21. Mai 1951 das

---

11  Beispiele dafür liefern die in Fußnote 9 zitierten Arbeiten.
12  Zahlreiche Beiträge dieser Art finden sich in Laloë u. a., Hrsg., *Symposium Alfred Kastler*. In jüngerer Zeit außerdem Bernard Cagnac, *Alfred Kastler, prix Nobel de physique 1966: portrait d'un physicien engagé* (Éditions Rue d'Ulm, 2013).

Visum verweigert.[13] In den Jahren der von Joseph McCarthy geschürten Kommunistenfurcht waren Kastlers politische Einstellungen für die zuständigen amerikanischen Behörden offenbar alles andere als unbedenklich. Im *Bulletin of Atomic Scientists* vom Oktober 1952 gab Kastler Einzelheiten der Angelegenheit wieder: Als Grund für die Ablehnung habe die Botschaft auf seine Kontakte zu nicht näher genannten, angeblich totalitären Organisationen verwiesen. Kastler vermutete, dass damit die *„Association des Travailleurs Scientifiques"* und die *„Bewegung französischer Hochschullehrer gegen einen dritten Weltkrieg"* gemeint waren.[14]

Letzterer, die später auch als *„Mouvement des 150"* (Bewegung der 150) firmierte, war Kastler, wie er im *Bulletin* schrieb, bereits im Januar 1951 beigetreten. Die Bewegung hatte sich Ende 1950 aus den Koordinatoren eines pazifistischen Manifests gebildet.[15] Kastler hatte diesen Aufruf unterzeichnet und nutzte seinen Beitrag im *Bulletin*, um auch eine englische Version zu verbreiten. Dem „Mouvement des 150" blieb Kastler bis mindestens 1958 als „besonders aktives Mitglied" treu.[16]

Das ursprüngliche Manifest der „150" bezog sich nicht explizit auf eine mögliche atomare Bewaffnung Frankreichs, obwohl diese Option bereits Anfang der 1950er öffentlich diskutiert wurde.[17] Erst als Frankreich nach De Gaulles Regierungsantritt 1958 offen den Bau von Nuklearwaffen anstrebte, wurde Kastler gegen diese Entwicklungen aktiv. In entsprechenden Organisationen übernahm Kastler führende Rollen: Im April 1959 wurde Kastler einer der Vizepräsidenten der neu gegründeten „Fédération Française Contre l'Armement Atomique" (FFCAA), und noch 1963 war er, wieder als Vizepräsident, an einer

---

13  vgl. z.B. Forman, „Behind Quantum Electronics", 174; H. Henry Stroke, „Bitter, Brossel, Kastler and beyond : thirty years of U.S.-French collaboration in optical resonance", in *Symposium Alfred Kastler*, hg. von Franck Laloë u. a. (Paris,1985), 590.

14  Alfred Kastler, *Bulletin of the Atomic Scientists* 8(7) (Oktober 1952): 242.

15  „Appel des universitaires français devant la menace d'une nouvelle guerre mondiale", Nachlass Alfred Kastler, Bibliothèque des Sciences Expérimentales de l'École Normale Supérieure, 29 Rue d'Ulm, Paris, Karton N° 62, Dokument N° 206. Im folgenden werden Dokumente aus Kastlers Nachlass mit dem Kürzel AK und unter Angabe der Karton- und Dokumentnummer zitiert, in diesem Fall als: AK 62 206.

16  So Marc-André Bloch im Vorwort zur Broschüre *Comment conjurer la menace atomique? Problèmes scientifiques, problèmes moraux*, hg. vom Mouvement des 150, Oktober 1958 (AK 62 212).

17  Für die Vorgeschichte des französischen Atomprogramms vgl. z.B. Dominique Mongin, „Genèse de l'armement nucléaire français", *Revue historique des armées* 262, (15. März 2011): 9-19.

weiteren Neugründung, der „Ligue Nationale Contre la Force de Frappe" (LNCFF), beteiligt.[18]

Das Vorgehen Kastlers und seiner Mitstreiter richtete sich einerseits an die Öffentlichkeit, andererseits direkt an De Gaulle. Im Mai 1958 hielt Kastler z.B. auf einer Diskussionsveranstaltung des „Mouvement des 150", dem *Colloque Universitaire pour la Défense de la Paix et Contre la Menace Atomique* einen Vortrag über die Geschichte des Engagements von Wissenschaftlern gegen Nuklearwaffen.[19] In der Ausgabe des Nachrichtenmagazins *L'Express* vom 31. Dezember 1959 veröffentlichte er einen Essay mit dem Titel „Les français et l'armement atomique". Im selben Zeitraum, ab Mitte des Jahres 1959, bereitete die FFCAA darüber hinaus einen Aufruf an De Gaulle vor. Dabei handelte es sich um ein komplexeres politisches Manöver: Die Organisatoren versuchten, wichtige Vertreter der französischen Eliten durch individuelle Ansprache für den Appell zu mobilisieren. Während die Öffentlichkeit davon zunächst nichts erfahren sollte, wurde De Gaulle von Beginn an auf dem Laufenden gehalten.[20] Das Mitteilungsblatt der FFCAA *L'homme devant l'atome* vom Juni 1960 zitierte De Gaulle mit landesväterlich gütigen Worten über dieses diplomatische Vorgehen – für die Organisatoren ein schwacher Trost angesichts des ersten französischen Atomtests am 13. Februar 1960.[21]

Neben seinem Pazifismus wird in Kastlers Bericht über die Visums-Affäre 1952 im Rückblick bereits ein zweites politisches Anliegen deutlich: Die Verteidigung demokratischer Freiheiten. Kastler zeigte sich schockiert über eine Befragung, der er sich vor der Ablehnung hatte unterziehen müssen und die er als Ausdruck eines Generalverdachts gegenüber völlig verfassungskonformen Aktivitäten verstand. Während er sich 1952 einer weiter gehenden Bewertung des politischen Klimas in den USA enthielt, schrieb er sechs Jahre später von einer inzwischen überwundenen „faschistischen Krise". Unter dem Deckmantel des Patriotismus hätten McCarthy und seine Jünger einen regelrechten Polizeistaat eingerichtet. Allerdings stand nicht Amerika sondern Frankreich im Mittelpunkt dieses Artikels mit

---

18  Cagnac, *Portrait d'un physicien engagé*, 55; vgl. auch Circulaire n° 1 der LNCFF vom 11. April 1963 (AK 62 247).

19  AK 62 212.

20  „Appel National" der Fédération Française Contre l'Armement Atomique (AK 62 221). Das Dokument trägt den Hinweis, dass die Weiterverbreitung vor dem 30. November 1959 nicht gestattet ist.

21  *L'homme devant l'atome. Courrier de la fédération française contre l'armement atomique*, Juni 1960 (AK 62 219).

dem Titel „Les scientifiques et le fascisme", der am 3. Juli 1958 im *Express* veröffentlicht wurde. Kastler war auch auf dem Titelbild der Ausgabe abgebildet, als einer der „Professeurs face aux colonels". Hintergrund war der Putsch in Algier am 13. Mai 1958 unter Beteiligung von Generälen der französischen Besatzungstruppen, in dessen Folge Charles De Gaulle am 1. Juni als Regierungschef eingesetzt worden war.

Den Faschismus, von welchem im Titel des Artikels die Rede ist, erkannte Kastler im Vorgehen der putschenden Generäle. De Gaulle könne nun als Frankreichs Lincoln oder Hindenburg, d.h. als Retter oder Totengräber der Republik, in die Geschichte eingehen. Frankreichs Akademiker müssten sich in jedem Fall totalitären Bestrebungen in den Weg stellen, nach dem Vorbild ihrer US-amerikanischen Kollegen, die Kastler zufolge einen entscheidenden Beitrag zur Überwindung der „faschistischen Krise" der McCarthy-Ära geleistet hätten. Auch später äußerte sich Kastler immer wieder zur Algerienpolitik. Dass sein Engagement durchaus ernst genommen wurde, zeigte auf dramatische Weise ein Sprengstoffanschlag der terroristischen „Organisation de l'Armée Secrète" auf Kastlers Wohnung am 23. November 1961, bei dem es allerdings nur zu Sachschäden kam.[22]

Während Kastler im Zusammenhang mit der Atombombe als Physiker prinzipiell Fachkompetenz beanspruchen konnte, lag die Bewertung der Algerienkrise klar außerhalb seines „Zuständigkeitsbereichs". Umso interessanter ist daher, dass sich die Argumentationen in den *Express*-Artikeln von 1958 und 1959 zu beiden Themen dennoch sehr ähneln. Zentrales Element ist in beiden Fällen die Bedeutung der Naturwissenschaften für den Fortschritt und die wirtschaftliche Entwicklung einer Nation, von der Kastler sich überzeugt zeigte. Eine nach dem Putsch von Algier drohende Diktatur entziehe der Wissenschaft die für ihr Gelingen notwendigen freiheitlichen Rahmenbedingungen und Frankreich fiele auf eine Stufe mit Francos Spanien zurück. Die Entwicklung der Atombombe wiederum führe zu einer langfristigen Bindung von knappem wissenschaftlichem Personal, obwohl man die politischen Ziele des militärischen Atomprogramms, etwa die Wiederherstellung des nationalen Prestiges Frankreichs, durch die Verwirklichung sinnvollerer wissenschaftlicher Projekte viel besser erreichen könne. Auch sein historischer Abriss des Engagements gegen Atomwaffen auf der weiter oben erwähnten Diskussionsveranstaltung des „Mouvement des 150" vom 3. Mai 1958 passt in

---

22 Cagnac, *Portrait d'un physicien engagé*, 54.

dieses Muster. Durch seine Themenwahl unterscheidet er sich klar von den anderen Sprechern, ebenfalls Naturwissenschaftler, deren Sachkenntnis im Vorwort zur gedruckten Ausgabe der Texte besonders herausgestellt wird.[23]

In keiner dieser drei öffentlichen Stellungnahmen versuchte Kastler, sich durch den Verweis auf eine wissenschaftliche „Wahrheit" unangreifbar zu machen. In seinen Beiträgen für *L'Express* warb er für Positionen, die zwar auf einer bestimmten Vorstellung von der Bedeutung des Wissenschaftsbetriebs für eine Gesellschaft beruhen, jedoch ohne als Physiker eine besondere Autorität für sich zu beanspruchen. In Bezug auf die Atombombe unterscheidet sich sein Vorgehen deutlich vom Hinweis der Göttinger Achtzehn auf „einige Tatsachen, […] die alle Fachleute wissen, die aber der Öffentlichkeit noch nicht hinreichend bekannt zu sein scheinen".[24] Eine belehrende Haltung, die sich etwa in Äußerungen Kastlers von 1970 über die besondere Objektivität von Naturwissenschaftlern erkennen lässt, zeigen die oben besprochenen Beispiele nicht.[25]

Nach diesem kurzen Schlaglicht auf Kastlers politische Aktivitäten zwischen 1950 und 1960 stellt sich die Frage, inwieweit Kastlers Engagement repräsentativ für Wissenschaftler in dieser Zeit war. In der Tat zeigten viele Absolventen der ENS, die wie Kastler einige Jahre nach Ende des ersten Weltkrieges studiert hatten, eine Tendenz, öffentlich für politische Positionen aus dem eher linken Spektrum Stellung zu beziehen.[26] Dass Kastler ein herausragend aktiver Vertreter linker Strömungen gewesen wäre, lässt sich auch nicht aus der zu Beginn dieses Abschnitts erwähnten Visums-Affäre schließen. Ähnlich wie ihm erging es nämlich rund 70-80 Prozent der französischen Naturwissenschaftler, die um 1950 in die USA reisen wollten. Linke Positionen, die im Amerika McCarthys als verdächtig galten, waren im Frankreich der Nachkriegsjahre weit verbreitet.[27]

Das öffentliche Engagement französischer Naturwissenschaftler wandelte sich nach dem Krieg im selben Maße wie in viel größerem Rahmen die Praxis der

---

23  Bloch, *Vorwort zu Menace atomique*, vgl. Fußnote 16.

24  Göttinger Erklärung vom 12. April 1957, https://www.uni-goettingen.de/de/text-des-g%C3%B6ttinger-manifests/54320.html, eingesehen am 24.03.2016

25  Christophe Bonneuil spricht von einem „pädagogischen Verhältnis" der Intellektuellen zur Öffentlichkeit vor 1968 und verweist u.a. auf einen Artikel Kastlers in Le Figaro littéraire,1.-7. Juni 1970, mit dem Titel „Ce que les savants apportent au monde, c'est leur objectivité". (Bonneuil, „De la République des savants à la démocratie technique".)

26  Stéphane Israel und Jean-Philippe Mochon, „Les normaliens et la politique", in *Ecole normale supérieure. Le livre du bicentenaire*, hg. von Jean-François Sirinelli (Paris, 1994), 191-213.

27  Krige, *Postwar Reconstruction*, 139f.

physikalischen Wissenschaften.[28] Kastler blieb mit den oben beschriebenen Aktivitäten dem politischen Stil der Vorkriegsgeneration treu – aber trifft dies auch auf seine wissenschaftliche Arbeit zu? Dominique Pestre sieht, wie schon in der Einleitung erwähnt, in Kastler einen Physiker, der sich dem allgemeinen Trend nicht anpasste: „In gewissen Bereichen der ‚leichten‘ Physik ist es durchaus möglich, seinem eigenen Rhythmus zu folgen [‚suivre son propre rhythme‘ im Original] – und Erfolg zu haben. Dies ist der Fall für Alfred Kastler [...], der eine Art ‚familiäres‘ Laborschema beibehält[.]"[29] Dass deshalb zwischen seiner wissenschaftlichen und politischen Tätigkeit eine Verbindung bestanden hätte, ist aber nicht selbstverständlich. Bernard Cagnac, ein ehemaliger Student und Mitarbeiter Kastlers bemerkt dazu etwa, „[...] dass sich [Kastlers] soziale und politische Aktivität außerhalb des Instituts abspielt, und nicht in sein Innenleben hineinwirkt."[30]

Um diese Aussagen mit einem konkreten Beispiel zu konfrontieren, soll im folgenden Abschnitt daher eine etwas weniger bekannte Episode aus Kastlers wissenschaftlicher Arbeit untersucht werden.[31]

## 11.3 Spektrallinien und Raketen – Kastlers Beitrag zum Internationalen Geophysikalischen Jahr

Wenn man Kastler nur für seine Arbeiten in der Optik und der experimentellen Atomphysik kennt, mag es überraschen, dass er auch an der Planung des französischen Beitrags zum Internationalen Geophysikalischen Jahr 1957-1958 (im folgenden AGI für „Année Géophysique Internationale")[32] mitwirkte. In den

---

28 Bonneuil, „De la République des savants à la démocratie technique"; Pestre, „La reconstruction des sciences physiques", 27; Michel Pinault, „L'intellectuel scientifique: du savant à l'expert", in *L'histoire des intellectuels aujourd'hui*, hg. von Michel Leymarie und Jean-François Sirinelli (Paris, 2003), 229–54.
29 Pestre, „La reconstruction des sciences physiques", 31.
30 Cagnac, *Portrait d'un physicien engagé*, 53.
31 Eine laufende Arbeit, die den Wandel der professionellen Identität französischer Physiker nach 1945 systematisch untersucht, ist das Promotionsprojekt von Pierre Verschueren am Institut d'Histoire Moderne et Contemporaine in Paris. Von diesem Projekt habe ich aber erst erfahren, als die vorliegende Arbeit bereits weitgehend abgeschlossen war. (Pierre Verschueren, „Le savant, le chercheur et le patron: trois idéaux-types pour comprendre les sciences physiques de l'après-guerre?", *Journées Jeunes Chercheurs en histoire des sciences et des techniques*, Paris, 21. November 2015.)
32 Das prominenteste Resultat dieses internationalen Projekts war der Start des Satelliten Sputnik am 4. Oktober 1957, vgl. z.B. Rip Bulkeley, „The Sputniks and the IGY", in *Reconsidering Sputnik:*

1940er Jahren hatte Kastler umfangreiche Untersuchungen einer atmosphärischen Natrium-Emissionslinie betrieben, um anhand von Polarisation und Linienprofil den Entstehungsmechanismus dieser Linie zu verstehen. Die Entwicklung von Spektrographen für diese Untersuchung entsprach genau Kastlers Kompetenzprofil als Optik-Experte.[33] Kastler erarbeitete sich so eine „beneidenswerte Position unter den Spezialisten der Atmosphärenphysik."[34] Nach 1950 dominieren allerdings Arbeiten zum optischen Pumpen die Publikationsliste Kastlers. Eine seiner letzten Arbeiten zur atmosphärischen Optik veröffentlichte er 1951 gemeinsam mit seinem Studenten Jacques Blamont.[35]

Blamont hatte indes nicht nur an traditionellen Methoden der Atmosphärenforschung Interesse. 1954 nahm der Doktorand Kastlers an einem Treffen mit dem Professor für Atmosphärenphysik Étienne Vassy teil. Vassy hatte das Ziel, die um 1950 entwickelten französischen Véronique-Raketen im Rahmen des AGI zu nutzen. Da eine Finanzierung aus dem französischem AGI-Etat aber nicht gelang, wurde das Projekt vor allem von der Rüstungsbehörde DEFA (Direction des Etudes et Fabrications d'Armement) und dem militärische Comité d'Action Scientifique de Défense Nationale (CASDN) getragen. Blamont konnte sich, seinen eigenen Erinnerungen zufolge, aufgrund des Einspruchs seines Doktorvaters erst 1957 nach Verteidigung seiner „Thèse d'État" der Raketenforschung widmen. In Anlehnung an seine Arbeiten unter Kastler über die Natrium-Emissionslinie entwickelte er ein wissenschaftliches Programm auf Basis der damals bereits bekannten Technik, mit Raketen in großen Höhen künstliche Natriumwolken für spektroskopische Untersuchungen zu erzeugen. Blamont erlangte schnell eine führende Position im jungen französischen Raketenprogramm. Zunächst blieb er aber auf Kastlers Unterstützung angewiesen, der ihm Räumlichkeiten zur Verfügung stellte und ab 1958 für einige Jahre formal die Leitung von Blamonts neuer Abteilung für Hochatmosphärenforschung im CNRS,

---

Forty Years since the Soviet Satellite, hg. von Roger D. Launius, John M. Logsdon und Robert W. Smith (Amsterdam, 2000), 125-60.

33  Jacques Blamont, „Recherches sur le sodium atmosphérique", in Symposium Alfred Kastler, hg. von Franck Laloë u. a. (Paris, 1985), 705-16.

34  Jean Brossel, „Présentation du congrès", in Symposium Alfred Kastler, hg. von Laloë Franck u. a. (Paris, 1985), 531.

35  Jacques Blamont und Alfred Kastler, „Réalisation d'un photomètre électrique pour l'étude de l'émission crépusculaire de la raie D du sodium dans la haute atmosphère", Annales de Geophysique 7 (1951): 73.

dem Service d'Aéronomie, übernahm. 1961 wurde Blamont wissenschaftlich-technischer Direktor des neu gegründeten nationalen Raumfahrtzentrums CNES.[36]

Folgt man Blamonts Erinnerungen, dann war Kastlers direkter Beitrag zu dieser Entwicklung sehr überschaubar, während Vassy und er selbst die treibenden Kräfte waren. Er bezeichnete Kastler als „Katalysator", der ironischerweise die Entstehung eines Forschungsfeldes befördert hätte, dessen spätere Dominanz er dann sehr kritisiert habe.[37] Diese Darstellung harmoniert sehr gut mit dem Bild vom pazifistischen Gelehrten, der weder mit technischen Spielereien wie Raketen noch mit Vertretern des Militärs besonders viel anfangen konnte. Für einen kritischen Betrachter wirft das die Frage auf, inwieweit Blamont sich in seinem Bericht nachträglich an diesem tradierten Bild Kastlers orientiert hat. Im Folgenden wird daher Kastlers Beteiligung am AGI dargestellt, soweit sie sich aus seinem Nachlass rekonstruieren lässt.

Kastler und Blamont waren seit 1955 am AGI-Programm zur Beobachtung des Dämmerungs- und Nachthimmels beteiligt. Dabei stand wieder die Beobachtung der bereits erwähnten Natrium-Linie im Zentrum ihres Interesses. Kastlers Arbeitsgruppe stellte insbesondere einen bereits früher von Blamont entwickelten Spektrographen für eine Station im algerischen Tamanrasset bereit. Zwischen 1955 und 1957 nahm Kastler deshalb regelmäßig an Sitzungen des Sous-Comité des Études Sahariennes, einem Teil der AGI-Organisation, teil, in denen der Stand der Vorbereitungen der Station diskutiert wurde. Zwei weitere wichtige Mitglieder des Sous-Comité waren der Pariser Astrophysiker Daniel Barbier und Arlette Vassy Maitre de recherches am CNRS und Ehefrau von Étienne Vassy. Blamont war ebenfalls gelegentlich anwesend, davon einige Male als Vertretung Kastlers.[38] Beide, Kastler und Blamont, beteiligten sich aktiv an den Sitzungen und

---

36 Der ganze Absatz folgt Jacques Blamont, „Les premières expériences d'aéronomie en France", in *L'essor des recherches spatiales en France: des premières expériences scientifiques aux premiers satellites*, hg. von Brigitte Schürmann, ESA SP 472, 2001, 31–41, http://adsabs.harvard.edu/abs/2001ESASP.472...31B, eingesehen am 04.07.2016. Eine vollständigere Darstellung der Gründung des CNES findet sich in Philippe Varnoteaux, *L'aventure spatiale française* (Paris: Nouveau Monde éditions, 2015).
37 Blamont, „Recherches sur le sodium atmosphérique".
38 Die Protokolle der Sitzungen befinden sich im Nachlass (AK 07 051, AK 07 057, AK 07 058, AK 07 092, AK 07 094, AK 07 097, AK 07 100, AK 07 108). Die vollständigen Planungen des AGI-Programms zur atmosphärischen Optik sind in Berichten von Kastler (AK 07 051), Barbier (AK 07 109) und Vassy (AK 07 076) dokumentiert. Die Quellen für den gesamten Abschnitt befinden sich zum größten Teil in Karton N° 7 des Nachlasses.

formulierten beispielsweise konkrete Anforderungen an die bauliche Gestaltung des Beobachtungspavillons.

Von 1955 bis 1958 finden sich auch für AGI-bezogene Tätigkeiten außerhalb dieser Besprechungen kontinuierlich Belege, beispielsweise an Blamont adressierte Rechnungen für AGI-Material oder Schreiben technischer Natur von Blamont an Gaston Grenet am Institut für Geophysik in Algier, der als Vorsitzender des Sous-Comités mit der Vorbereitung der Beobachtungsstation betraut war. Kastler stand ebenfalls in regelmäßigem Kontakt mit Grenet insbesondere wegen finanzieller Probleme der Mission, die unter plötzlichen Preisanstiegen durch den Algerienkrieg litt. Außerdem begann der aufgrund des Konflikts streng gehandhabte Wehrdienst Probleme bei der Personalgewinnung zu bereiten. Kastler setzte zunächst darauf, eingezogene Mitarbeiter von den Militärbehörden zur Tätigkeit in seinem Projekt abordnen zu lassen, was aber seitens des Militärs ab Februar 1957 nicht mehr fortgesetzt wurde. Nach mehreren Monaten Suche konnte Kastler deshalb erst im Juli, also kurz nach Beginn des AGI, einen Techniker für die Durchführung der Beobachtungen einstellen.[39]

Blamont legt in seinen Erinnerungen nahe, dass er ebenso wie Kastlers gesamte Gruppe ab 1954 nur an Experimenten zum optischen Pumpen gearbeitet habe. Die oben diskutierten Quellen belegen aber, dass Kastler und Blamont ein ernsthaftes Interesse am Gelingen des AGI-Projekts hatten, auch wenn es sich vermutlich nicht um den wichtigsten Teil ihrer Arbeit handelte. In Hinblick auf Blamonts Weg zu Vassys Raketenprogramm bedeutet dies vor allem, dass Blamont bis 1957 ununterbrochen Kontakt zur Atmosphärenforschung hatte. Durch seine Aktivitäten war er sehr wahrscheinlich über den Stand der Forschung im Feld informiert, was es ihm 1957 erlaubte, das auf der Nutzung künstlicher Natriumwolken basierende Programm auszuarbeiten. In den Sitzungen des Sous-Comités konnte Blamont Kontakte pflegen, beispielsweise zu Arlette Vassy. Darüber hinaus nutzte Blamont seine bestehenden Kontakte in Kastlers Arbeitsgruppe und erwirkte beispielsweise, dass Kastlers Schüler Claude Cohen-Tannoudji während seines Militärdienstes dem Raketenprojekt in Hammaguir zugeteilt wurde.

Aus den Dokumenten geht zudem eine andere Haltung Kastlers zu Aeronautik und Raketentechnik hervor, als Blamonts Darstellung vermuten lässt: Um seinen Spektrographen in großer Höhe einzusetzen erhielt Blamont noch unter Kastler 1954 die Möglichkeit, mehrere Flüge am Centre d'Essais en Vol des Armee-

---

39   Brief von Kastler an Charvet vom 9.6.1958 (AK 07 197).

Ministeriums durchzuführen.[40] Darüber hinaus wurde Kastler mehrmals von Vassy auf Einsatzmöglichkeiten von Raketen hingewiesen, zuletzt im Frühjahr 1957.[41] Kastler leitete die Briefe an Blamont weiter und vereinbarte mit Vassy die Reser-vierung von einigen Véronique-Raketen für seine Arbeiten. Es lässt sich nicht ausschließen, dass es sich hier in erster Linie um Gefälligkeiten Kastlers handelte, der Blamont lediglich sein Netzwerk und seinen Namen zur Verfügung stellte. Allerdings hätte Vassy genauso gut direkt an Blamont schreiben können, schließlich kannten sich beide bereits seit ihrem Treffen 1954. Insofern ist dies ein Anhaltspunkt für ein gewisses Interesse Kastlers an diesem Projekt. In jedem Fall war Kastlers Beteiligung am AGI und dem damit verbundenen französischen Raketen-programm sicherlich komplexer, als aus den relativ sporadischen Erwähnungen in Blamonts Selbstzeugnissen hervorgeht.

Das französische AGI-Projekt war kein militärisches Forschungsprogramm. Die große Mehrheit der beteiligten Akteure waren Wissenschaftler an zivilen Insti-tutionen. Dennoch war gerade die Atmosphärenforschung von hohem militär-ischen Interesse: Neben den Raketenprojekten galt dies insbesondere für die Erforschung der Ionosphäre, die für die Weiterentwicklung der Radiokom-munikation eine Rolle spielte. Der Vorsitzende des Comité National de l'AGI (CNAGI), der Jesuitenpater Pierre Lejay, hatte durch seine Rolle als Leiter des französischen Ionosphärenbüros (Bureau Ionosphérique Francais, BIF) immer wieder Kontakt mit militärischen Organisationen[42], darüber hinaus waren auch der 1955 scheidende Präsident des Comité d'Action Scientifique de Défense Na-tionale (CASDN), General Paul Bergeron und ein Ingenieur der DEFA im CNAGI vertreten.[43] Seine Mitarbeit in diesen Gremien bot Kastler also an verschiedenen Stellen Berührungspunkte mit Militärvertretern. Hinzu kommt, dass Kastler sich mehrmals direkt an Militärbehörden wenden musste, um Abordnungen zum Wehrdienst eingezogener Techniker zu erwirken. In mindestens einem Fall ver-

---

40  Jacques Blamont, „Observations de l'Émission Atmosphérique des Raies D du Sodium au Moyen d'un Appareil à Balayage Magnétique", in *The Airglow and the Aurorae*, hg. von E. B. Armstrong und A. Dalgarno (London, New York, 1955), 99-113. Vgl. außerdem Kastlers Brief an den Direk-tor des CNRS vom 31.5.1954 (AK 44 065).

41  Briefwechsel zwischen Kastler und Vassy zwischen dem 18.1.1957 und dem 28.2.1957 (AK 27 019 - AK 27 022).

42  Dominique Pestre, „Studies of the ionosphere and forecasts for radiocommunications. Physicists and engineers, the military and national laboratories in France (and Germany) after 1945", *History and Technology* 13(3) (1997): 183-205.

43  Dies belegt die Mitgliederliste des Comité National (AK 07 073). Die Liste ist zwar undatiert, aber sicher aus dem Zeitraum vor 1955, da General Paul Bergeron noch als Präsident des CASDN genannt wird, vgl. hierzu auch Varnoteaux, L'aventure spatiale française.

suchte er dafür indirekt den Nachfolger Bergerons im CASDN, General Maurice Guérin in seinem Sinne zu mobilisieren – allerdings anscheinend ohne Erfolg.[44] Zwar scheint Kastler sich dem Umgang mit dem Militär also nicht durchweg verweigert zu haben. Enge Kontakte, die in Widerspruch zu seinem pazifistischen Engagement stünden, lassen sich durch Kastlers AGI-Beteiligung jedoch auch nicht belegen. In dieser Hinsicht am fragwürdigsten könnte, isoliert betrachtet, der kurze Briefwechsel zwischen Kastler und Vassy bezüglich der Véronique-Raketen erscheinen, da Vassy die Beteiligung einer militärischen Institution, des CASDN, nicht verschweigt. Diese vier Briefe ergänzen zwar Blamonts Erinnerungen zu einem komplexeren Bild, sind aber nicht deutlich genug, um letzteren die These einer sehr viel stärkeren Beteiligung Kastlers entgegenzusetzen. In jedem Fall ist Kastlers Mitarbeit am AGI ein Abschnitt seiner Karriere, mit dem sich zukünftige ausführlichere Arbeiten über sein Verhältnis zum Militär auseinandersetzen sollten.

## 11.4 Schluss

Der Bernard Cagnacs biographische Skizze über seinen Lehrer und Doktorvater von 2013 trägt den Untertitel „Portrait d'un physicien engagé". In Cagnacs und auch vielen anderen Erinnerungen wird der Anspruch deutlich, Kastlers Persönlichkeit möglichst vollständig darzustellen. In den vorangehenden Abschnitten wurden Kastlers Engagement und seine fachliche Tätigkeit allerdings relativ isoliert voneinander behandelt.

Eine Synthese zwischen beiden Aspekten lässt sich zum aktuellen Zeitpunkt nur mit Einschränkungen verwirklichen: Dokumente, in denen Kastler bewusst und ausdrücklich Bezüge zwischen Forschungsarbeit und politischen Fragen herstellt, sind in dem kleinen, von mir konsultierten Teil seines Nachlasses nicht aufzufinden. Betrachtet man seine Briefe an Kollegen, von ihm verfasste interne Berichte und seine protokollierten Äußerungen in Sitzungen bestimmter Gremien, so trifft es zu, wenn Cagnac über Kastlers politisches Engagement sagt, dass es in die wissenschaftliche Arbeit der Gruppe nicht hineinwirkte.

Dennoch lässt sich ein Thema identifizieren, das Kastler sowohl in seinen öffentlichen Stellungnahmen als auch in seiner Korrespondenz immer wieder bewegte: Die Sorge um Personal. Wie die AGI-Episode zeigt, handelte es sich hier um ein

---

44   Brief von Kastler an Lejay vom 3.7.1957 (AK 07 183).

ganz konkretes Problem, das den Erfolg dieses Forschungsprojekts gefährdet hatte. Aber auch am französischen Atombombenprojekt kritisierte er im Artikel vom 31.12.1959, dass wissenschaftliches Personal gebunden werde, und so andere Forschungen benachteiligt würden. Interessanterweise äußerte er sich ein halbes Jahr früher sehr ähnlich in einem Schreiben an die Leitung des CNRS. Thema war der Verlust eines Technikers, der für das doppelte Gehalt von einem Beschleunigerlabor abgeworben wurde: „Wenn er uns von der Industrie abgeworben worden wäre, hätten wir uns dem beugen müssen. Dies ist nicht der Fall. Was mich an dieser Angelegenheit empört, ist, dass uns hier das *Enseignement Supérieur*, und noch dazu die Abteilung Orsay unseres eigenen Instituts, Rausch [den besagten Techniker] abwirbt." Weiter fragt der Brief, worin denn der Nutzen liege, wenn einige wenige Gruppen, „die sich mit dem Adjektiv ‚nuklear' schmücken", durch Aktionen dieser Art die Arbeit anderer Gruppen behinderten.[45]

Die Personalfrage ist ein möglicher Ausgangspunkt, um Kastlers politisches Engagement mit seiner physikalischen Arbeit zu verbinden und so einen etwas vollständigeren Blick auf den engagierten Physiker zu erhalten. Doch auch jenseits der Konkurrenz um Personal ist Kastlers Umgang mit großen Forschungsprojekten in einem größeren historiografischen Kontext relevant: Das Wachstum naturwissenschaftlicher Disziplinen und der Trend zu immer größeren Forschungsinstitutionen war neben der zunehmenden Militarisierung der Forschung eine zweite charakteristische Eigenschaft des Wandels nach dem zweiten Weltkrieg. Dieser Aspekt wird in der Literatur oft unter dem nicht immer eindeutigen Label „Big Science" zusammengefasst.[46] Kastlers kritische Haltung gegenüber großen Institutionen und seine gleichzeitige Teilnahme am Großprojekt AGI zeigen einmal mehr, dass sich hinter diesem Begriff viele sehr unterschiedliche Dinge verbergen können. Das AGI war kein zentral und hierarchisch gesteuertes Projekt, sondern eine Kooperation zahlreicher kleiner und relativ autonomer Projekte. Zusammenarbeit und Austausch wiederum waren für Kastler ein wichtiger Bestandteil wissenschaftlicher Arbeit. Die Untersuchung des Physikers Kastler, der sich an großen Kooperationen beteiligt und weite fachliche Netzwerke knüpft, stellt somit ein wichtiges Komplement zur Geschichte von Großprojekten wie dem CERN oder der Weltraumforschung dar und erlaubt neue Einblicke in die verschiedenen Formen und Konsequenzen des Wachstums der Physik nach dem zweiten Weltkrieg.

---

45 Kastler an den Direktor des CNRS am 27.4.1959 (AK 44 153).
46 James H. Capshew und Karen A. Rader, „Big Science: Price to the Present", *Osiris* 7 (1992): 2-3325.

## 11.5 Dank

Ich danke den Mitarbeiterinnen und Mitarbeitern der Bibliothèque des Sciences Expérimentales der ENS Paris für ihre Unterstützung bei der Konsultation des Nachlasses Alfred Kastlers. Während der Arbeit an diesem Aufsatz wurde ich von der Studienstiftung des deutschen Volkes und vom Max Weber-Programm des Freistaats Bayern finanziell unterstützt. Für zahlreiche Ratschläge, Hinweise und Diskussionen, insbesondere über das Thema „Big Science", bin ich Christian Joas sehr dankbar.

# Zeitzeugenberichte

# 12 Die Amaldi Konferenzen

*Klaus Gottstein*

## 12.1 Einführung

Die im folgenden beschriebenen Amaldi-Konferenzen kann man als ein gutes Beispiel für die sogenannte „Track II - Diplomatie" bezeichnen, obwohl dieser Ausdruck bei der Gründung dieser Konferenzen noch nicht gebräuchlich war. Während des Kalten Krieges und in den Jahren der Gorbatschow-Ära, der deutschen Wiedervereinigung und der Neuordnung Osteuropas hatten die offiziellen Diplomaten wenig Spielraum zur freimütigen Erörterung von Handlungsalternativen zur Auflösung festgefahrener, historisch überkommener Positionen mit gleichzeitiger Begrenzung der damit verbundenen Risiken. Da war es den Regierungen willkommen, dass qualifizierte, mit den Problemen vertraute, aber regierungsunabhängige Wissenschaftler über die bestehenden Grenzen hinweg hinter verschlossenen Türen in entspannter Atmosphäre die Lage diskutierten, um Missverständnisse zu klären, Kurzschlusshandlungen zu vermeiden und nach Lösungen zu suchen, die für beide Seiten – damals nur Ost und West – akzeptabel und in ihren Konsequenzen beherrschbar sein würden. Über die so gefundenen – akzeptablen oder nur unter bestimmten Bedingungen akzeptablen – Optionen wurden die Regierungen unterrichtet. Ihnen stand es dann frei, von diesen Anregungen ohne Nennung der Quellen Gebrauch zu machen oder sich gegebenenfalls von ihnen als private Ansichten zu distanzieren, wenn sie unbeabsichtigt doch an die Öffentlichkeit gelangt waren.

Unter dem Einfluss solcher zuerst von der Akademie der Wissenschaften der USA praktizierten „Track II - Diplomatie" sind auf europäischer Seite die Amaldi-Konferenzen entstanden. Zugleich verfolgen sie – auch dies nach dem amerikanischen Vorbild – den Zweck, sich von den Regierungen über deren Sicht der zu überwindenden Schwierigkeiten unterrichten zu lassen und den beteiligten Wissenschaftlern zu ermöglichen, genügende Expertise zu erwerben, um auf Augenhöhe mit den offiziellen Regierungsvertretern über bestehende Chancen und Risiken sprechen zu können und insofern beratend tätig zu werden.

## 12.2 Vorbemerkung

Die Geschichte der Entstehung der Amaldi-Konferenzen ist besonders lehrreich hinsichtlich der Frage, welche Hindernisse überwunden werden müssen, um eine wirksame, unabhängige und internationale wissenschaftliche Politikberatung zu verwirklichen. Den Amaldi-Konferenzen ist dies auf der europäischen Ebene angesichts der politischen Verhältnisse, mit denen sie in der Endphase des Kalten Krieges und während der dann folgenden Jahre der europäischen Neuordnung konfrontiert waren, bisher nur in einem sehr beschränkten Maße gelungen. Dennoch haben ihnen die Regeln, die sich die Amaldi-Konferenzen von Anfang an gegeben haben, besonders in den ersten Jahren einen gewissen Einfluss auch auf die Politik gesichert. Diese Regeln gründeten auf den großen Erfahrungen, die besonders Wolfgang K. H. („Pief") Panofsky und Edoardo Amaldi als eigentliche „Motoren" der Konferenzen schon zuvor erworben hatten. Es lohnt sich noch heute, diese Regeln im Gedächtnis zu behalten, wenn die Veränderungen in der europäischen politischen Landschaft, deren Zeugen wir heute sind, vielleicht einen Zugang zur Schaffung eines europäischen „Committee on International Security and Arms Control (EUROCISAC)" doch noch öffnen. Gewisse Hoffnungen lassen sich an die kürzlich bei der Europäischen Union in Brüssel geschaffene „High Level Group of Scientific Advisers (SAM)" knüpfen. Deren sieben Mitglieder aus verschiedenen europäischen Ländern können sich bei der Bearbeitung der ihnen vorliegenden Fragen aus verschiedenen Wissensgebieten auf die Zuarbeit der wissenschaftlichen Institutionen in ihren Ländern stützen. Deutsches Mitglied dieses siebenköpfigen Gremiums ist der Präsident der Deutschen Physikalischen Gesellschaft und vormalige Generaldirektor des europäischen Kernforschungszentrums CERN, Professor Rolf-Dieter Heuer. Hier könnte sich ein Anknüpfungspunkt für die künftige Arbeit der Amaldi-Konferenzen in der ursprünglich geplanten Form ergeben. Um die „Mission" der Amaldi-Konferenzen, ihre gegenwärtige Lage und die Optionen für ihre Zukunft zu verstehen, ist es nötig, sich ein Bild von ihrer historischen Entwicklung zu machen. Über die vierzigjährige Geschichte dieser Konferenzen wird im Folgenden aus eigener Anschauung berichtet.

Für die in Fachkreisen unter der Kurzformel „Die Amaldi-Konferenzen" bekannten internationalen Veranstaltungen hat sich im Verlaufe der seit ihrer Gründung im Jahre 1988 stattgefundenen ersten 17 Konferenzen der offizielle, etwas umständliche, aber ihren Charakter korrekt beschreibende Namen

**International Amaldi Conferences of National Academies of Sciences
and of National Scientific Societies
on Scientific Questions of Global Security**

herausgebildet. Ob dieser Charakter und damit dieser offizielle Name künftig fort-bestehen kann, ist zurzeit fraglich, denn sowohl der 18. als auch der 19. „Amaldi-Konferenz", die beide in den Jahren 2010 und 2015 in Rom stattfanden, wurde von der gastgebenden Accademia Nazionale dei Lincei der neue Titel „Edoardo Amaldi Conference" (ohne weitere Zusätze, aber mit einem thematischen Unter-titel) gegeben. Die Untertitel lauteten 2010 „International Security and the Role of the Scientific Academies" und 2015 „International Cooperation for Enhancing Nuclear Safety, Security, Safeguards and Non-proliferation" (siehe **10.** und **11.**). Auch wurden die Teilnehmerinnen und Teilnehmer direkt von der Accademia Na-zionale dei Lincei eingeladen, eine Einladung an die verschiedenen nationalen Akademien der Wissenschaften mit der Bitte, Experten für ein zuvor gemeinsam entworfenes Programm zur Einladung zu nominieren, fand nicht mehr statt.

## 12.3 Vorgeschichte der Amaldi-Konferenzen[1]

Die Amaldi-Konferenzen verdanken ihre Existenz einer amerikanischen Initiative. Die U. S. National Academy of Sciences (NAS) hatte im Jahre 1980, noch mitten im Kalten Krieg, ein Committee on International Security and Arms Control (CISAC) gegründet, um wissenschaftliche Fragen der nuklearen Rüstungskon-trolle und Abrüstung zu erörtern und insbesondere die Sicherheitspolitik, die Rüs-tungsprogramme und die laufenden Regierungsverhandlungen zur Rüstungskon-trolle zu verfolgen und dadurch eine bessere Grundlage für die Beratung von Regierung und Kongress in diesen Fragen zu gewinnen. Die Akademie der Wis-senschaften der UdSSR bildete daraufhin ein ähnliches Komitee. Die beiden Grup-pierungen trafen sich dann regelmäßig zweimal im Jahr, abwechselnd in den USA und in der Sowjetunion. Hinter verschlossenen Türen in einer entspannten Atmo-sphäre, frei von Polemik, konnten praktische Probleme der Sicherheitspolitik be-sprochen werden, um Missverständnisse über den Sinn der Verteidigungsmaßnah-men der jeweiligen Gegenseite zu beseitigen und den versehentlichen Ausbruch eines Atomkriegs zu vermeiden. Die Regierungen der USA und der UdSSR wur-den über den Inhalt und die Ergebnisse dieser informellen bilateralen Gespräche

---

1 Eine ausführliche Darstellung dieser Vorgeschichte findet sich in Klaus Gottstein, *The Amaldi Conferences. Their Past and Their Potential Future* (Berlin, 2012).

unterrichtet. Diese Diskussionen unabhängiger führender Wissenschaftler, parallel zu den offiziellen Verhandlungen der beiden Regierungen, leisteten einen wertvollen Beitrag zum gegenseitigen Verständnis der Ziele, Motivationen, Perzeptionen, Schwierigkeiten und Befürchtungen auf beiden Seiten.

Wissenschaftler anderer Nationen waren an diesen Gesprächen nicht beteiligt. Angesichts der Tatsache, dass die meisten Atomwaffen auf dem Boden europäischer Länder stationiert waren, machte die NAS unter ihrem Präsidenten Dr. Frank Press den Vorschlag, auch europäische Wissenschaftler, die von den Akademien und nationalen wissenschaftlichen Gesellschaften Europas – zunächst Westeuropas (wie der Royal Society London und der Max-Planck-Gesellschaft) – nominiert werden, in diese Diskussionen einzubeziehen. Um die Akzeptanz dieses Vorschlags und die Modalitäten zu seiner Verwirklichung zu diskutieren, lud der Vorsitzende des Subcommittee on Europe des CISAC, Prof. David A. Hamburg, eine Reihe westeuropäischer Wissenschaftler und Wissenschaftlerinnen, deren Interesse an Sicherheits- und Abrüstungsfragen bekannt war, zu einem dreitägigen Pilot Meeting (28. bis 30. Juni 1986) nach Washington D.C. ins Hauptquartier der NAS ein. 10 Wissenschaftler und eine Wissenschaftlerin folgten der Einladung, darunter einer aus Frankreich, einer aus Schweden, zwei aus Italien, drei aus Deutschland (Helga Haftendorn, Jozef Stefaan Schell, Klaus Gottstein) und vier aus dem Vereinigten Königreich. Sie trafen in Washington auf zehn Diskussionspartner aus dem CISAC. Der Präsident der NAS eröffnete selbst das Treffen, der Foreign Secretary der NAS, Walter A. Rosenblith, beschrieb NAS, CISAC und die erhoffte Zusammenarbeit mit europäischen Wissenschaftlern in Sicherheits- und Abrüstungsfragen. Die 11 Europäer, die 10 CISAC-Mitglieder und der Foreign Secretary diskutierten sodann in vier Sitzungen die folgenden Themen:

- Balance of Forces in Europe and the Special Role of Theatre Nuclear Forces
- Deep Reductions in Strategic Arsenals
- The Strategic Defense Initiative and its Relation to European Security
- Chemical and Biological Weapons

Jedes der Themen wurde von einem amerikanischen Sprecher und einem oder zwei europäischen Sprechern eingeleitet, worauf die allgemeine Diskussion folgte. Am letzten Tag wurden die Ergebnisse der Diskussionen zusammengefasst und künftige Aktivitäten europäisch-amerikanischer oder trilateraler (unter Beteiligung sowjetischer und osteuropäischer Wissenschaftler) Zusammenarbeit ventiliert. Die Aussichten für eine solche Zusammenarbeit wurden durchaus positiv gesehen. Unbeantwortet blieb jedoch die Frage nach einem organisatorischen

Mechanismus, durch den ein (west)europäisches wissenschaftliches Gremium geschaffen werden könnte, das sich regelmäßig mit CISAC-Mitgliedern treffen könnte, um gemeinsam interessierende wissenschaftliche Fragen der Rüstungspolitik zu diskutieren.

Im September 1986 schrieb Präsident Press an die Präsidenten der Royal Society (London), der Académie des Sciences de l'Institut de France (Paris), der Max-Planck-Gesellschaft (München) und der Accademia Nazionale dei Lincei (Rom), bezeichnete die Ergebnisse des Pilot Meeting des CISAC mit europäischen Wissenschaftlern in Washington als „extremely interesting" und erbat Rat und Hilfe bei der Lösung der oben erwähnten unbeantworteten Frage.

Die Antwort des Präsidenten der Max-Planck-Gesellschaft (MPG), Prof. Heinz Staab, war unbestimmt. Als Präsident befürwortete er die Teilnahme einzelner interessierter Mitglieder der MPG an der Diskussion wichtiger Fragen wie den in Washington erörterten, meinte aber, die MPG habe – anders als die NAS – kein Mandat zur Beschäftigung mit eigentlich politischen Problemen und zur Regierungsberatung. Daher sehe er keine Möglichkeit zur Hilfestellung bei der Schaffung eines westeuropäischen CISAC-Partners. Er werde die Sache aber mit Sir John Kendrew besprechen, dem Präsidenten des International Council of Scientific Unions (ICSU), den er demnächst in Israel bei einer Diskussion über die Teilnahme von Wissenschaftlern an der Beratung von Regierungen treffen werde.

Die Antworten, die Präsident Press aus London und Paris erhielt, waren offenbar ähnlich ausweichend. Im Frühjahr 1987 unternahm der Vorsitzende des CISAC, Prof. W. K. H. („Pief") Panofsky, in Begleitung von Prof. Paul Doty, Director Emeritus des Harvard Center for Science and International Affairs, eine Rundreise in Westeuropa, um angesehene wissenschaftliche Institutionen wie die nationalen Akademien, die Royal Society und die Max-Planck-Gesellschaft als gleichberechtigte Partner für die Gespräche zwischen CISAC und dessen sowjetischem Gegenüber zu gewinnen. Bei dem Gespräch mit Prof. Heinz Staab am 25. März 1987 war ich zugegen. Zu meiner Überraschung erklärte sich der Präsident der MPG nunmehr bereit, mit dem Präsidenten der Deutschen Forschungsgemeinschaft (DFG) und dem Vorsitzenden der Konferenz (später: Union) der deutschen Akademien der Wissenschaften die Möglichkeit der Schaffung eines gemeinsamen Komitees von Experten für wissenschaftliche Rüstungskontroll- und Abrüstungsfragen zu erörtern.

Auch die Royal Society setzte unter ihrem Präsidenten, Sir George Porter, 1987 eine Gruppe von drei erfahrenen Fellows ein, um den CISAC-Vorschlag zu prüfen. In einer Sitzung dieser Gruppe im November 1987, an der CISAC-Vorsitzender Panofsky teilnahm, wurde beschlossen, eine Gruppe von 20 Fellows zu bilden, die nach Konsultationen mit anderen europäischen Wissenschaftsorganisationen sehr zurückhaltend mit Untersuchungen über einschlägige Fragen, zum Beispiel im Bereich bakteriologischer und chemischer Waffen (Verifizierung, „dual use", Einschränkungen für die Grundlagenforschung usw.) beginnen sollten.

Die Accademia Nazionale dei Lincei („Lincei") hatte bereits bald nach dem erfolgreichen Abschluss des „Pilot Meeting" in Washington auf die Initiative ihres Vizepräsidenten Edoardo Amaldi eine *Gruppo di lavoro per la sicurezza internazionale e il controllo degli armamenti (SICA)* nach dem Vorbild des CISAC gegründet. Ihr erstes Projekt war die Untersuchung der verschiedenen Möglichkeiten zur Beseitigung der nuklearen Sprengköpfe, die nach der zwischen den Präsidenten Gorbatschow und Reagan verabredeten drastischen Reduktion der Zahl nuklearer Waffen nicht mehr benötigt wurden.

Im März 1988 verabredeten die Präsidenten Sir George Porter und Heinz Staab einen Informationsaustausch zwischen Royal Society und MPG in Fragen der wissenschaftlichen Regierungsberatung. Dabei wurde auch auf diesem Feld die Notwendigkeit von Beratung auf solider Forschungsgrundlage betont. Die öffentlichkeitswirksame, aber noch nicht auf gründliche Untersuchungen durch auf diesem Gebiet erfahrene Experten beruhende Arbeit des SICA wurde eher kritisch gesehen.

## 12.4 Die erste „Amaldi-Konferenz", Rom 1988

Indessen hatte Professor Amaldi bekannt gegeben, dass die „Lincei" einen „Workshop on International Security and Disarmament: The Role of the Scientific Academies", vorbereiteten und dass die Royal Society, die französische Akademie und die NAS, wenn auch nicht als Institutionen, so doch durch die Anwesenheit einzelner ihrer Mitglieder, die an den auf der Tagesordnung stehenden Themen interessiert seien, daran teilnehmen würden. Sir George Porter und Präsident Staab waren übereingekommen, dass weder die Royal Society noch die MPG auf die Initiativen von NAS-Präsident Press und Prof. Amaldi reagieren würden, jedoch keine Einwände gegen die Teilnahme einzelner Mitglieder ihrer Gesellschaften haben würden.

Nichtsdestotrotz sandte Professor Amaldi als Vizepräsident der Accademia Nazionale dei Lincei am 23. Februar 1988 einen offiziellen Einladungsbrief zu diesem Workshop hinaus. Auf Ersuchen des CISAC ging er zunächst nur an Mitglieder von Akademien und nationalen wissenschaftlichen Gesellschaften der westeuropäischen Länder und der USA. Der Brief kündigte an, dass man auf dem Workshop, bei genügend großer und signifikanter Beteiligung, gemeinsam die Möglichkeit der Organisation einer späteren internationalen Konferenz ähnlicher Art mit Teilnahme der Akademien Osteuropas und vielleicht auch aus Fernost erwägen wolle. Das Format des kommenden Workshops solle an das der bisherigen Treffen zwischen CISAC und dessen Partner-Komitee bei der Akademie der Wissenschaften der UdSSR angepasst werden. Dementsprechend solle die Zahl der Teilnehmer aus den einzelnen Ländern innerhalb der folgenden Obergrenzen gehalten werden: USA 10, Großbritannien 5, Frankreich 4, Bundesrepublik Deutschland 2 und je 2 für Österreich, Belgien, Dänemark, Irland, Finnland, die Niederlande, Norwegen, Spanien, Schweden und die Schweiz, dazu 10 bis 15 Italiener.

Der „Workshop on International Security and Disarmament: The Role of the Scientific Academies" fand, wie von Professor Amaldi geplant, vom 23.-25. Juni 1988 in Rom statt. In einem Information Bulletin vom 4. Juni hatte Prof. Amaldi betont, dass Mitglieder von Akademien als Individuen teilnehmen und nur ihre eigenen Meinungen ausdrücken, die in keiner Weise ihre jeweiligen Akademien festlegen. Natürlich dürfe erwähnt werden, dass eine zum Ausdruck gebrachte Meinung auch von einem oder mehreren Kollegen geteilt werde. Im Übrigen werde das Treffen nach den bei Pugwash-Konferenzen bewährten Regeln geführt werden, also: „Die Presse ist von dem Treffen ausgeschlossen, jeder und jede nimmt in seiner oder ihrer persönlichen Eigenschaft teil und bei Berichten über das Treffen gegenüber Außenstehenden dürfen die von anderen Teilnehmern oder Teilnehmerinnen geäußerten Meinungen diesen nicht namentlich zugeordnet werden." (Diese „Pugwash-Regeln" wurden bei allen Amaldi-Konferenzen der folgenden Jahre eingehalten.) Am letzten Tag des Treffens würden die Teilnehmer über die in Zukunft zu befolgenden Regeln entscheiden.

46 Wissenschaftler und Wissenschaftlerinnen nahmen an dem Workshop teil: 19 aus Italien, 8 aus den USA, 5 aus Großbritannien, 3 aus der Bundesrepublik Deutschland[2], 2 aus Belgien, 2 aus den Niederlanden und je einer aus Österreich, Dänemark und Schweden.

---

2   Klaus Gottstein, Albrecht von Müller, Hartmut Pohlmann.

Die folgenden Themen wurden auf dem Workshop behandelt und diskutiert:

1. The USA-USSR treaty to eliminate intermediate range and shorter range nuclear missiles.
2. The conventional defense of Europe.
3. The perspectives of drastic reduction in the strategic arsenals.
4. The reconversion of weapon grade fissionable material to peaceful uses.
5. The future of the Strategic Defense Initiative (SDI). Points of view from Europe.

Am letzten Vormittag des Workshops wurde die Rolle diskutiert, welche die Akademien der Wissenschaften und entsprechende Institutionen auf den Gebieten von internationaler Sicherheit und Rüstungskontrolle spielen könnten.

Zunächst wurde der gegenwärtige Stand dargestellt.

Der Präsident der Päpstlichen Akademie der Wissenschaften, Prof. Marini Bettolo, erwähnte das von dieser erarbeitete Dokument über die Folgen eines nuklearen Krieges, das mit den Unterschriften von 35 Akademiemitgliedern an die Regierungen aller Nuklearmächte versandt worden war.

Die Académie des Sciences im Institut de France bemüht sich, wie ihr ständiger Sekretär Prof. Germain berichtete, das Gewissen der Scientific Community zu sein. Sie widmet sich den Wechselwirkungen zwischen Wissenschaft, Kultur und Gesellschaft und erarbeitet Berichte über kontroverse Fragen, zum Beispiel in der Weltraumforschung. Zu militärischen Fragen sei die Académie erst kürzlich zur Einsetzung eines *comité exploratoire* gebeten worden.

Prof. Panofsky erwähnte die existierenden drei Standing Committees der NAS:

- On Human Rights,
- On Science, Engineering and Public Policy (COSEPUP),
- On International Security and Arms Control (CISAC).

CISAC hat sich drei Ziele gesetzt:

1. Information der Mitglieder der NAS über Fragen der Sicherheit und der Rüstungskontrolle. Zu diesem Zweck waren vier Seminare gehalten worden.
2. Schaffung eines Kaders unabhängiger Experten.
3. Internationale Kommunikation und Regierungsberatung. Grundregel von CISAC dabei war: Keine Abkommen, keine gemeinsamen Erklärungen, keine Publizität.

Die Hälfte der CISAC-Mitglieder sind keine NAS-Mitglieder. Bis 1988 hatte CISAC 12 Diskussionsveranstaltungen mit dem entsprechenden Komitee der Akademie der Wissenschaften der UdSSR gehabt.

Die Royal Society hat nur Naturwissenschaftler als Mitglieder, wie Sir Rudolf Peierls berichtete. Für die sozialen und politischen Wissenschaften sei die British Academy zuständig. Dennoch habe die Royal Society eine kleine, inoffizielle Arbeitsgruppe eingerichtet, um zu untersuchen, in welcher Weise die Expertise einzelner Mitglieder der Royal Society in Fragen von Sicherheit und Rüstungskontrolle in ihrer persönlichen Eigenschaft genutzt werden könnte (siehe auch oben im Abschnitt „Vorgeschichte der Amaldi-Konferenzen").

Professor Amaldi, der kurz zuvor zum Präsidenten der „Lincei" gewählt worden war, kündigte an, seine Akademie werde für 1989 zu einer Konferenz in Italien einladen, deren Ziel eine breite Teilnahme von Mitgliedern von Akademien und nationalen wissenschaftlichen Gesellschaften, einschließlich solcher aus Osteuropa, sein werde, um substantielle Fragen aus den Bereichen der Rüstungskontrolle und internationalen Sicherheit im Hinblick auf Problemlösungen zu diskutieren und um die Teilnahme von Akademien und ähnlichen Institutionen zu erhöhen und die Kenntnisse ihrer Mitglieder auf diesen Gebieten zu vermehren. Die Agenda dieser Konferenz solle von einem internationalen Komitee vorbereitet werden, das die gastgebende Akademie nach Konsultationen mit den Akademien und nationalen Wissenschaftsgesellschaften des Westens und der Akademie der Wissenschaften der UdSSR zusammenstellen werde. Die vorläufigen Vorbereitungen wurden einem ad hoc Committee übertragen, das aus den Professoren Amaldi, Panofsky, Rees (Royal Society), Charpak (Académie des Sciences) und Gottstein (MPG) bestand. Die Diskussionen der Konferenz sollten durch Papiere eingeleitet werden, die vor der Konferenz von bestimmten Teilnehmern und Teilnehmerinnen verfasst und verteilt worden sein würden.

Als allgemeines Ziel wurde die Bildung eines Europäischen Komitees für Fragen der Sicherheit und der Rüstungskontrolle genannt, das ein Partner für CISAC und das entsprechende Komitee der sowjetischen Akademie der Wissenschaften sein könne. Experten für die zu diskutierenden Themen, die selbst keiner der Akademien als Mitglied angehörten, sollten dennoch Mitglieder des Europäischen Komitees sein können.

## 12.5  Die zweite „Amaldi-Konferenz", Rom 1989

Im Namen der Mitglieder des provisorischen ad hoc Committee schrieb Präsident
Amaldi am 29. Juli 1988 an die Präsidenten der Akademien und nationalen wissenschaftlichen Gesellschaften und bat um eine Bekundung von Interesse an der
geplanten Konferenz und an einer Beteiligung von Mitgliedern der jeweiligen
Akademie bzw. Gesellschaft. Ergebnisse der Konferenz sollten von den Teilnehmern und Teilnehmerinnen ihrer jeweiligen Akademie bzw. Gesellschaft und gegebenenfalls auch höheren Instanzen mitgeteilt werden. Jedoch sei es nicht das
Ziel der Konferenz, einen Konsens zu einer Frage zu erzielen, um den politischen
Prozess zu beeinflussen. Am Ende würde es außer der Erwähnung der Existenz
der Konferenz, ihrer Themen und der Namen der Teilnehmer keine Publizität geben. Keine Vereinbarungen oder Schlussfolgerungen oder gemeinsame Erklärungen oder Protokolle würden angestrebt werden.

Die Reaktion der Akademien und Gesellschaften auf diesen Brief war nicht so
lebhaft wie erwartet. Sie folgten nicht den Beispielen von NAS und „Lincei", zum
Studium wissenschaftlicher Fragen der internationalen Sicherheit und der Rüstungskontrolle spezielle Ausschüsse nach dem Vorbild von CISAC und SICA einzurichten, sondern beschränkten sich darauf, keine Einwände gegen die Teilnahme
einzelner ihrer Mitglieder als Experten zu erheben. Nur die Royal Society hatte,
wie oben erwähnt, eine kleine, inoffizielle Gruppe zum Studium des CISAC-Vor-
schlags gebildet. Die meisten Akademien Osteuropas besaßen zu jener Zeit Komitees für Fragen der Friedensforschung und ließen es dabei bewenden.

Die von Amaldi einberufene Konferenz fand vom 6. bis 9. Juni 1989 in Rom statt.
Etwa 60 Wissenschaftler und Wissenschaftlerinnen nahmen daran teil, ungefähr
die Hälfte Mitglieder von SICA und von verschiedenen italienischen Universitäten. CISAC entsandte 6 Teilnehmer, ebenfalls sechs kamen von der Académie des
Sciences. Die Akademie der Wissenschaften der UdSSR war durch fünf Mitglieder vertreten, die Royal Society durch Sir Rudolf Peierls, die MPG durch Klaus
Gottstein. Aus Belgien kamen zwei Wissenschaftler, aus Österreich, Bulgarien,
der Tschechoslowakei, der DDR, Ungarn, Norwegen, Polen und Schweden je einer. W. Panofsky hielt einen engagierten Eröffnungsvortrag über die Rolle von
Wissenschaftlern und Akademien in nationalen und internationalen Sicherheitsfragen von der Antike bis zum Nuklearzeitalter. Die dreitägige Konferenz behandelte dann die folgenden Themen:

1. Deep cuts in nuclear weapons
2. Military stability in Europe: Prospects for reducing and restructuring nuclear and conventional forces
3. Conversion of weapon-grade fissionable materials
4. Prospects for a total ban of chemical and biological weapons
5. Role of academic institutions in the quest for peace and disarmament

Am letzten Tag gab es eine ausgedehnte Diskussion darüber, ob die Konferenzen von Akademiemitgliedern und von Mitgliedern nationaler wissenschaftlicher Gesellschaften über wissenschaftliche Fragen internationaler Sicherheit und Rüstungskontrolle fortgesetzt werden sollten und, wenn ja, in welcher Form. Welche Aufgaben sollten dabei im Vordergrund stehen? Einige der dabei getroffenen allgemeinen Feststellungen seien wegen ihrer fortdauernden Bedeutung hier zitiert:

*Academies and scientific societies have the task to solve problems. It is not their task to influence the public or to exert political pressure. They possess the trust of their governments and thereby are able to carry out factual work. They should concentrate on precisely limited questions and should attract younger scientists with special capabilities.*

*When the Royal Society was founded it decided not to get entangled in questions of politics. However, the situation has changed since the seventeenth century. In today's time of transition societal problems have appeared which need scientific advice for their solution. The community of academies should get ready to supply advice to the United Nations in these matters.*

*Academies and scientific societies should attend to the urgent problems of our time. Otherwise, the anti-scientific movement within the public will be strengthened.*

## 12.6 Die dritte „Amaldi-Konferenz", Rom 1990

Am Ende der Konferenz von 1989 war beschlossen worden, die Reihe der Konferenzen der Akademien und wissenschaftlichen Gesellschaften über wissenschaftliche Fragen von politischer Relevanz in einem jährlichen Zyklus fortzusetzen. Die Agenda sollte später von einer internationalen Planungsgruppe festgelegt werden, die zu diesem Zweck gebildet wurde und aus Amaldi, Calogero, Gottstein, Kapitsa, Panofsky und Peierls bestand. Die Gruppe traf sich erstmals am 9. Juni 1989 in Amaldis Büro. Präsident Amaldi bot noch einmal – aber ausdrücklich zum letzten Male – die Gastfreundschaft der „Lincei" für 1990 an. Prof. Germain und Prof. Gottstein wurden gebeten zu eruieren, ob die Konferenzen 1991 und 1992 in Frankreich und in der Bundesrepublik Deutschland stattfinden könnten.

Am 24. Juli 1989 sandte Präsident Amaldi seine Einladung zu einer Konferenz im Jahre 1990 an die Präsidenten der Akademien und nationalen Wissenschaftsgesellschaften in 24 Ländern in Ost- und Westeuropa, in der Sowjetunion und in den USA hinaus. Wieder bat er um Bekundungen von Interesse und Bereitschaft zur Kooperation.

Am 4. Dezember 1989 fasste Amaldi in einer Notiz an die Mitglieder der internationalen Planungsgruppe den Stand der Vorbereitungen zusammen. Die Konferenz solle den Titel bekommen: „International Conference on Security in Europe and the Transition away from Confrontation towards Cooperation". Als Datum sei die Zeit vom 4. Juni 1990 bis zum 7. Juni 1990 vorgesehen. Seine Eröffnungsansprache werde den Titel haben „The Role of All Europe in East-West Cooperation". Die einzelnen Sitzungen der Konferenz sollten die Themen „Scientific and Technological Cooperation", „Environmental Cooperation", „Industrial and Economic Cooperation", „Juridical and Political Cooperation", „Nuclear Disarmament", „Reducing and Restructuring of Conventional Forces", „Elimination of Chemical Weapons" und „The Role of the Academies" behandeln. In seiner Notiz erbat Prof. Amaldi positive und negative Kommentare und Anregungen. Nach deren Eingang werde er einen zweiten Brief an alle eingeladenen Akademien und Gesellschaften schreiben.

Am 5. Dezember 1989 starb Edoardo Amaldi unerwartet im Alter von 81 Jahren. Sein Nachfolger als Präsident der Accademia Nazionale dei Lincei wurde Professor Giorgio Salvini, ebenfalls Physiker. In einem Brief vom 15. Dezember 1989, in dem er den plötzlichen Tod von Edoardo Amaldi bekannt gab, drückte Salvini seine Entschlossenheit aus, die Vorbereitungen für die Konferenz im Jahre 1990 nach den Plänen und im Sinne Amaldis fortzusetzen. Zugleich erbat er Vorschläge für einzuladende Sprecher zu allen Themen auf der Agenda. Dabei gab Salvini ein von Panofsky zum Ausdruck gebrachtes Gefühl wieder,

*that the focus on nuclear disarmament and elimination of nuclear weapons only, may be too narrow, and that this specialization is to some extent overtaken by events. The increasing autonomy of the countries within the Warsaw Treaty Organization and the moves by President Gorbachev towards a reduced military presence in Eastern Europe put into question the very nature of security arrangements in Europe, both in their organizational and technical aspects.*

Die Konferenz fand in Rom zu dem von Amaldi vorgesehenen Termin unter dem von Amaldi vorgeschlagenen Titel statt. Unter den 31 nicht-italienischen Teilnehmern war erstmals ein Repräsentant der Chinesischen Akademie der Wissenschaften, ferner der Präsident der British Academy, die Präsidenten der Akademien der Wissenschaften Rumäniens und Mazedoniens. Die USA waren durch Panofsky, Doty, Kelleher und Rabinowitch vertreten, die Royal Society durch Martin Rees, Frankreich durch Paul Germain und Georges Charpak, die Niederlande durch Casimir, die UdSSR u. a. durch Jermen Gvishiani. Aus der Bundesrepublik Deutschland waren Ernst-Otto Czempiel, Klaus Gottstein und Hans-Peter Harjes gekommen. Ebenfalls vertreten waren die Akademien Belgiens, Bulgariens, Irlands, Jugoslawiens, Schwedens, der Tschechoslowakei und Ungarns.

Der Eröffnungssitzung mit dem Gedenken an Edoardo Amaldi und der Würdigung seiner Lebensleistung folgte die Präsentation von 42 Papieren in den dreieinhalb Tagen der Konferenz. Nach ihrem Inhalt wurden diese Papiere einer der folgenden Sitzungen zugeteilt:

1.   Scientific and technological cooperation.
2.   Environmental cooperation.
3.   Measures of effective disarmament in the new international climate.
     3.1. Nuclear disarmament.
     3.2. European security.
     3.3. Chemical disarmament.
     3.4. Security and verification.
4.   Industrial and economic cooperation.
5.   The role of the Academies.

Jeder Sitzung folgte eine allgemeine Diskussion. Besonders interessant, auch für die Diskussionen der Gegenwart, sind die folgenden Bemerkungen zu den Wirkungsmöglichkeiten der Akademien:

- They can provide person-to-person contacts for younger people,
- They can, and have to, give responses to today's challenges in an interdisciplinary way,
- They have to think globally but act locally,
- They can sort out the difficulties when so-called scientific experts do not agree among themselves,
- They can, and should, popularize science and organize international cooperation,

• Academies, even in China, may sometimes be critical of their government.

Präsident Salvini betonte besonders die Rolle der Akademien bei der Bildung von Ausschüssen der besten Experten für die Behandlung eines gegebenen Problems und bei der Unterstützung des internationalen Austauschs junger Wissenschaftler.

Am Ende der Konferenz wurden deren Ergebnisse von der Mehrheit der Teilnehmer als sehr nützlich angesehen. Weitere Konferenzen dieser Art wurden mehrheitlich befürwortet. Eine Einladung einer Akademie eines anderen Landes zu einer solchen Veranstaltung im Jahre 1991 lag aber noch nicht vor.

## 12.7 Die vierte Amaldi-Konferenz, Cambridge 1991

Im August 1990 erhielt K. Gottstein ein Schreiben des Präsidenten der DFG, Prof. Markl, mit der Nachricht, dass die Senatskommission für Friedens- und Konfliktforschung (deren Mitglied Prof. Czempiel an der dritten Amaldi-Konferenz teilgenommen hatte) für die Veranstaltung einer Konferenz über nukleare Abrüstung in der Bundesrepublik Deutschland mit internationaler Beteiligung gestimmt habe. Da es keine deutsche Nationale Akademie der Wissenschaften gebe, müsse nur noch geklärt werden, wer der Gastgeber einer solchen Konferenz sein könne.

Nach einigen Korrespondenzen und Diskussionen wurde der folgende Kompromiss gefunden: Die Konferenz (später: Union) der (regionalen) deutschen Akademien der Wissenschaften würde als Gastgeber der Konferenz fungieren, die MPG würde die Organisation der Konferenz übernehmen und die DFG würde für die finanzielle Ausstattung sorgen.

Anfang Oktober 1990 erhielt Klaus Gottstein einen Anruf von Martin Rees mit der Mitteilung, dass die Royal Society beschlossen habe, in Cambridge eine der nächsten „Amaldi-Konferenzen" – wie diese Konferenzen zu Ehren des verstorbenen Initiators dieser internationalen Zusammenkünfte von nun an genannt wurden – zu veranstalten. Juli 1991 wäre ein möglicher Termin, falls nicht die Akademie oder wissenschaftliche Gesellschaft eines anderen Landes bereits derartige Pläne für 1991 entwickelt habe. Könnte zum Beispiel aus Deutschland eine solche Einladung erwartet werden? Auf meine Antwort, dass dies wegen einiger noch zu klärender organisatorischer Fragen unwahrscheinlich sei, kündigte Prof. Rees an, dass die Präsidenten von MPG und DFG demnächst Briefe von der Royal Society erhalten würden, in denen sie gebeten werden, Wissenschaftler und Wissenschaftlerinnen zu nominieren, die zu einer Amaldi-Konferenz in Cambridge im Juli 1991 eingeladen werden sollten. Ein solcher Brief mit der Bitte um Einladungsvorschläge und zudem um Rat bezüglich der Tagesordnung der Konferenz würde auch Prof. Salvini erreichen.

Die vierte Amaldi-Konferenz fand in der Tat vom 6.-10. Juli 1991 im historischen Trinity College der Universität Cambridge statt. Die Einladungen waren vom Präsidenten der Royal Society, Sir Michael Atiyah, unterzeichnet worden. Der offizielle Titel der Konferenz lautete: „Symposium on Science, Technology and International Security". 42 Wissenschaftler und Wissenschaftlerinnen aus zehn Ländern nahmen teil, aus Deutschland die Professoren Rudolf Avenhaus, Erhard Geißler, Klaus Gottstein und Knut Ipsen. Das Programm enthielt die folgenden Themen:

1. The Future of Nuclear Weapons in the New International Context (W.K.H. Panofsky)
2. The idea of UN Nuclear Forces (V.I. Goldanskii)
3. The Relationship of the START process to the ABM treaty, and the Future of the Offence/Defence Relationship (S.M. Keeny)
4. Use of Nuclear Materials from Dismantled Nuclear Weapons (U. Farinelli, C. Silvi)
5. Weapons Proliferation and Technology Transfer (F. Calogero)
6. International Law and the Problem of Technology Transfer and Arms Control (K. Ipsen)
7. US Studies in Technology Transfer and Export Control (M.B. Wallerstein)
8. The Chemical Weapons Convention, with Particular Reference to Activities not Prohibited und Conversion and Inspection Activities, and the Moral responsibilities of the Scientific Community (J. Michalski)
9. The Draft Chemical Weapons Convention with particular reference to the positions of Toxins (H. Smith)
10. Technical Discussion of the Chemical Weapons Problems, including the Problem of Disposal. Some Differences in the National Positions (P. Doty)
11. Proliferation of Chemical Weapons: Some Lessons (T. Stock)
12. Indications of Proliferation (J.K. Miettinen)
13. Relevant Experience of the International Atomic Energy Agency, and its Wider Implications (D. Fischer)
14. Quantitative Analyses of Verification Measures (R. Avenhaus)

15. International Security in the New Context with Particular Reference to Europe (C. Kelleher)
16. Orbiting Space Debris. An Operational Hazard (B. Bertotti)
17. Prevention of Biological and Toxin Warfare (E. Geissler)
18. The Duality of Technology. The Relationship between levels of Sophistication of Industrial, Economic and Military Potential (R. Mason)
19. Arms Transfer and Conversion (G. Salvini)
20. Cooperation in Science and Technology as a Contribution to International Security (U. Colombo)
21. The Role of National Academies (K. Gottstein)

Inzwischen waren in Verhandlungen zwischen MPG, DFG und „Konferenz der deutschen Akademien der Wissenschaften" die notwendigen operativen Details geklärt worden, so dass Prof. Salvini am Ende der Konferenz in Cambridge mitteilen konnte, die nächste Amaldi-Konferenz werde 1992 in Heidelberg stattfinden.

## 12.8  Die fünfte Amaldi-Konferenz, Heidelberg 1992

Gastgeber der Konferenz, die vom 1.-3. Juli 1992 stattfand, war die Heidelberger Akademie der Wissenschaften. Die Einladung erfolgte im Namen des Vorsitzenden der Konferenz der deutschen Akademien der Wissenschaften und Präsidenten der Akademie der Wissenschaften und der Literatur Mainz, Professor G. Thews. Die Finanzierung erfolgte durch die DFG und die Robert-Bosch-Stiftung. Die lokalen Vorbereitungen und die Gestaltung des Rahmenprogramms übernahm das Heidelberger Max-Planck-Institut für ausländisches und öffentliches Recht und Völkerrecht unter Leitung seines geschäftsführenden Direktors Professor J. Abr. Frowein; den Schriftwechsel mit den teilnehmenden Institutionen und den einzelnen Teilnehmern und Teilnehmerinnen besorgte K. Gottstein im Auftrag der MPG. Das Programm war bereits am Ende der vierten Konferenz in Cambridge von einem internationalen Komitee erörtert worden, in dem die deutsche Seite von K. Gottstein vertreten wurde. Richtungweisend für jeden ins Auge gefassten Programmpunkt war das von Prof. Panofsky aufgestellte Kriterium „Can we make a real contribution?" Auch sollte Sorge getragen werden, dass die eingeladenen Akademien und wissenschaftlichen Gesellschaften wirkliche Experten zur Teilnahme nominieren und nicht bloße Funktionäre.

Die Diskussion über das Programm wurde im September 1991 in China am Rande einer Pugwash-Konferenz in Beijing von Garwin, Goldanskii, Gottstein, Kelleher, Peierls, Rabinowitch und Salvini fortgesetzt. Dabei zeigte sich bereits, dass es nicht einfach sein werde, den Ermahnungen von Panofsky Folge zu leisten.

Eröffnet wurde die 5. Amaldi-Konferenz vom Stellvertretenden Vorsitzenden der Konferenz der deutschen Akademien, Prof. Arnulf Schlüter. In der Eröffnungssitzung sprachen ferner der Präsident der MPG, Prof. Zacher, und der ehemalige Präsident der Heidelberger Akademie, Prof. Mosler. Unter den 59 Teilnehmern waren die Präsidenten der Päpstlichen Akademie der Wissenschaften, der Academia Europaea und der Akademien Italiens (Salvini), Kroatiens, Kasachstans, Litauens, Rumäniens, der CISAC-Vorsitzende Panofsky, der Präsident der MPG und die Vizepräsidenten der Académie des Sciences (Paris) und der Ungarischen Akademie der Wissenschaften. 21 der Teilnehmenden waren Deutsche.

Das vom internationalen Vorbereitungskomitee ausgewählte Programm war trotz der Ermahnungen von Prof. Panofsky nicht sehr restriktiv. Unter der Überschrift „International Security in a Transformed World" war es in sechs Sitzungen eingeteilt, welche die folgenden Themen behandelten:

1. The Role of the United Nations in Today's World
2. Regional Security Structures
3. Limitation and Control of Nuclear Weapons
4. Control of Chemical and Biological Weapons
5. Special Problems Concerning the Verification of Arms Control Measures
6. The Future of the Amaldi Conferences

Papiere zu diesen Sitzungen waren rechtzeitig vor Beginn der Konferenz eingereicht oder wenigstens angekündigt worden. Jede Sitzung war auf dieser Grundlage von einem Rapporteur und einem Co-Rapporteur eingeleitet worden. Darauf folgten Diskussionsbemerkungen, die jedoch manchmal die Form vorbereiteter Vorträge annahmen. Die Diskussionen waren lebhaft. Die Vertreter osteuropäischer Akademien begrüßten die für sie nun bestehende Möglichkeit, am freien Meinungsaustausch mit den westeuropäischen und amerikanischen Kollegen und Kolleginnen teilhaben zu können.

Zur Zukunft der Amaldi-Konferenzen wurden verschiedene Meinungen geäußert. Die Experten für Sicherheits- und Rüstungsprobleme plädierten dafür, die Beschränkung auf diese „traditionellen" Diskussionsthemen bei Amaldi-Konferenzen beizubehalten. Einige andere Teilnehmer, besonders aus Osteuropa aber auch

Professor Fréjacques. Vizepräsident (ab 1995 Präsident) der Académie des Sciences, waren dafür, die in den Akademien und wissenschaftlichen Gesellschaften versammelte Expertise auch für ein interdisziplinäres und internationales Herangehen an die Lösung dringender globaler Sicherheitsprobleme im weiteren Sinne zu nutzen. Dazu könnten Umweltkatastrophen, Risikoabschätzungen, Klimawandel, Artenschutz, Wirtschaftsfragen, Wissenschaftsförderung in Entwicklungsländern, Migrationsfolgen, glühender Nationalismus, Ursachen verheerender Bürgerkriege u. a. gehören. Das würde die Mitarbeit nicht nur von Naturwissenschaftlern, sondern u. a. auch von Experten für Völkerrecht, Geschichte, Politikwissenschaft und Psychologie, erfordern. Auch müsste enger Kontakt zu Vertretern von Regierungen und internationalen Organisationen wie den Vereinten Nationen gesucht werden, um die Natur der politischen Hindernisse, die den nötigen innovativen Maßnahmen im Wege stehen, zu begreifen und zu berücksichtigen.

Schließlich wurde entschieden und in Richtlinien („**Guidelines of The Amaldi Conferences**") niedergelegt, dass die Amaldi-Konferenzen sich im Wesentlichen auf Fragen der internationalen Sicherheit und Rüstungskontrolle, einschließlich biologischer und chemischer Waffen, die Beseitigung von Waffen und damit verbundene soziale Probleme beschränken sollten. Wegen der unvorhersehbaren Ereignisse und Entwicklungen in unserer Welt könne jedoch eine begrenzte Zeitspanne in jeder Konferenz, ein „**Fenster**", relevanten Problemen anderer Art, zum Beispiel ökologischen, ökonomischen oder politischen Fragen gewidmet werden, die sonst ausgeschlossen sein sollen. Von besonderer Bedeutung für die Arbeitsweise der Amaldi-Konferenzen waren ferner die folgenden Punkte der Richtlinien von 1992/1993:

- Beschränke die Aktivitäten auf solche, für welche die Akademien besonders qualifiziert sind.

- Nutze das Vorhandensein der internationalen Gemeinschaft der Wissenschaftler; Diskussionen sollten in einem „konfliktlösenden Geiste" geführt werden und nicht lediglich Regierungspositionen präsentieren oder verteidigen.

- Jede Konferenz sollte auf Konsens zielen, aber nicht auf die Vorbereitung von Deklarationen.

- Jede gastgebende Akademie sollte für eine Zusammenfassung der Diskussionsergebnisse sorgen; jeder Teilnehmer und jede Teilnehmerin werden ermutigt, unter Benutzung dieser Zusammenfassung die Resultate und den Konsens seiner/ihrer Regierung und anderen zuständigen Stellen mitzuteilen.

• Regierungen und internationale Organisationen können Anfragen an die
Amaldi-Konferenz mit der Bitte um Behandlung richten.

Am Ende der 5. Amaldi-Konferenz in Heidelberg lud Prof. Salvini für 1993 zur 6.
Amaldi-Konferenz erneut nach Rom ein. Die Wünschbarkeit der kontinuierlichen
Fortsetzung der Amaldi-Konferenzen war bereits bei einem Essen zu Beginn der
5. Konferenz festgestellt worden.

## 12.9 Die sechste Amaldi-Konferenz, Rom 1993

h Das Programm der 6. Amaldi-Konferenz wurde auf einer SICA-Sitzung in Rom
am 11. Dezember 1992 vorbereitet, an der W. Panofsky und K. Gottstein als Gäste
teilnahmen. Bei dieser Gelegenheit ventilierte Gottstein erneut die für die Akademien bestehende Möglichkeit, das erfolgreiche Modell der Amaldi-Konferenzen
– vielleicht, aber nicht notwendigerweise, unter einem anderen Namen – auch auf
die Behandlung dringender globaler Probleme anderer Art anzuwenden, und nicht
nur auf das Problem der nuklearen Waffen. Dabei konnte er sich auf das von Salvini in seinem Einladungsschreiben zur dritten Amaldi-Konferenz erwähnte Pa-
nofsky-Zitat beziehen, dass die Spezialisierung auf nukleare Abrüstung und Beseitigung nuklearer Waffen von den politischen Ereignissen der jüngsten Zeit mit
dem Entstehen neuer souveräner Staaten überholt worden sein könnte, sowohl in
organisatorischer als auch in technischer Hinsicht. Prof. Panofsky betonte demgegenüber die fortbestehende Notwendigkeit, die Kommunikation zwischen un-
abhängigen, kompetenten Wissenschaftlern in Fragen der Rüstungskontrolle zu
verbessern und allgemein die Akademien in ihrer Rolle als Ratgeber in diesen Fragen zu stärken. Sie sollten sorgfältig vorbereitete Papiere über eng begrenzte Themen vorlegen.

Die sechste Amaldi-Konferenz fand, wie geplant, vom 27. bis 29. September 1993
in Rom statt. Sie erhielt den Titel „A Contribution to Peace and International Security". 46 Wissenschaftler aus 20 Ländern nahmen daran teil. Die Akademien
von Kroatien, Estland, Georgien, Italien, Kasachstan, Polen und die Academia Europaea waren durch ihre Präsidenten, die Akademien von Litauen und der Russischen Föderation durch Vizepräsidenten und CISAC durch seinen Vorsitzenden
Prof. Panofsky vertreten. Nach der italienischen Delegation (7 Mitglieder) war die
deutsche Delegation mit 6 Mitgliedern vor der Delegation der USA (5 Mitglieder)
die größte. Die Eröffnungsansprachen hielten der Präsident (Salvini) und der Vi-

zepräsident der gastgebenden „Lincei", ferner der italienische Minister für wissenschaftliche Forschung (Colombo) und der Präsident des Senats der Italienischen Republik (Spadolini).

Die Konferenz war in sieben Sitzungen eingeteilt, von denen jede einen Vorsitzenden und einen Diskussionsleiter hatte. Die Themen der sieben Sitzungen waren:

1. Regional Security Structures
2. The Physical Heritage of the Cold War
3. Controlling Trade and Transfer of Conventional Weapons
4. The Control of Proliferation of Weapons of Mass Destruction
5. Role of Scientific Academies in Arms Control and Security
6. The Role of the United Nations in Arms Control and Disarmament
7. The Role of the Amaldi Conference in the Search for Solutions to Problems of General Concern

Die Sitzungen 5 und 7 konnten dem für die Diskussion von Fragen der Sicherheit im weiteren Sinne nach den Beschlüssen der 5. Amaldi-Konferenz vorgesehenen „Fenster" zugerechnet werden. Hier wurden die folgenden Vorträge gehalten:

- P. Germain (France), The new Comité Science, Technologie et Stratégie
- K. Gottstein (Germany), The need for neutral scientific advice in complex situations of high risk
- S. Mascarenhas (Brazil), The importance of advanced scientific and technological training for the Third World
- Sir Rudolf Peierls (UK), Technology transfer through research training
- R. Villegas (Venezuela), Science, development, social justice and peace in Latin America
- S. Sylos Labini (Italy), New perspectives for the world economy and the development of Third World countries
- G. Salvini (Italy), Instability and wars: Some help from science ("In the long run selfishness is stupid, altruism is good business")
- K. Gottstein (Germany), The Role of the National Academies in the approach to global problems (Contribution to the discussion)

Die in den übrigen fünf Sitzungen vorgetragenen Papiere bezogen sich direkt auf Fragen der internationalen Sicherheit, der Rüstungskontrolle und der Abrüstung.

Am Ende der Konferenz wurde festgestellt, dass angesichts der dramatischen Weltsituation eine alljährliche Fortsetzung der Amaldi-Konferenzen erwünscht sei. Man sollte nicht zwei Jahre warten. Einladungen für 1994 lagen aus Russland und aus Polen vor.

## 12.10 Die siebte Amaldi-Konferenz, Jablonna bei Warschau 1994

Diese Konferenz fand vom 22. bis 24. September 1994 in dem Schloss Jablonna bei Warschau unter dem Titel „How to Reduce Threats to Peace and General Security" statt. 45 Wissenschaftlerinnen und Wissenschaftler aus 18 Ländern nahmen teil, darunter die Präsidenten der Akademien der Wissenschaften Italiens, Polens und Rumäniens. Deutsche Teilnehmer waren Ulrich Albrecht, Constanze Eisenbart, Klaus Gottstein, Erwin Häckel, Bruno Schoch, Klaus-Heinrich Standke.

Die 7. Amaldi-Konferenz wich insofern von den früheren ab, als auf ihr von fünf Sitzungen nur zwei den „traditionellen" Themen der nuklearen Waffen, der Entsorgung oder zivilen Nutzung des in Kernreaktoren anfallenden Plutoniums, der chemischen und biologischen Waffen gewidmet waren. Eine Sitzung galt der Rolle der Akademien und der Zukunft der Amaldi-Konferenzen. Aber auf zwei vollen Sitzungen wurden die brennenden Fragen des Nationalismus, der sozialen Unruhen und der ethnischen und religiösen Konflikte als Ursachen für Bürgerkriege und Kriege behandelt. Die Rolle der Akademien bei der Friedenserhaltung auch in solchen Fällen wurde diskutiert. Das nach den Heidelberger Richtlinien von 1992 mögliche „Fenster" für „nicht-traditionelle" Themen hatte insofern auf der 7. Amaldi-Konferenz eine besondere Breite. Das zeigt die folgende Gesamtliste der auf der Konferenz behandelten Themen:

- The Future of Non-Proliferation
- The NPT Extension Conference and Beyond
- A Nuclear Weapon-Free World
- Recycling military plutonium
- Controlling transfers of light arms
- Hunger, poverty, wars. The contribution of science to peace
- Dangers of Arms Proliferation
- Foreign and Security Policy of the European Union
- Nationalism and International Order

- Self-Determination and Secession
- Ethno-Social Wars in Europe as a Challenge to Scientific Research
- Religion and Conflict
- Arms Proliferation and Nationalism
- Threats to the Security of the Baltic States
- Modelling Global Population Growth
- The National Idea in Contemporary Europe

## 12.11 Die Amaldi-Konferenzen VIII bis XVII in Piacenza (1995), Genf (1996), Paris (1997), Moskau (1998), Mainz (1999), Rom (2000), Certosa di Pontignano bei Siena (2002), Helsinki (2003), Triest (2004), Hamburg (2008)

Nach dem erfolgreichen Verlauf von sieben Amaldi-Konferenzen in sieben Jahren unter Beteiligung angesehener nationaler Akademien und nationaler wissenschaftlicher Gesellschaften als Gastgeber und Organisatoren der Veranstaltungen und als Entsender von Rednern und Diskussionsteilnehmern – häufig ihrer Präsidenten – schien „das Eis gebrochen". Zwar waren die wissenschaftlichen Organisationen, außer den „Lincei" mit ihrem Arbeitskreis SICA und anders als die NAS und die Akademie der Wissenschaften der UdSSR im Falle des Gesprächskreises zwischen CISAC und seinem sowjetischen Gegenüber während des Kalten Krieges, nicht selbst Träger der Amaldi-Konferenzen, aber nach 1994 fanden sich die nationalen Akademien Frankreichs, der Russischen Föderation und Finnlands sowie CERN und das Büro der Vereinten Nationen in Genf sowie die Third World Academy of Sciences in Triest bereit, den Beispielen der „Lincei", der Royal Society, der MPG, der DFG und der Konferenz der deutschen Regionalakademien sowie der Polnischen Akademie der Wissenschaften zu folgen und die Veranstaltung von Amaldi-Konferenzen wirksam zu unterstützen. Die „Zentrale" der Amaldi-Konferenzen verblieb bei den „Lincei", unter deren Präsidenten Amaldi, Salvini und Vesentini der Vorsitz der Amaldi-Konferenzen in Personalunion mit der Akademie-Präsidentschaft verknüpft war. Vesentini wurde später von seinem Nachfolger als Akademie-Präsident, der Geisteswissenschaftler war, gebeten, den Vorsitz der Amaldi-Konferenzen beizubehalten. Die Programme der fünften bis dreizehnten Amaldi-Konferenzen wurden in den Jahren 1992 bis 1999 bei gesonderten Sitzungen eines internationalen Planungskomitees in Rom in den Räumen der „Lincei" in Rom vorbereitet. Später wurden die Mitglieder des Komitees nur noch telefonisch konsultiert oder trafen sich am Ende der vorhergehenden Konferenz zu einer Besprechung über das Programm des nächstfolgenden Treffens. Hierfür waren wohl finanzielle Gründe ausschlaggebend.

Die Amaldi-Konferenzen VIII bis XVI der Jahre 1995 bis 2004 behandelten sowohl „traditionelle" Themen aus den Bereichen Rüstungskontrolle und Abrüstung als auch „Fenster-Themen", welche Probleme der globalen Sicherheit im weiteren Sinne, das Verhältnis zwischen Wissenschaft und Politik und die Zukunft der Amaldi-Konferenzen betrafen. Zu den ersteren Themen gehörten im Laufe der genannten Jahre Fragen der Rüstungskontrolle, der nuklearen Proliferation, ferner die Risiken der nuklearen Abschreckung, mögliche Abrüstungsmaßnahmen, biologische und chemische Waffen, der Export konventioneller Waffen und die Risiken „dualer" Technologien. Auch die Kontrolle des Brennstoff- und Abfalltransports in zivilen Kernkraftwerken zur Verhinderung eines nuklearen Terrorismus mit heimlich aus Kernkraftwerken oder Wiederaufarbeitungsanlagen abgezweigtem Uran oder Plutonium stand immer wieder auf der Tagesordnung von Amaldi-Konferenzen der Jahre 1995 bis 2004. Die in diesen Jahren behandelten „Sicherheitsprobleme im weiteren Sinne" zeigt Tabelle 1.

**Tabelle 1:** Themen der 8. bis 16. Amaldi Konferenzen

| Ort | Jahr | Themen |
|---|---|---|
| Piacenza (Eighth Amaldi Conference) | 1995 | • Migration in the Mediterranean Region<br>• International Migration and European Security<br>• Collaboration of Academies and the Future of the Amaldi Conferences<br>• Risk Factors in Post-Socialism States |
| Geneva (Ninth Amaldi Conference) | 1996 | • The Role of the United Nations in Dealing with Global Problems<br>• What Kind of Life will Science Provide for Us?<br>• The Role of the Inter-Academy Panel on International Issues |

|                                               |      |                                                                                                                                                              |
|-----------------------------------------------|------|--------------------------------------------------------------------------------------------------------------------------------------------------------------|
|                                               |      | • Global Change Research as a Prerequisite for the Approach to Sustainability                                                                                 |
| Paris (X Amaldi Conference)                   | 1997 | • What is a Dual-Use Technology?                                                                                                                              |
| Moscow (XI Amaldi Conference)                 | 1998 | • Computer Safety <br> • Satellite Technologies for Observation and Verification <br> • The United Nations and Academy Cooperation                              |
| Mainz (XII Amaldi Conference)                 | 1999 | • Security and Sustainable Development <br> • Conditions for Success in Peaceful Conflict Resolution                                                            |
| Rome (XIII Amaldi Conference)                 | 2000 | • Impact of Information Technology on Global Security <br> • New Strategic Roles of Science and Technology                                                      |
| Certosa di Pontignano, Siena (XIV Amaldi Conference) | 2002 | • Racism, Xenophobia, Migrations and Ethnic Conflicts                                                                                                          |
| Helsinki (XV Amaldi Conference)               | 2003 | • The Role of International Organisations                                                                                                                      |

| Trieste (XVI Amaldi Conference) | 2004 | • The Problem of Independent Scientific Input to Governmental Security Policy<br>• Dual Use Technologies in Information Warfare, etc.<br>• Scientific Responsibility and Life Sciences Research<br>• The Roles and Responsibilities of Scientists in International Treaties |
|---|---|---|

In den unmittelbar auf die 16. Konferenz folgenden Jahren fand keine Amaldi-Konferenz statt. Die vorübergehende Inaktivität der „Lincei" in der Betreuung der Amaldi-Konferenzen wurde durch die rigorosen Sparmaßnahmen der italienischen Regierung auch im Bereich der Wissenschaft erklärt, unter denen selbst die „Lincei" zu leiden hatten und für die kein Ende abzusehen war. Dies veranlasste den Präsidenten der Union der deutschen Akademien der Wissenschaften, gemeinsam mit dem Vorsitzenden der Amaldi-Konferenzen und unterstützt von der DFG und einer hamburgischen privaten Stiftung, erneut zu einer Amaldi-Konferenz nach Deutschland einzuladen, und zwar unter der Schirmherrschaft der jungen Akademie der Wissenschaften in Hamburg auf das Gelände des Deutschen Elektronsynchrotron (DESY) in Hamburg. Damit war Deutschland nach Italien das Land, das am häufigsten, nämlich dreimal (Heidelberg 1992, Mainz 1999 und Hamburg 2008) Gastgeber von Amaldi-Konferenzen war.

Die XVII Amaldi-Konferenz fand vom 14. bis 16. März 2008 auf dem DESY-Gelände in Hamburg unter tatkräftiger organisatorischer und inhaltlicher Unterstützung durch die Leitung von DESY und durch das Institut für Friedensforschung und Sicherheitspolitik an der Universität Hamburg statt, das – eine allseits begrüßte organisatorische Neuerung – junge Wissenschaftlerinnen und Wissenschaftler als Rapporteure für die einzelnen Sitzungen einsetzte. 60 Wissenschaftler und Wissenschaftlerinnen aus 15 Ländern (Kanada, China, Tschechien, Frankreich, Deutschland, Iran, Israel, Italien, Japan, Süd-Korea, Norwegen, Polen, Russland, Großbritannien und den USA nahmen daran teil. Zu Ehren des kurz zuvor, am 24. September 2007, verstorbenen Mitgründers der Amaldi-Konferenzen, Prof. W. K. H. Panofsky („Pief"), wurde die Konferenz von seinem alten Freund und Mitstreiter Richard L. Garwin in einer neu eingeführten „Panofsky Lecture" eröffnet. Sie behandelte Panofskys wichtige Beiträge zu Rüstungskontrolle und

Abrüstung. Zu Beginn künftiger Amaldi-Konferenzen soll ein besonders aktuelles Thema Gegenstand der „Panofsky Lecture" sein.

Die Themen der XVII Amaldi-Konferenz waren:

- Pief's Contributions to Arms Control and Nuclear Disarmament
- The Relationship between Scientists and Policy-Makers in the field of arms control
- Academy Influence on the G8 Agenda
- Regional Conflicts and the Nuclear Question
- Safe Fuel Supply for Civilian Nuclear Power Stations and the Risk of Nuclear Proliferation
- Detection of Clandestine Nuclear Activities
- The Risk of Nuclear Terrorism
- Strike Technologies / Laser Weapons
- Thoughts on the Nuclear Future

## 12.12 Die XVIII Edoardo Amaldi Conference

Die 18. Amaldi-Konferenz unter dem neuen Titel „Edoardo Amaldi Conference" und mit dem schon in der Vorbemerkung erwähnten Untertitel „International Security and the Role of Scientific Academies" fand vom 13. bis 15. November 2010 in Rom in den Räumen der „Lincei" statt. Sie wurde vom Präsidenten der „Lincei", Prof. Maffei, vom Präsidenten des Nationalen Forschungsrats Italiens, Prof. Maiani (ehemaliger Generaldirektor des CERN) und vom Vorsitzenden der Amaldi-Konferenzen, Prof. Vesentini, mit Ansprachen eröffnet. 32 Wissenschaftlerinnen und Wissenschaftler aus 10 Ländern (Brasilien, China, Deutschland, Frankreich, Großbritannien, Israel, Italien, Japan, Russland, USA) nahmen teil. Die „Panofsky Lecture" hielt Prof. John Holdren über das Thema „Scientists' Role in Public Policy: Reflections on Challenges and Opportunities Past and Present". Die weiteren Vorträge der Konferenz behandelten die Themenfelder

- Towards a Nuclear-Weapon-Free World,
- Energy for the Developed and Developing World,
- Alternative Energy Sources,
- The Economics and Ecology of Nuclear Energy,
- The Proliferation of Nuclear Weapons,

- The Dangers for Terrorism implied by the Existence of Weapon-Grade Fissile Materials.

In der Schlussdiskussion wurde über die Vergangenheit der Amaldi-Konferenzen und ihre möglichen Zukunftsaufgaben in dem neuen politischen Umfeld der Gegenwart gesprochen.

Den Abschluss bildete ein Empfang beim Präsidenten der Italienischen Republik, Giorgio Napolitano.

## 12.13 Die XIX Edoardo Amaldi Conference

Wie bereits in der Vorbemerkung erwähnt, fand die neunzehnte Amaldi-Konferenz wiederum unter dem neuen Titel „Edoardo Amaldi Conference" und mit dem Untertitel „International Cooperation for Enhancing Nuclear Safety, Security, Safeguards and Non-proliferation" am 30. und 31. März 2015 in den Räumen der „Lincei" in Rom statt. Das Organizing Committee der Konferenz stand unter der gemeinsamen Präsidentschaft des Präsidenten der „Lincei", Prof. Lamberto Maffei, und des Generaldirektors des Joint Research Centre (JRC) der Europäischen Kommission, Prof. Vladimir Šucha. 34 Wissenschaftlerinnen und Wissenschaftler aus Belgien, China, Deutschland, Finnland, Frankreich, Indien, dem Iran, Israel, Italien, Japan, Pakistan, Russland und den USA sowie Vertreter des JRC, der European Academy of Sciences and Arts, der International Atomic Energy Agency (IAEA) und von EURATOM nahmen daran teil. Die nationalen Akademien und nationalen Gesellschaften anderer Länder, die bisher an den Vorbereitungen der Amaldi-Konferenzen durch Auswahl der zu behandelnden aktuellen Themen und geeigneter Referenten mitgewirkt hatten, wurden an der Vorbereitung der 19. Konferenz nicht mehr beteiligt. Die Konferenzteilnehmerinnen und –teilnehmer wurden von den verschiedenen nationalen Akademien und nationalen Gesellschaften nicht mehr nominiert, sondern unmittelbar von der Accademia Nazionale dei Lincei zur Teilnahme eingeladen.

Die Sitzungen der Konferenz waren, ihrem Untertitel entsprechend, den folgenden Themen gewidmet:

- Perspectives of nuclear safety and security,
- Nuclear safeguards and non-proliferation,
- Scientific community actions to shape national perspectives towards a better synergy between safety, security and safeguards,

- Scientific community actions to shape national perspectives towards nuclear security current and future challenges,
- Scientific community actions to shape enhanced nuclear safeguards and non-proliferation policies.

Eine „Panofsky Lecture" gab es nicht mehr.

Am letzten Konferenztag behandelten zwei Panels die Themen

- Scientific and technical challenges to the effective implementation of the „3 S" (Safety, Security and Safeguards) und
- Role of international cooperation and scientific community actions for enhancing nuclear safety, security, safeguards and non-proliferation

In welcher Form die auf der Konferenz gewonnenen Erkenntnisse ausgewertet, für die Aus- und Weiterbildung nationaler Experten genutzt und/oder für anstehende Entscheidungsprozesse zuständiger nationaler und internationaler Stellen verfügbar gemacht werden, bleibt abzuwarten, ebenso ob die Reihe der Amaldi-Konferenzen in dieser neuen Form fortgesetzt werden wird.

## 12.14 Nachbemerkung

Bedenkenswert scheint es, die gegenwärtigen politischen Bemühungen um eine Festigung der europäischen Zusammenarbeit und Solidarität, die u. a. durch die Kämpfe in der Ukraine und in Syrien, die Flüchtlingsfrage und die griechische Finanzkrise aufgeworfen wurden, dazu zu nutzen, um das im Vorfeld der Amaldi-Konferenzen angestrebte Ziel der Schaffung eines europäischen CISAC endlich zu verwirklichen und die Zusammenarbeit der nationalen Akademien und nationalen wissenschaftlichen Gesellschaften in wissenschaftlichen Fragen der globalen Sicherheit herzustellen beziehugsweise weiter auszubauen,. Was damals unter den herrschenden politischen Verhältnissen nicht erreichbar war, aber immerhin dank des Mutes und der Initiative von Edoardo Amaldi wenigstens zu der erfreulichen Ersatzlösung der nach ihm benannten Konferenzen führte, könnte heute in greifbare Nähe rücken. Die Mitwirkung des JRC der Europäischen Kommission an der 19. Amaldi-Konferenz und die Schaffung der in der Vorbemerkung erwähnten „High Level Group of Scientific Advisers (SAM)" bei der Europäischen Kommission könnten geeignete Anknüpfungspunkte für entsprechende Bemühungen sein. Die Zahl der noch ungelösten globalen Sicherheitsprobleme, für deren Lösung die Entscheidungsträger dringend des Angebots wissenschaftlich begründeter Handlungsoptionen mit möglichst genauen Abschätzungen der jeweiligen Vor- und Nachteile, Chancen und Risiken bedürfen, ist groß, sowohl in dem traditionellen Arbeitsbereich der ersten Amaldi-Konferenzen als auch in den Bereichen der immer wieder in den Window Sessions erörterten Fragen der globalen Sicherheit im weiteren Sinne.

Zum Abschluss soll eine Auswahl[3] solcher Themen genannt werden:

- Pollution of soil, water and air
- destruction of the ozone layer
- heating of the atmosphere
- desertification
- disappearance of animal and plant species in alarming numbers
- the human population explosion
- food and energy shortages
- migration of millions of people
- nationalism, racism and ethnic „cleansing"
- psychological, social, and economic instabilities
- civil wars and weapons trade
- the threat of nuclear proliferation and of the misuse of nuclear materials

Diese Probleme sind alle wohlbekannt. Sie wurden und werden in vielen Arbeitsgruppen und Institutionen, meistens unabhängig voneinander, auch von den bisherigen Amaldi-Konferenzen, studiert, aber selten zusammen gesehen und mit konsistenten wissenschaftlich begründeten Optionen für eine Gesamtpolitik versehen, die zu einer für die Menschheit tolerablen Zukunft führen könnten.

Auf dem Wege zu einer solchen globalen Gesamtschau, aus der die Politik die notwendigen Konsequenzen ziehen könnte, sowohl auf der Ebene der Vereinten Nationen als auch auf den einzelnen kontinentalen, regionalen und nationalen Ebenen, haben die Amaldi-Konferenzen eine wichtige Strecke zurückgelegt. Sie könnten als EUROCISAC noch wertvolle Beiträge zur Problemlösung leisten.

---

3   Diese Auswahl ist dem Kapitel 20. des Buchs: Klaus Gottstein, *Catastrophes and Conflicts: Scientific Approaches to Their Control* (Aldershot, 1999).

# Anhang

# 13 Kurzbiographien der Autoren

Martin Fechner (fechner@bbaw.de)

studierte Physik und Geschichte in Heidelberg und an der Freien Universität Berlin. Auf sein Physikdiplom folgte 2016 die Promotion in Geschichte an der Humboldt Universität zu Berlin und am Max-Planck-Institut für Wissenschaftsgeschichte. Seit 2009 arbeitet er bei TELOTA, dem Zentrum für Digital Humanities an der Berlin-Brandenburgischen Akademie der Wissenschaften (BBAW). Er ist dort für Koordination und Entwicklung von Werkzeugen und Publikationsplattformen für Digitale Editionen zuständig. Forschungsschwerpunkte liegen in den Bereichen Forschungsdatenmanagement, Digitale Editionen, Kommunikations- und Wissenschaftsgeschichte. Zu diesen Themen ist er auch in der Lehre und als Berater für Forschungsvorhaben tätig.

Christian Forstner (Forstner@em.uni-frankfurt.de)

ist Physiker und Wissenschaftshistoriker und derzeit wissenschaftlicher Mitarbeiter an der Goethe-Universität. Er leitet den Fachverband „Geschichte der Physik" der Deutschen Physikalischen Gesellschaft (DPG).

Klaus Gottstein (Klaus.Gottstein@unibw.de)

geb. am 25. Januar 1924 in Stettin, studierte Physik in Berlin, London, Göttingen und promovierte (Dr. rer. nat.) 1953 in Göttingen. Er forschte zur Elementarteilchenphysik in Göttingen, Bristol, Berkeley und München und ist unter anderem Vorstandsmitglied der VDW, Sprecher der (west)deutschen Pugwash-Gruppe, Direktor am Max-Planck-Institut für Physik, Wissenschaftsattaché an der Deutschen Botschaft in Washington, Exekutivsekretär des „Wissenschaftlichen Forums" der KSZE und Beauftragter der Akademien-Union für die deutsche Beteiligung an den internationalen Amaldi-Konferenzen über wissenschaftliche Fragen der globalen Sicherheit.

Manfred Heinemann (m.heinemann@zzbw.uni-hannover.de)

geb. 1943, ist seit 1979 Professor für Allgemeine Erziehungswissenschaften an der Universität Hannover. Er studierte Geschichts-, Sozial-, Erziehungswissenschaft und Sozialpsychologie an den Universitäten Münster, Hamburg und Bochum und promovierte 1971 an der Ruhr-Universität. Bis 1979 war er wissenschaftlicher Assistent in der Sektion Sozialpsychologie und Sozialanthropologie der Abteilung Sozialwissenschaft der RUB. Bis 2008 leitete er das Forschungsinstitut „Zentrums für Zeitgeschichte von Bildung und Wissenschaft" des Fachbereichs Erziehungswissenschaften I der Leibniz-Universität Hannover.

Bernd Helmbold (bernd.helmbold@uni-jena.de)

ist Wissenschaftshistoriker und Auslandsgermanist. Er promovierte an der Universität Jena mit einer wissenschaftlichen Biografie zu Max Steenbeck, in welcher vor allem forschungstechnologische und wissenschaftspolitische Fragen beleuchtet wurden. Darüber hinaus beschäftigt er sich mit Fragen der Physik- und Technikgeschichte des 20. Jahrhunderts sowie Wechselwirkungen zwischen Technikgeschichte und Sprachwissenschaften. Gleichzeitig leitet er einen Weiterbildungsstudiengang für Deutsch als Fremdsprache und forscht zu Wirksamkeit und Nachhaltigkeit digial gestützter Bildungsangebote im Fremdsprachenlehr- und lernkontext.

Dieter Hoffmann (dh@mpiwg-berlin.mpg.de)

geb. 1948, ist wissenschaftlicher Mitarbeiter am Max-Planck-Institut für Wissenschaftsgeschichte, seit 2014 im Ruhestand, und lehrte als apl. Professor an der Humboldt-Universität zu Berlin. Schwerpunkt seiner Forschungen ist die Physik- und Wissenschaftsgeschichte des 19. und 20. Jahrhunderts, insbesondere die wissenschaftshistorische Biographik und die Geschichte wissenschaftlicher Institutionen. Berlin als herausragendes Zentrum von Wissenschaft und Technik spielt dabei eine zentrale Rolle.

Götz Neuneck (neuneck@ifsh.de)

ist Physiker und geschäftführender wissenschaftlicher Ko-Direktor am Institut für Friedensforschung und Sicherheitspolitik der Universität Hamburg, sowie Leiter der Interdisziplinären Forschungsgruppe Abrüstung, Rüstungskontrolle und Risikotechnologien. Er ist Vorsitzender der Arbeitsgruppe „Physik und Abrüstung" der DPG und Pugwash-Beauftragter des Verbandes Deutscher Wissenschatler (VDW).

Wolfgang Reiter (wolfgang.reiter@univie.ac.at)

geboren 1946 in Bad Ischl, lebt in Wien. Er studierte Physik, Mathematik und Philosophie an der Universität Wien und war wissenschaftlicher Mitarbeiter am Institut für Radiumforschung und Kernphysik der Universität Wien und am Schweizer Institut für Nuklearforschung, Villigen. Seit 1980 ist er am Bundesministerium für Wissenschaft und Verkehr tätig und ist ehemaliger Leiter der Abteilung „Naturwissenschaften". Er ist Honorarprofessor an der Historisch-Kulturwissenschaftlichen Fakultät der Universität Wien sowie Gründungsmitglied und Vizepräsident des „Internationalen Erwin Schrödinger Instituts für Mathematische Physik" und der „Ignaz-Lieben-Gesellschaft Verein zur Förderung der Wissenschaftsgeschichte".

Stefano Salvia (stefano.salvia@tiscali.it)

ist zurzeit wissenschaftlicher Mitarbeiter der Wissenschaftsgeschichte an der Universität Pisa und Mitarbeiter am Galileo-Museum in Florenz, Italien. Seine Forschungsfelder reichen von der Geschichte der frühmodernen und modernen Mechanik (mit speziellem Fokus auf Galilei) zur wissenschaftlichen Historiographie des 19. und 20. Jahrhunderts, insbesondere in Bezug auf Studien zu Galilei. Er interessiert sich außerdem für historische Epistemologie und die experimentelle Wissenschaftsgeschichte in ihrer Beziehung zur Museologie.

Eckhard Wallis (eckhard.wallis@imj-prg.fr)

promoviert seit Oktober 2015 bei David Aubin (Institut de Mathématiques de Jussieu – Université Pierre et Marie Curie) und Pascal Griset (Institut des Sciences de la Communication – Université Paris-Sorbonne) über die Geschichte der Zeitmessung und der Entwicklung von Atomuhren in Frankreich nach 1945. Sein Dissertationsprojekt wird vom Pariser Hochschulverband „Sorbonne Universités" finanziert. Davor studierte er Physik in München und Paris und besuchte ab 2012 regelmäßig wissenschaftshistorische und -philosophiscche Lehrveranstaltungen an der ENS Paris, der LMU und der TU München. 2015 schloss er sein Physikstudium mit einer Masterarbeit in experimenteller Quantenoptik am Laboratoire Kastler Brossel in Paris ab.

Stefan L. Wolff (S.Wolff@deutsches-museum.de)

geb. 1952 Berlin-West, studierte Physik in Berlin und Hamburg. Sein Physikdiplom erhielt er von der FU Berlin und promoviert in der Physikgeschichte an der LMU München. Darauf folgten Lehraufträge in der Physikgeschichte sowie Projekte zur Physikgeschichte des 19. und 20. Jahrhunderts. Er ist u.a. Mitherausgeber des Buches „Das Deutsche Museum im Zeit des Nationalsozialismus". Als Wissenschaftlicher Mitarbeiter befindet er sich derzeit am Forschungsinstitut des Deutschen Museums in München.

Ulrike Wunderle (Ulrike.wunderle@vdw-ev.de)

ist Historikerin und promovierte im Rahmen des SFB „Kriegserfahrungen" an der Universität Tübingen über US-amerikanische Kernphysiker als Politikberater im Kalten Krieg. Seit 2005 bei der Bundesdeutschen Studenten Pugwash Gruppe aktiv, später in der Deutschen Pugwash Gruppe. Von 2009 bis 2014 war sie Beiratsmitglied der Vereinigung Deutscher Wissenschaftler e.V. und von 2014 bis 2015 Geschäftsführerin der VDW. Seit 2006 ist sie als Projektleiterin in der Bildungskommunikation tätig zu den Themen der sozialen Gerechtigkeit, deutschen Geschichte und Europapolitik. Aktuell leitet sie für die VDW die Aktivitäten im Horizont-2020-Projekt „Excellence in science and innovation for Europe by adopting the concept of Responsible Research and Innovation" (NewHoRRIzon).

# 14 Personenverzeichnis

Printed in the United States
By Bookmasters